U0280495

数据科学与工程技术丛书

INTRODUCTION TO HPC WITH
MPI FOR DATA SCIENCE

基于MPI的大数据高性能计算导论

[法] 弗兰克·尼尔森（Frank Nielsen） 著

张伟哲 郝萌 鲁刚钊 王德胜 孙博文 译

机械工业出版社
China Machine Press

图书在版编目（CIP）数据

基于 MPI 的大数据高性能计算导论 /（法）弗兰克·尼尔森（Frank Nielsen）著；张伟哲等译 .
—北京：机械工业出版社，2018.6（2023.1 重印）
（数据科学与工程技术丛书）
书名原文：Introduction to HPC with MPI for Data Science

ISBN 978-7-111-60214-9

I. 基… II. ① 弗… ② 张… III. 数据处理 IV. TP274

中国版本图书馆 CIP 数据核字（2018）第 133210 号

北京市版权局著作权合同登记 图字：01-2017-4121 号。

Translation from the English language edition:
Introduction to HPC with MPI for Data Science
by Frank Nielsen.
Copyright © Springer International Publishing Switzerland 2016.
This work is published by Springer Nature.
The registered company is Springer International Publishing AG.
All rights reserved.

本书中文简体字版由 Springer 授权机械工业出版社独家出版。未经出版者书面许可，不得以任
何方式复制或抄袭本书内容。

本书使用 MPI 标准介绍了数据科学中的高性能计算，帮助读者了解分布式存储模型中的并行编程的知识。全书分为两部分，第一部分（第 1~6 章）基于消息传递接口介绍高性能计算，内容包括：阻塞与非阻塞的点对点通信、死锁、全局通信函数（广播、散播等）、协同计算（归约）的基本概念；互联网络的拓扑结构（环、环面和超立方体）以及相应的全局通信程序；基于分布式内存的并行排序及其实现，涵盖相关并行线性代数知识；MapReduce 模型。第二部分（第 7~11 章）介绍计算机集群中的高性能数据分析，内容包括：数据聚类技术（平面划分聚类、层次聚类）；基于 k-NN 的有监督分类；核心集以及相关降维技术；图算法（最稠密子图、图同构检测）。每章章末附有各种难度的练习和参考文献，可供读者进行自测和深入学习。

本书适合作为"高性能计算"相关课程的本科生教材。

出版发行：机械工业出版社（北京市西城区百万庄大街 22 号 邮政编码：100037）
责任编辑：唐晓琳 责任校对：殷 虹
印 刷：固安县铭成印刷有限公司 版 次：2023 年 1 月第 1 版第 2 次印刷
开 本：185mm×260mm 1/16 印 张：14.5
书 号：ISBN 978-7-111-60214-9 定 价：59.00 元

客服电话：（010）88361066 68326294

版权所有·侵权必究
封底无防伪标均为盗版

译 者 序

数据科学(Data Science，DS)的目的是研究数据本身，研究数据的各种类型、状态、属性及变化形式和变化规律。随着当前数据量的指数级增长，数据科学的战略意义已经不在于掌握"大数据"(big data)信息本身，而在于对这些含有意义的数据进行快速、准确、高效地分析处理。

高性能计算(High Performance Computing，HPC)是辅助"大数据"快速分析与处理的利器之一。通过高性能网络互连的很多处理器或者某一集群中的大量计算机，对"大数据"进行并行聚类、分类以及降维等操作，从而能够更加快速地获取数据中蕴含的规律和有价值的信息。

本书的主要目的是将数据科学与高性能计算两大研究分支交叉融合起来，让高性能计算更好地为数据科学服务，让数据科学对高性能计算发展提出新的需求。因此，本书分为两个部分：第一部分，介绍了高性能计算的基本概念及基于标准消息传递接口(Message Passing Interface，MPI)的并行编程方法；第二部分，给出了高性能计算在数据科学中的应用，尤其重点阐述了如何利用 MPI来并行化数据科学中的算法。

本书由哈尔滨工业大学计算机科学与技术学院张伟哲教授对全书统稿和校对，其中第 1 章、第 4 章、第 5 章、第 11 章和附录由哈尔滨工业大学鲁刚钊翻译，第 2 章由哈尔滨工业大学王德胜翻译，第 3 章由哈尔滨工业大学孙博文翻译，第 6～10 章由哈尔滨工业大学郝萌翻译。同时，我们的工作还得到哈尔滨工业大学梁智颖、任雪健的帮助，在此一并表示感谢。

还要特别感谢机械工业出版社的编辑唐晓琳、王春华在本书的编辑、出版方面所付出的辛勤劳动。

我们希望本书的出版对相关科技人员和读者所有帮助，同时也期望广大专家和读者提出宝贵意见。

前　言

　　欢迎来到高性能计算的世界！欢迎来到高性能数据科学的世界！

　　在本书中，我们将介绍面向*数据科学*（Data Science，DS）的*高性能计算*（High Performance Computing，HPC）。因此，本书主要分为两个部分：第一部分（前 6 章）涵盖 HPC 的基本原理；第二部分（后 5 章）介绍了数据科学的基本知识，并展示了如何编写面向基本串行算法的分布式程序，以应对大规模数据集。当前，许多大规模数据集都是公开的，这些数据集中蕴含了丰富的信息，但是这些信息需要通过精心设计才能被提取出来。

　　我们主要区分两种并行算法的设计方法：在单个共享内存多核机器上使用多线程并行化算法；在分布式内存*集群系统*上并行化算法。

　　一方面，当在共享内存架构（如智能手机、平板电脑，以及智能手表和其他物联网设备）上设计并行化算法时，所有的硬件计算单元（核）位于同一芯片上，我们可以使用多线程来轻松地对视频解码、渲染等任务进行并行化。这种并行*是细粒度的*（fine-grained），但它受到芯片上物理核数的限制（2015 年高端智能手机通常只有 8 个核）。另一方面，集群系统（即分布式内存架构）可以根据待处理的数据集规模来实时扩展资源。集群的构建具有很大的灵活性，例如可以选择异构的计算机节点，然后确定最适合这些节点的互连拓扑结构。这种并行是*粗粒度的*（coarse-grained），因为在集群中发生节点间通信之前，每个节点可以独立地进行大量的本地计算。

　　本书侧重于在分布式内存系统上利用标准消息传递接口（Message Passing Interface，MPI）来设计并行算法。MPI 是管理集群节点之间通信和全局协同计算的*实际标准*。目前存在多种 MPI 标准的供应商实现，它们可以与 C、C＋＋、Fortran、Python 等多种编程语言绑定。我们选择面向对象的语言 C＋＋来实现数据科学中的算法，并使用和 C 语言绑定的 OpenMPI 应用程序编程接口（Application Programming Interface，API）来编写并行程序。

　　本书中两部分内容的简要介绍如下。

第一部分：基于消息传递接口的高性能计算

第 1 章首先简单介绍了 HPC 世界，然后讲解了 Amdahl 定律和 Gustafson 定律，这两个定律刻画了并行程序的理论最优加速比和扩展加速比。

第 2 章讲解了 MPI 的主要概念和编程接口：阻塞/非阻塞通信的概念、死锁和多种全局通信函数(例如 broadcast、scatter、gather、all-to-all、reduce、parallel prefix 等)。

第 3 章着重介绍了互联网络拓扑的作用。我们首先区分物理拓扑和虚拟拓扑(或称为逻辑拓扑)，并在设计并行算法的时候考虑不同网络拓扑对性能的影响。特别讲解了环形(包括优化的流水线广播)和超立方体形网络拓扑上的通信过程，后者依赖于节点的特定编号，称为格雷码。

第 4 章讲解了基于分布式内存的主要的并行排序算法。首先对著名的快速排序算法(Quicksort)进行了简单的并行化，然后介绍实际中广泛使用的 Hyper-Quicksort 和 PSRS(Parallel Sorting by Regular Sampling)算法。

第 5 章研究了一些矩阵相乘和向量相乘的算法，并简要介绍了在环和环面(torus)的拓扑结构中计算矩阵乘积的各种技术。

第 6 章介绍了一个比较热门的并行编程范式，称为 MapReduce(通常与开源系统 Hadoop 一起使用)。MapReduce 可以通过两个主要的用户定义的函数(map 和 reduce)来构建程序，然后部署到大量的网络互连的计算机上来完成计算任务。然而，MapReduce 也是一个完整的框架，包括一个主从架构。该主从架构能够处理各种硬件故障，或者当一些机器执行得太慢时，将这些机器上的并行计算任务(作业)重新发送到其他的机器上执行。该章还讲解了如何利用专门的名为 MR-MPI 的软件库在 MPI(MPI 没有容错能力)中实现这些类型的 MapReduce 算法。

第二部分：面向数据科学的高性能计算

这部分简要介绍了数据科学，并进一步讲解了如何使用 MPI 并行化数据科学中的算法。

首先介绍了两个最基本的数据聚类技术，分别是平面划分聚类(第 7 章)和层次树聚类(第 8 章)。聚类是探索性数据科学中一个非常重要的概念，用于发现数据集中的分类、同质数据中的分组。

第 9 章介绍了基于 k 最近邻规则(k-nearest neighbor)的有监督分类，并和 k 均值(k-means)聚类算法进行关联。

第 10 章介绍了另一个计算科学中的新范式，允许人们在大型数据集(潜在的高维度)上解决优化问题。这种新范式就是寻找核心集(core-set)，这些核心集就是原数据集的子集，而且和原数据集相比具有良好的近似性。这种技术最近变得非常流行，能够将大数据（big data）缩小到小数据（tiny data）！由于数据通常具有高维度特征，所以还简要介绍了一种有效的线性降维技术，其中讲解了 Johnson-Lindenstrauss 定理，并给出一个简单的方法计算低失真嵌入，从而将数据从高维转化为低维，并确保在规定的近似因子内数据点之间的距离保持不变。有趣的是，嵌入的维度与原始外在维度无关，而是依赖于数据集大小的对数和近似因子。

第 11 章涵盖了一些图（graph）算法。图在社交网络分析和其他应用领域中是比较常见的。因此首先介绍一个顺序启发式方法和一个并行启发式方法来查找图的稠密子图，该子图近似于"最稠密"子图。然后介绍了在计算机集群上利用分支限界法来进行图同构检测。图同构检测是一个备受关注的问题，因为它的理论复杂度还没有得到解决（尽管对于图的某些特定子类存在一些多项式算法）。

每章最后会对该章的一些要点进行总结。请读者浏览这些总结，以便进行第一遍快速阅读。在一些章节结束时会给出 40 多道练习题，这些练习标有各种难度，并允许读者对练习所涵盖内容的理解程度进行自测。以星号开头的部分可以先跳过，稍后再进行阅读。

本书的主要目的是帮助读者设计并行算法，然后利用 C++ 和 C 语言绑定的 MPI 编写程序实现相应的并行算法。第二个目的是让读者对高性能计算和数据科学有更深刻的了解，并希望更好地促进两者之间的交叉。

本书是关于高性能计算和数据科学的入门教材，面向具有基本算法知识和编程能力的读者。因此，本书不包含（也没有提及）高性能计算和数据科学领域的高级概念。例如，任务调度问题和嵌套循环的自动并行化虽然在高性能计算中很重要，但是本书并没有涉及。类似地，本书也省略了数据科学领域中的回归技术和核心机器学习方法。

教辅资源

本书的额外资源（包括超过 35 个用 MPI/C++/R/Scilab/Gnuplot/Processing 编写的程序、幻灯片、相关链接和其他精彩内容）可以通过网址 https://www.lix.polytechnique.fr/nielsen/HPC4DS/获取。

程序的源代码可以在上述网址以下列方式获取：

WWW source code: example.cpp

祝阅读愉快！

Frank Nielsen
2015 年 12 月

致　谢

　　非常感谢以下这些有才华的同事，他们给了我非常宝贵的反馈意见（姓名按随机顺序排列）并帮助我完善了本书：Claudiad' Ambrosio，Ulysse Beaugnon，Annaël Bonneton，Jean-Baptiste Bordes，PatriceCalégari，Henri Casanova，Antoine Delignat-Lavaud，Amélie Héliou，Alice Héliou，Léo Liberti，Frédéric Magoulès，Gautier Marti，Sameh Mohamed，François Morain，Richard Nock，Pierre-Louis Poirion，Stéphane Redon，Thomas Sibut-Pinote，Benjamin Smith，Antoine Soulé，Bogdan Tomchuk，Sonia Toubaline 和 Frédéric Vivien。除了以上这些同事，我还与其他很多同事进行了讨论，当你们读到这句话时，希望你们能够知道，从这些宝贵的交谈中，我受益匪浅。我还要感谢所有巴黎综合理工大学 INF442 课程的学生，感谢他们富有成效的意见和反馈，并且感谢巴黎综合理工大学计算机科学学院（DIX）的支持。

目　　录

译者序

前言

致谢

第一部分　基于消息传递接口的高性能计算

第 1 章　走进高性能计算 ·············· 2

1.1　什么是高性能计算 ··············· 2

1.2　为什么我们需要 HPC ········· 3

1.3　大数据：四个特性（数据量、多样性、生成速度、价值）······ 4

1.4　并行编程范式：MPI 和 MapReduce ·············· 4

1.5　粒度：细粒度并行与粗粒度并行 ·············· 5

1.6　超级计算架构：内存和网络 ·············· 5

1.7　加速比 ·············· 8

　1.7.1　扩展性和等效率分析 ·············· 9

　1.7.2　Amdahl 定律：描述数据规模固定时渐近加速比的变化趋势 ······ 9

　1.7.3　Gustafson 定律：可扩展的加速比，随着资源的增加不断扩大数据量 ······ 11

　1.7.4　在串行计算机上模拟并行机 ·············· 12

　1.7.5　大数据和并行输入/输出 ·············· 13

1.8　关于分布式系统的八个常见误区 ·············· 13

1.9　注释和参考 ·············· 15

1.10　总结 ·············· 15

1.11　练习 ·············· 16

参考文献 ·············· 17

第 2 章　MPI 简介：消息传递接口 ·············· 18

2.1　基于 MPI 的并行程序设计：基于消息通信 ······ 18

2.2　并行编程模型、线程和进程 ·············· 19

2.3　进程之间的全局通信 ······ 20

　2.3.1　四个基本的 MPI 原语：广播、收集、归约和全交换 ······ 20

　2.3.2　阻塞与非阻塞和同步与异步通信 ·············· 22

2.3.3 阻塞通信产生的
死锁 ·········· 24
2.3.4 并发性：局部计算
可以与通信重叠
执行 ·········· 27
2.3.5 单向与双向通信 ····· 27
2.3.6 MPI 中的全局计算：
归约和并行前缀
（扫描） ······· 27
2.3.7 采用通信器定义
通信组 ········· 29
2.4 同步屏障：进程的交汇点 ···· 30
2.4.1 MPI 中的一个同步
示例：测量运行
时间 ·········· 30
2.4.2 整体同步并行计算
模型 ·········· 31
2.5 开始使用 MPI：使用
OpenMPI ··········· 31
2.5.1 用 MPI C++编写
"Hello World" 程序 ··· 32
2.5.2 用 C 绑定进行 MPI
编程 ·········· 33
2.5.3 通过 C++ Boost
使用 MPI ······· 34
2.6 通过 OpenMP 使用 MPI ····· 34
2.7 MPI 中的主要原语 ········· 36
2.7.1 广播、散播、收集、
归约和全归约的 MPI
语法 ·········· 36
2.7.2 其余混杂的 MPI
原语 ·········· 38
2.8 环形拓扑上利用 MPI 进行的
通信 ············· 38
2.9 MPI 程序示例及其加速比
分析 ············· 39

2.9.1 MPI 中的矩阵
向量积 ········· 40
2.9.2 MPI 归约操作示例：
计算数组的阶乘和
最小值 ········· 41
2.9.3 Monte-Carlo 随机积
分算法估算 π ····· 42
2.9.4 Monte-Carlo 随机
积分算法估算分子
体积 ·········· 44
2.10 注释和参考 ········· 48
2.11 总结 ············· 49
2.12 练习 ············· 49
参考文献 ············· 50

第 3 章 互联网络的拓扑结构 ····· 51
3.1 两个重要概念：静态与
动态网络，以及逻辑与
物理网络 ··········· 51
3.2 互联网络：图建模 ······· 51
3.3 一些描述拓扑结构的
属性 ············· 52
3.3.1 度和直径 ········· 53
3.3.2 连通性和对分 ····· 53
3.3.3 一个好的网络拓扑
结构的标准 ······· 53
3.4 常见的拓扑结构：简单的
静态网络 ··········· 54
3.4.1 完全图：团 ········· 54
3.4.2 星形图 ·········· 55
3.4.3 环和带弦环 ········· 55
3.4.4 网（网格）与环面簇
（环面的集合） ···· 55
3.4.5 三维立方体与循环
连接立方体 ······· 56
3.4.6 树与胖树 ········· 57

3.5 超立方体拓扑结构以及使用格雷码进行节点标识 ……… 57
　3.5.1 超立方体的递归构造 …………… 57
　3.5.2 使用格雷码对超立方体节点编号 …… 58
　3.5.3 使用C++生成格雷码 ……………… 59
　3.5.4 格雷码和二进制码的相互转换 …… 61
　3.5.5 图的笛卡儿乘积 …… 61
3.6 一些拓扑结构上的通信算法 ……………… 63
　3.6.1 有向环上的通信原语 …………… 64
　3.6.2 超立方体上的广播：树状通信 …… 68
3.7 将（逻辑）拓扑结构嵌入到其他（物理）拓扑结构中 … 72
3.8 复杂规则拓扑结构 ………… 73
3.9 芯片上的互联网络 ………… 74
3.10 注释和参考 ………… 76
3.11 总结 ………… 77
参考文献 …………… 77

第4章 并行排序 ………… 78
4.1 串行排序快速回顾 ………… 78
　4.1.1 主要的串行排序算法 …………… 78
　4.1.2 排序的复杂性：下界 …………… 80
4.2 通过合并列表实现并行排序 …………… 80
4.3 利用秩实现并行排序 … 81
4.4 并行快速排序 ………… 82
4.5 超快速排序 ………… 86
4.6 正则采样并行排序 ………… 87

4.7 基于网格的排序：ShearSort …………… 89
4.8 使用比较网络排序：奇偶排序 ……… 89
4.9 使用比较网络合并有序列表 ……… 92
4.10 双调归并排序 …… 93
4.11 注释和参考 …… 95
4.12 总结 …… 95
4.13 练习 …… 95
参考文献 …………… 96

第5章 并行线性代数 …………… 97
5.1 分布式线性代数 ……… 97
　5.1.1 数据科学中的线性代数 …………… 97
　5.1.2 经典线性代数 …… 99
　5.1.3 矩阵-向量乘法：$y=Ax$ …… 101
　5.1.4 并行数据模式 …… 101
5.2 有向环拓扑上的矩阵-向量乘积 …… 102
5.3 网格上的矩阵乘法：外积算法 …… 108
5.4 二维环面拓扑上的矩阵乘积 …………… 108
　5.4.1 Cannon算法 ……… 110
　5.4.2 Fox算法：广播-相乘-循环移位矩阵乘积 …………… 111
　5.4.3 Snyder算法：在对角线上进行本地乘积累加 …… 115
　5.4.4 Cannon、Fox和Snyder算法的比较 … 116
5.5 注释和参考 …… 116
5.6 总结 …… 116

5.7　练习 …………………… 117

参考文献 ……………………… 117

第6章　MapReduce 范式………… 118

6.1　快速处理大数据的挑战 …… 118

6.2　MapReduce 的基本原理 … 119

　　6.2.1　map 和 reduce
　　　　　　过程 …………… 119

　　6.2.2　历史视角：函数式
　　　　　　编程语言中的 map
　　　　　　和 reduce ……… 120

6.3　数据类型和 MapReduce
　　　机制 …………………… 121

6.4　MapReduce 在 C＋＋中的
　　　完整示例 ………………… 122

6.5　启动 MapReduce 作业和
　　　MapReduce 架构概述 …… 123

6.6　基于 MR-MPI 库在 MPI
　　　中使用 MapReduce ……… 125

6.7　注释和参考 ……………… 127

6.8　总结 …………………… 127

参考文献 ……………………… 128

**第二部分　面向数据科学的
高性能计算**

第7章　基于 k 均值的划分聚类 … 130

7.1　探索性数据分析与聚类 …… 130

　　7.1.1　硬聚类：划分
　　　　　　数据集 ………… 131

　　7.1.2　成本函数和模型
　　　　　　聚类 …………… 131

7.2　k 均值目标函数 ………… 132

　　7.2.1　重写 k 均值成本函数
　　　　　　以对聚类效果进行双
　　　　　　重解释：聚类簇内数
　　　　　　据或分离簇间数据 … 136

　　7.2.2　k 均值优化问题的复
　　　　　　杂性和可计算性 … 137

7.3　Lloyd 批量 k 均值局部启
　　　发式方法 ………………… 138

7.4　基于全局启发式的 k 均值
　　　初始化方法 ……………… 140

　　7.4.1　基于随机种子的初始
　　　　　　化方法 ………… 140

　　7.4.2　全局 k 均值：最佳
　　　　　　贪心初始化 …… 141

　　7.4.3　k-means ＋＋：一种
　　　　　　简单的概率保证的
　　　　　　初始化方法 …… 141

7.5　k 均值向量量化中的应用 … 142

　　7.5.1　向量量化 ……… 142

　　7.5.2　Lloyd 的局部最小值和
　　　　　　稳定 Voronoi 划分 … 143

7.6　k 均值的物理解释：惯性
　　　分解 …………………… 143

7.7　k 均值中 k 的选择：模型
　　　选择 …………………… 144

　　7.7.1　基于肘部法则的
　　　　　　模型选择 ……… 144

　　7.7.2　模型选择：用 k 解释
　　　　　　方差减少 ……… 145

7.8　集群上的并行 k 均值聚类 … 145

7.9　评估聚类划分 …………… 147

　　7.9.1　兰德指数 ……… 148

　　7.9.2　归一化互信息 … 148

7.10　注释和参考 …………… 148

7.11　总结 ………………… 150

7.12　练习 ………………… 151

参考文献 ……………………… 153

第8章　层次聚类 ……………… 155

8.1　凝聚式与分裂式层次聚类
　　　及其树状图表示 ………… 155

8.2 定义一个好的连接距离
的几种策略 …………… 158
8.2.1 一个用于凝聚式层次
聚类的通用算法 … 158
8.2.2 为元素选择合适的
基本距离函数 …… 159
8.3 Ward 合并准则和质心 … 161
8.4 从树状图中获取平面划分 … 162
8.5 超度量距离和进化树 …… 163
8.6 注释和参考 …………… 164
8.7 总结 …………………… 165
8.8 练习 …………………… 166
参考文献 ………………… 167

第 9 章 有监督学习：k-NN 规则
分类的理论和实践 ……… 169
9.1 有监督学习 …………… 169
9.2 最近邻分类：NN 规则 …… 169
9.2.1 最近邻查询中欧几
里得距离计算的优
化方法 …………… 170
9.2.2 最近邻（NN）规则
和 Voronoi 图 …… 171
9.2.3 利用 k-NN 规则通
过表决来增强 NN
规则 …………… 172
9.3 分类器性能评估 ……… 173
9.3.1 误判错误率 …… 173
9.3.2 混淆矩阵与真/假
及阳性/阴性 …… 173
9.4 准确率、召回率和 F 值 …… 174
9.5 统计机器学习和贝叶斯
最小误差界 ……………… 174
9.5.1 非参数概率密度
估计 …………… 175
9.5.2 误差概率和贝叶斯
误差 …………… 176

9.5.3 k-NN 规则的误差
概率 …………… 178
9.6 在计算机集群上实现
最近邻查询 ……………… 178
9.7 注释和参考 …………… 178
9.8 总结 …………………… 180
9.9 练习 …………………… 181
参考文献 ………………… 182

第 10 章 基于核心集的高维快速
近似优化和快速降维 … 183
10.1 大规模数据集的近似
优化 …………………… 183
10.1.1 高维度的必要性
示例 …………… 183
10.1.2 高维度上的一些距离
现象 …………… 184
10.1.3 核心集：从大数据集
到小数据集 …… 184
10.2 核心集的定义 ………… 184
10.3 最小闭包球的核心集 … 185
10.4 一个用来近似最小闭包球
的简单迭代启发式方法 … 186
10.4.1 收敛性证明 …… 187
10.4.2 小闭包球和用于
SVM 的边缘线性
分离器 …………… 189
10.5 k 均值的核心集 ……… 189
10.6 基于随机投影矩阵的快速
降维 …………………… 189
10.6.1 维数灾难 …… 189
10.6.2 高维度任务的两个
示例 …………… 190
10.6.3 线性降维 …… 191
10.6.4 Johnson-Lindenstrauss
定理 …………… 191
10.6.5 随机投影矩阵 …… 191

10.7 注释和参考 ·············· 192

10.8 总结 ················· 193

10.9 练习 ················· 193

参考文献 ················· 193

第 11 章 图并行算法 ·········· 194

11.1 在大图中寻找(最)稠密
子图 ················· 194

11.1.1 问题描述 ········· 194

11.1.2 最稠密子图的复杂度
和一个简单的贪心启
发式算法 ········· 195

11.1.3 最稠密子图的并行
启发式算法 ········ 198

11.2 判断(子)图同构 ·········· 200

11.2.1 枚举算法的一般
原则 ············· 201

11.2.2 Ullman 算法:检测
子图同构性 ········ 202

11.2.3 枚举算法并行化 ··· 203

11.3 注释和参考 ·············· 204

11.4 总结 ················· 204

11.5 练习 ················· 205

参考文献 ················· 205

附录 A 笔试 ················ 206

**附录 B SLURM:集群上的资源
管理器和任务调度器** ····· 216

第一部分

基于消息传递接口的高性能计算

第 1 章　走进高性能计算

第 2 章　MPI 简介：消息传递接口

第 3 章　互联网络的拓扑结构

第 4 章　并行排序

第 5 章　并行线性代数

第 6 章　MapReduce 范式

第 1 章
走进高性能计算

1.1 什么是高性能计算

高性能计算(High Performance Computing，HPC)是一个综合的领域，包括各种并行编程范式、与各范式相关的编程语言和应用编程接口(Application Programming Interface，API)、定制的软件工具、专门的国际会议(ACM/IEEE Super-Computing，SC)等。笼统地讲，HPC 是一个在科学和技术上研究超级计算机(Super Computer，SC)的领域。

世界排名前 500 的超级计算机榜单(简称 Top500[⊖])会定期更新并发布在互联网上。在 2014 年，由中国国家超级计算广州中心研制的"天河二号"超级计算机(英文翻译为 MilkyWay-2)获得了该榜的第一名。该超级计算机包含了惊人的 312 万个核，每个核是一个处理单元(PU)，整体性能达到了 54.9PFlops，PFlops 表示每秒 10^{15} 次浮点运算。这个排名第一的超级计算机需要 17.8MW 的电力才能正常工作！粗略地算，1MW 的电力大约花费 100 美元/时，这意味着该超级计算机每年的电费大约是 1 百万美元。

表 1-1 总结了(超级)计算机的处理能力和内存大小对应的规模数量级。如今，国内外的各超级计算团队正在研制 Exaflop 性能的超级计算机(10^{18} Flops，1024PFlops)，期望在 2017～2020 年间实现这一目标，紧接着，在 2030 年让超级计算机的性能迎来 zetaFlops(10^{21})时代，然后是 yottaFlops(10^{24})，并一直保持性能不断提升。

表 1-1 超级计算机的计算性能和内存大小所对应的规模数量级：超级计算机是根据 Flops (每秒的浮点运算次数)和内存的字节(8 位为 1 字节)容量进行排序的

单位	规模	计算性能	内存大小(字节)
K (kilo)	10^3	KFlops	KB
M (mega)	10^6	MFlops	MB

⊖ http://www.top500.org/。

（续）

单位	规模	计算性能	内存大小（字节）
G（giga）	10^9	GFlops	GB
T（tera）	10^{12}	TFlops	TB
P（peta）	10^{15}	PFlops	PB
E（exa）	10^{18}	EFlops（2017～2020 年）	EB
Z（zeta）	10^{21}	ZFlops	ZB
Y（yotta）	10^{24}	YFlops	YB
…	…	…	…
googol	10^{100}	googolFlops	googol 字节
…	…	…	…

注：当选用 $1024 = 2^{10}$（2 的次幂）来代替 $1000 = 10^3$ 作为两个连续的数量级之间的倍数时，我们可以得到以下的国际单位（SI）：$Ki(2^{10})$、$Mi(2^{20})$、$Gi(2^{30})$、$Ti(2^{40})$、$Pi(2^{50})$、$Eo(2^{60})$、$Zo(2^{70})$ 和 $Yi(2^{80})$

这个传统的超级计算机评价标准只依据算术运算的峰值计算速度，而完全忽略了为了达到这样的计算速度所消耗的能源。另外一个绿色的榜单叫作绿色 HPC⊖（green HPC），每年评比两次，该榜单根据超级计算机的 MFlops/W 对各超级计算机进行评比。在 2014 年 11 月，来自 GSI 亥姆霍兹中心（德国，达姆施塔特）的 L-CSC 超级计算机取得了 5.27 GFlops/W 的性能。比照来看，L-CSC 超级计算机在 Top500 排行榜中列 168 位，共 10 976 个核，并且其峰值计算速度达到了 593.6TFlops。尽管处理能力是一个非常重要的评价标准（同时也是激励研究人员不断开发 HPC 解决方案的重要因素），但同时我们也需要考虑其他因素，例如整体的内存大小、互联网络的带宽等。最后，我们需要指出每 GFlops 的花费正在呈指数下降，在 2015 年 1 月，每 GFlops 估计花费 0.08 美元。

1.2　为什么我们需要 HPC

对此，浮现在人们脑海中的第一个答案是 HPC 有助于更快、更加准确地（对于模拟类的应用，例如天气预报、汽车碰撞测试中的计算力学，或者其他各种复杂现象的建模）运行程序。HPC 还能解决更大规模的问题：在更细粒度的网格或者更大的数据集（大数据趋势）上进行模拟。但是很少有人知道 HPC 同样有助于节约能源：在相同的浮点计算性能下，我们更倾向于使用低功耗的处理器，因为高功耗的处理器需要消耗更多的能源才能正常工作。最后一点，HPC 非常适合某些在本质上具备天然并行性的算法。实际上，在图像或视频处理领域用到的算法经常需要进行滤波计算，这种运算是针对每个像素或体素（医学图像中）独立进行的，因此滤波计算可以并行执行。在后一种情况下，图像显卡（图像处理单元，GPU）是一个众核（现今已经有几千个核）硬件显卡。举例来说，一个高端的 NVIDIA 显卡拥有 1536 个核，计算速度能够达到 2.3TFlops。

⊖　http://www.green500.org/。

AMD Radeon Sky 900 GPU 拥有 3584 个核，计算速度能够达到 1.5TFlops(双精度浮点)。那些 GPU 显卡不仅能够用于生成高质量的图像，也能应用在通用计算中，我们称这种计算为 GPGPU(通用图像处理单元)模式。

现在我们来更加准确地描述一些应用超级计算的实例：

- 在超级计算机上利用模型进行模拟。如果不采用这种方法，我们可能需要建造一台鼓风机或风洞来进行测试，或者是花费巨资进行汽车/飞机的碰撞测试，或者是耗费大量的时间在普通计算机上模拟气候、星系的演变，或者是在现实中冒着生命危险进行核武器、药品、环境污染、传染病的测试。
- 能够快速地获取结果并且没有延迟。具体的含义是超级计算机能够及时处理在线算法生成的不断累加的数据：一些数据是具有时效性的，例如天气状况，如果我们不能在明天到来之前预测出明天的天气，那么这些数据就失去了价值。比较类似的情况是，如果能够成为第一个获取结果的人，就能够尽快地做出决定(例如在股票市场，通过高频交易算法自动地预订订单)。
- 处理大数据集，例如基因组分析或者基因组系，甚至是搜寻地外文明(查看 SETI 项目⊖)。

1.3   大数据：四个特性(数据量、多样性、生成速度、价值)

大数据是一个在多媒体领域广泛使用的术语，它包含了多种含义。我们可以把它定义为处理海量数据的技术，或者是进行大规模数据处理的技术。我们能够用四个特性(4 个 V)来总结大数据的处理过程：

- 数据量(Volume)。
- 多样性(Variety)，异构数据。
- 生成速度(Velocity)，不断地从传感器中获取数据。
- 价值(Value)，并非模拟数据而是有价值的真实数据。

1.4   并行编程范式：MPI 和 MapReduce

现在已经存在一些为大数据(HPC 的子领域)开发的并行算法编程范式。这些范式依赖于它们在计算机或网络出错(例如硬件错误)的情况下的鲁棒性。如今，两个互补的编程范式逐渐成为了主流，它们分别是：

- MPI(消息传递接口)编程。MPI 对硬件或网络错误没有鲁棒性，但是为程序员提供了一个灵活的编程框架。

⊖　http://www.seti.org/。

- MapReduce(或者是对应的免费开源版本 Hadoop[−])编程。MapReduce 包含一个底层架构，能够应对网络或硬件错误，但是与 MPI 相比，它的编程方式非常有限。

1.5　粒度：细粒度并行与粗粒度并行

在设计和实现并行算法时，我们可以选择各种并行粒度。通俗地讲，粒度是指代码中能够被并行化的部分所占的比例。粒度也可以解释为在一个并行算法中计算时间与通信时间的比例。根据并行算法的粒度，我们将其划分为三大类。

- 细粒度并行(fine-grained parallelism)：在同一个任务内的变量级别并行。数据经常在不同的计算单元间传输。从最初的基于 x86 架构(1978 年发布)的通用微处理器的指令集已经衍生出多种扩展指令集，例如 MMX、SSE 或者 SSE2 等。多数的扩展指令集都支持 SIMD 指令(Streaming SIMD Extensions[⊝])。细粒度并行也依赖于显卡的 GPU 代码片段。
- 中粒度并行(mid-grained parallelism)：在同一个程序中的线程级别并行。
- 粗粒度并行(coarse-grained parallelism)：在大数据块计算完成后，通常会进行有限次数的数据传输。粗粒度并行同样可以在程序级别完成，通过调用任务调度器来处理每个任务在计算机集群(并行机)上的执行。

1.6　超级计算架构：内存和网络

我们将并行计算机分为两类：基于共享内存的并行机和基于分布式内存的并行机。通常，在一个多核处理器上，所有核使用同一个(共享)存储器组(memory bank)：这种架构将所有的核视为独立的处理单元，因此也称为对称共享内存多处理器(Symmetric Shared Memory Multiprocessor，SMP)。当我们谈及并行计算的共享内存模型时，还需要考虑各种不同类型的共享内存：位于处理器内部的高速寄存器和 L1、L2、L3 缓存(L 代表层的概念，强调了层次存储结构)、硬盘(磁盘阵列)、固态硬盘(SSD)、备份用的磁带等。

在实际中，为了充分发挥计算机的性能，我们需要考虑访存时的数据空间局部性。例如，我们比较以下两个 C/C++/Java 的嵌套循环代码：

```
for (int j=0; j<n; ++j)
 {
  for (int i=0; i<n; ++i)
    {y[i] += a[i][j] * x[j];}
 }
```

⊖　http://hadoop.apache.org/。
⊝　http://fr.wikipedia.org/wiki/Streaming_SIMD_Extensions。

以及

```
for (int i=0; i<n; ++i)
{
  for (int j=0; j<n; ++j)
    {y[i] += a[i][j] * x[j];}
}
```

理论上，这两个代码具有相同的时间复杂度：平方时间，即 $O(n^2)$。然而实际上，为了进行快速内存访问，编译器⊖会对代码进行各种各样的优化（比如缓存变量、指令流水和预取）。为了准确地获得两个代码的运行时间，我们令 $n=10\,000$，未优化代码的运行时间为 1.45s，优化后代码的运行时间为 0.275s。优化代码使用g++ -O命令编译。

与共享内存架构相反，基于分布式内存的并行集群通过互联网络将每个独立的计算机连接起来。互联网络所使用的拓扑结构不仅影响着通信效率，也表明了该拓扑结构对应的硬件成本。图 1-1 展示了互联网络中常用的拓扑结构。我们将总线互联网络和完全图互联网络区分开来。消息可以通过点对点（例如，使用总线或完全图互联网络）的方式或者是以中间节点为路由的方式进行交换。

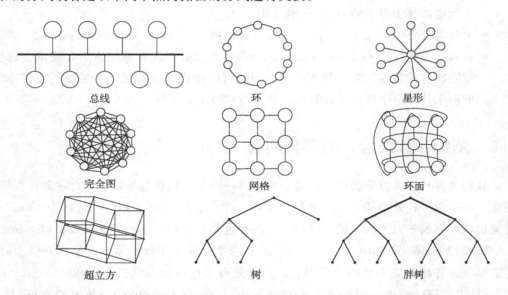

图 1-1   在分布式内存集群上常见的互联网络拓扑结构。通信链路可以是单向或双向的

图 1-2 以示意图的方式描述了近十年间计算机体系结构的发展：随着光刻等制作工艺的显著提升，以前的由 4 个计算机互联的小型网络现在可以集成在一个包含 4 个处理器的主板上，每个处理器通过插槽连接到主板上。近年来，已经出现了 4 核 CPU，4 个核通过一个 CPU 插槽与主板相连，以此来提升通信效率。然而，单个 CPU 仅能集成少量的核，并且无法（当前还没有办法）扩展到更多核。

⊖   查看g＋＋的－O选项。查看其他选项可以用g＋＋ －help。

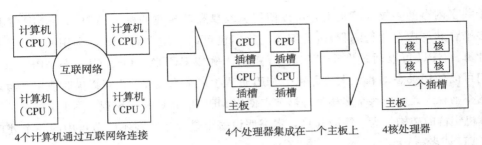

图 1-2　计算机体系结构的发展：从小型的互联计算机到多处理器计算机再到现在的多核计算机

　　在分布式内存架构中，每一个处理器都有一个与之关联的本地内存；在这个模型中没有共享内存。当访问另一个进程的内存时，需要显式地调用内存访问操作，并通过互联网络进行消息交换。图 1-3 展示了基于分布式内存的集群架构，同时本书也重点介绍该类架构。在分布式内存架构中，互联网络决定了数据访问的速度。一般来说，需要考虑互联网络的三个特性。

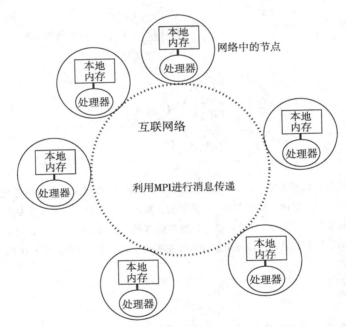

图 1-3　基于分布式内存的并行机架构：各节点通过 MPI 进行消息传递（利用标准 API：
　　　　MPI 发送和接收消息）

- 延迟：发起一个通信所需要的时间。
- 带宽：通信链路上数据的传输速率。
- 拓扑：互联网络的物理结构（例如星形拓扑或网格拓扑）。

　　现在已经存在多种并行编程模型。在向量超级计算机（例如 Cray 超级计算机）上，可以使用单指令多数据（Single Instruction Multiple Data，SIMD）的并行编程模型。在基于共享内存的多核计算机上，可以使用多线程和其相应的标准 API OpenMP$^{\ominus}$（开放的多平台共享内存并行编程）进行编程。我们也可以使用异构计算，利用 GPU 完成部分计算。GPU 可以通过多个 API 进行控制，例如 CUDA、OpenCL、HMPP。最后，我们可以使用混合编程方式，即每个 MPI 进程生成多个线程，也可以同时使用异构计算和混合编程方式，即每个多核处理器节点使用 MPI 和 GPU 接口编程。图 1-4 展示了一个计算机集群的架构。为了简明起见，本书假设每个进程运行在不同节点中的一个处理单元（CPU 或者核）上。

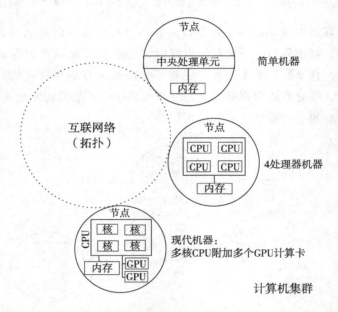

图 1-4   一个计算机集群架构：计算资源位于节点内，每个节点通过互联网络连接。连接到集群（并行机）上的计算机可以是一个简单的计算机（一个 CPU），或者是多处理器机器（一个主板上集成了多个 CPU），或者是现代的多核 CPU 附加多个 GPU 计算卡。在理论上，为了简明起见，假设每个进程运行在不同节点中的一个处理单元（CPU 或者核）上

1.7   加速比

令 t_{seq} 表示顺序程序（也称作串行程序）的运行时间，t_P 表示对应的并行程序在 P 个处理器上的运行时间。令 t_1 表示并行程序在 $P=1$ 个处理器$^{\ominus}$上的运行时间。现在我们定义以下三个量。

- 加速比：$\mathrm{speedup}(P)=\dfrac{t_{\mathrm{seq}}}{t_P}$。通常有 $\dfrac{t_{\mathrm{seq}}}{t_P}\simeq\dfrac{t_1}{t_P}$。

- 效率：$e = \dfrac{\text{speedup}(P)}{P} = \dfrac{t_{\text{seq}}}{P \times t_P}$，低效率意味着高并行负载（与线性加速比相比）。最佳的线性加速比意味着最大的效率，即为 1，反之亦然。

- 扩展性：$\text{scalability}(O, P) = \dfrac{t_O}{t_P}$，且 $O < P$。

1.7.1 扩展性和等效率分析

多数情况下，我们更加关注并行算法在 P 个处理器上运行时的扩展性。实际中，计算机集群可能会为程序动态地分配节点（例如，其他程序完成后，集群可能会将其占用的资源分配给正在运行的程序），我们希望程序能够及时适应并充分利用这些动态分配的资源。因此，一个可扩展的并行算法能够很容易地运行在任意 P 个处理器上。对于一个给定的问题规模 n，当我们增加处理器个数 P 时，程序的效率会呈现下降趋势。因此，为了维持一个好的加速比，当 P 增加时，我们同样增加输入的数据规模 n；更确切地说，参数 n（数据规模）和 P（处理器个数）是相关的。

以上所提到情形正是等效率（iso-efficiency）分析的关注点。等效率分析的一个关键问题是，为了保持效率始终为一个常数，如何将输入规模的增长速率 ρ 表示成处理器个数的函数。并且 ρ 越小越好！因此，对于一个给定的问题，我们需要设计一个拥有良好等效率的算法。

1.7.2 Amdahl 定律：描述数据规模固定时渐近加速比的变化趋势

Gene M. Amdahl（IBM）在 1967 年第一次提出了理想情况下性能的加速比[1]，如下所示：令 α_{par} 表示代码中可并行化部分所占的比例，α_{seq} 表示本质上串行（不可并行化）部分所占比例，且 $\alpha_{\text{par}} + \alpha_{\text{seq}} = 1$。现在，我们可以用数学公式表示并行程序在 P 个处理器上的运行时间 t_P：

$$t_P = \alpha_{\text{seq}} t_1 + (1 - \alpha_{\text{seq}}) \frac{t_1}{P} = \alpha_{\text{par}} \frac{t_1}{P} + \alpha_{\text{seq}} t_1$$

假设 $t_{\text{seq}} = t_1$，能够推导出一个并行程序在 P 个处理器上的加速比为

$$\text{speedup}(P) = \frac{t_1}{t_P} = \frac{(\alpha_{\text{par}} + \alpha_{\text{seq}}) t_1}{\left(\alpha_{\text{seq}} + \dfrac{\alpha_{\text{par}}}{P}\right) t_1} = \frac{1}{\alpha_{\text{seq}} + \dfrac{\alpha_{\text{par}}}{P}}$$

由以上公式可知，随着处理器数量趋近于无穷（$P \to \infty$），加速比的上限由 $\alpha_{\text{seq}} = 1 - \alpha_{\text{par}}$ 决定，也就是代码中不可并行化的部分，具体公式如下所示：

$$\lim_{P \to \infty} \text{speedup}(P) = \frac{1}{\alpha_{\text{seq}}} = \frac{1}{1 - \alpha_{\text{par}}}$$

图 1-5 绘制了在区间 $0 \leqslant \alpha_{\text{seq}} \leqslant 1$ 内，函数 $\text{speedup}(P)$ 的变化趋势，其中 x 轴使用对数刻度。Amdahl 定律反映了并行程序中的串行瓶颈。

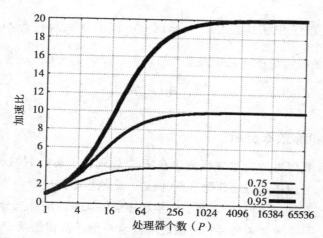

图1-5 Amdahl 定律将加速比表示成可并行化部分所占比例的函数。图中 x 轴使用对数刻度。从图中可以看出，最大加速比总的上限总是 $\frac{1}{\alpha_{seq}}$，其中 α_{seq} 表示串行代码所占比例

定理1 Amdahl 定律给出了一个并行程序的最优渐近加速比，既 $\text{speedup} = \frac{1}{\alpha_{seq}} = \frac{1}{1-\alpha_{par}}$，其中 α_{par} 表示程序中可并行化部分的比例，α_{seq} 表示程序中本质上是串行的比例。

图1-5 使用 Gnuplot[⊖]绘制，具体代码如下：

> **WWW** source code: `Amdahl.qnuplot`

```
set terminal png
set output 'Amdahl.png'
set encoding iso_8859_1
set logscale x 2
set xrange [1:65536]
set autoscale
set xlabel "number of processors (P)"
set ylabel "speed-up"
set key on right bottom
set pointsize 2
Amdahl(p,s) = 1/(s + ( (1-s)/p))
set grid
show grid
plot Amdahl(x,1-0.75) title "0.75"  lt -1 lw 3,\
  Amdahl(x,1-0.90) title "0.9" lt -1 lw 5, \
Amdahl(x,1-0.95)title "0.95" lt -1 lw 7
```

⊖ 免费的绘图工具，可以从 http://www.gnuplot.info/网站下载。

值得注意的是，Amdahl 定律假设输入的数据规模是固定的（这不是一个强假设，因为很多程序的输入规模是不变的）。换言之，数据规模确定后便不再改变。这表明无论我们用多少个处理器（P）运行程序，理论上的最大加速比始终趋近于串行代码所占比例的倒数：$\mathrm{speedup} = \dfrac{1}{\alpha_{\mathrm{seq}}}$，如图 1-6 所示。我们还应注意到，随着 P 不断增加，性能与价格的比值快速下降。

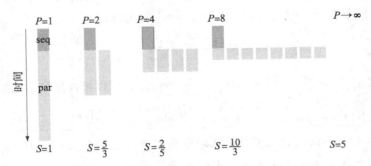

图 1-6　Amdahl 定律阐述了在数据规模固定的情况下，最大加速比的上限可以表示成串行代码所占比例的倒数。在此图中，最大加速比趋近于 5

尽管加速比的理论上限由 P 决定，但是有时在实际中我们可以获得更好的加速比！这就是说，我们有时可以观察到超线性趋势的加速比。第一次看到这个的人可能会感到惊讶，但是这个现象可以很容易地通过层次存储架构来解释。例如，当使用 P 个计算机并行地处理 n 个数据时，我们隐含地假设了每个计算机能够在本地内存（RAM）中存储 $\dfrac{n}{P}$ 个数据。然而，如果只使用一个计算机处理 n 个数据，那么 $\dfrac{n}{P}$ 个数据可以存储在 RAM 中，但剩余的 $\dfrac{n-1}{P}$ 个数据则需要存储在硬盘中，并且硬盘的访问速度要远远小于 RAM 的访问速度。这样，对于大数据集，我们可以通过将数据存储在每个计算机的本地内存（RAM）中的方式来观察超线性加速比。

1.7.3　Gustafson 定律：可扩展的加速比，随着资源的增加不断扩大数据量

Gustafson 定律[2] 阐述了数据并行化带来的影响，从一个崭新角度对 Amdahl 定律发起了挑战。在 Gustafson 定律中，不再假设数据规模是不变的，而是假设数据规模依赖于处理器的个数 P（可用的资源）。因此，Gustafson 定律和 Amdahl 定律（假设输入规模是固定的，并且由于一些本质上串行的代码，造成了这部分串行时间不可压缩）有很大的不同。在实际中，Gustafson 发现程序的使用者为了获得合理⊖的整体运行时间，往往会根据可用的资源来设置数据规模的大小。这种情形在视频处理或医学成像

⊖　在实际中，我们并不希望一个程序运行在某个数据集下时需要 100 年才能完成。

领域很常见，为了在合理的时间内获得结果，人们首先会缩减图像的数据量，使其能够存储在内存中，然后运行程序。同样，在模拟类应用程序中，数据规模的大小取决于所选用网格的精度。随着更快的(多核)机器逐渐普及，用户可以为程序提供更多的数据。在这种情况下，可以认为数据规模是任意大的(例如，4K视频、8K视频等)。

我们回顾几个变量的定义，令 α_{par} 表示代码中可并行化部分的比例，$\alpha_{seq}=1-\alpha_{par}$ 表示 P 个处理器上串行代码所占比例，则加速比可表示为串行的执行时间 $t_{seq}+Pt_{par}$ (对于 $\alpha_{seq}n+\alpha_{par}nP$ 的数据量)与并行执行时间 $t_{seq}+t_{par}$ 的比值：

$$\text{speedup}(P) = \frac{t_{seq} + P \times t_{par}}{t_{seq} + t_{par}}$$

因为根据定义 $\dfrac{t_{seq}}{t_{seq}+t_{par}}=\alpha_{seq}$，且 $\dfrac{t_{par}}{t_{seq}+t_{par}}=\alpha_{par}$，所以可以推导出加速比为

$$\boxed{\text{speedup}_{Gustafson}(P) = \alpha_{seq} + P \times \alpha_{par} = \alpha_{seq} + (1-\alpha_{par})P}$$

定理 2　Gustafson 定律表明了最优加速比渐近于 $\text{speedup}(P)=P \times \alpha_{par}$，其中 α_{par} 表示代码中可并行化部分所占比例，且 $\alpha_{par}>0$。

当串行部分所占比例固定且问题规模增大时，则加速比随着处理器个数的增加而增大。因此，Gustafson 称他的加速比分析为可扩展加速比(scaled speedup)。我们观察到，为了保持固定的执行时间，负载是随着处理器的个数增加而增加的。因此，Gustafson 的观点是，当提供足够大的数据量时，一个并行系统才会展示出真正的处理能力，如图 1-7 所示。

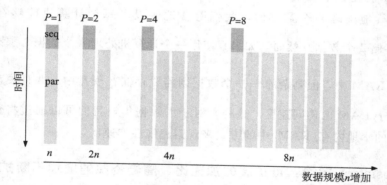

图 1-7　Gustafson 加速比定律认为数据规模应该随着处理器的个数增加而增加(或者假设并行执行时间不变)

1.7.4　在串行计算机上模拟并行机

我们可以在一台传统计算机上模拟执行任何并行算法，模拟执行可以通过串行执行 P 个进程 P_1，$\cdots$，P_p 的基本指令或代码段来实现。一个代码段定义为两个同步屏障语句，即阻塞通信原语之间的代码。因此，一个并行算法总能转换成串行算法，但反之不一定成立：一个并行算法经常需要从零开始设计！我们必须考虑如何设计出高

效的并行算法。

　　理论上，通过在串行计算机上模拟并行程序，我们能够得到以下几个结论。第一，最大加速比是 $O(P)$，P 代表处理器个数。第二，它能为某个问题生成下界，因为利用并行方法解决一个问题的最好的时间复杂度是 $\Omega\left(\dfrac{C_{seq}}{P}\right)$，$\Omega(C_{seq})$ 表示串行执行的时间复杂度下界。最后，我们强调一点，必须保证 $t_{seq} \leqslant t_1$：一个问题的并行算法在一个处理器上的执行时间必须要大于同样问题的串行算法的执行时间。（否则，这个单节点的并行算法会更好，可以用它来取代串行算法。）

1.7.5　大数据和并行输入/输出

　　为了处理大数据，我们需要读取或存储超大文件，或者是大量的小文件。这些操作称为输入/输出，或简称 I/O。在一个分布式内存架构中，可以显式地使用并行 I/O 进行编程（例如，使用多汇集 MPI-IO$^{\ominus}$），或者在每个节点上显式地调用本地 I/O 函数。幸运的是，为了避免这种非常耗时的编程任务，人们开发出了多个并行文件系统用来处理各种复杂的 I/O 操作。例如，为了处理超过 PB（10^{15} 字节）级的数据量，超级计算机可以使用免费软件 Lustre$^{\ominus}$ 或者 IBM 的 GPFS$^{\oplus}$（General Parallel File System）。另一个比较流行的并行文件系统是 MapReduce，它是基于 Google 文件系统（也称作 GFS）开发的（或者是 HDFS，Hadoop 分布式文件系统）。

1.8　关于分布式系统的八个常见误区

　　最早的大规模分布式系统是 ARPANET 网络（1969 年），衍生出之后的互联网。另一个世界范围的分布式系统是 SWIFT 金融转账协议$^{\otimes}$（SWIFT 表示 Society for Worldwide Interbank Financial Telecommunication，环球银行金融电信协会）。尽管在分布式系统领域已经积累了半个世纪的经验，但是即使在现在，设计和扩展一个大的分布式系统仍然非常困难。造成这种情况的因素有很多，Peter Deutsch（SUN，1994）和 James Gosling（SUN，1997）列出了以下八个常见的误区：

　　（1）网络是可靠的。

　　（2）延迟为零。

　　（3）带宽无限大（或者至少是足够大）。

　　（4）网络是安全的。

　　（5）网络拓扑是静态的（即网络拓扑是不随时间变化的）。

　　$\ominus$　从 MPI-2 开始支持。

　　$\ominus$　http://lustre.opensfs.org/。

　　$\oplus$　http://www-03.ibm.com/systems/platformcomputing/products/gpfs/。

　　$\otimes$　http://www.swift.com/about_swift/company_information/swift_history。

（6）只有一个网络管理员。

（7）数据传输和程序迁移不需要成本。

（8）网络是同构的。

下面简单地解释一下这些误区，并阐明为什么在实际中这些假设不成立。

- 误区 1：网络是可靠的。许多重要的程序需要不间断地提供服务，因此这些程序必须能够一直正常工作并对硬件/软件崩溃采用零容忍策略。然而，当一个路由器出现问题时，很可能会出现一系列无法预估的连锁反应，进而导致一场不可预知的灾难（想象一个核电站失控）。为了避免这种情形（或者至少将影响降到最低），我们必须在硬件和软件中都引入冗余措施。在实际中，是根据对系统投入资源的多少（或冗余措施的多少）来进行风险评估的。

- 误区 2：延迟为零。在 LAN（局域网）中，延迟是足够小的，但是在 WAN（广域网）中，延迟会变差。在过去的十一年间，网络带宽已经增长了 1500 倍，但是延迟仅仅降低了 1/10。延迟在本质上受限于光在光纤中的传输速度。在实际中，我们可以参考以下情形中程序 ping 给出的时间：从地球的一个极点向另一个极点发送并接收返回的数据包（rtt，往返时间）大概需要 0.2s（20 000km×2×5μs/km＝0.2s，忽略计算时间）。将程序 ping 应用于纽约和洛杉矶之间，测量出的时间是 40ms。因此，当在规模超过局域网的网络上部署程序时，我们需要非常小心网络延迟带来的问题。

- 误区 3：带宽无限大。尽管近年来带宽一直稳步上升，但是需要传输的数据量也在不断上升（例如现今的 4K 视频和即将到来的 8K 视频）！同样，WAN 中会出现网络拥塞和数据包丢失的现象，这时我们不得不重新发送数据（因此会增加网络流量）。在实际中，路由算法必须能够应对这些情况。

- 误区 4：网络是安全的。现今，已经不会有人再相信网络是安全的了。更坏的情况是，黑客的攻击正在呈指数级别增加（有时，某些国际公司不得不面对每周数百次的攻击）。因此，我们必须为系统和数据备份制定方案，并且设计应急和恢复程序等。

- 误区 5：网络拓扑是静态的。尽管在最初开发程序的时候我们可以假设网络拓扑是静态的，但是很明显，在现实中不可能控制 WAN 的拓扑结构。更糟的情况是，网络拓扑是不断变化的。这意味着，当我们部署程序时，需要时刻考虑到动态的网络拓扑并且确保程序的健壮性，使其能够适应各种拓扑结构。

- 误区 6：只有一个网络管理员。在最好的情况下，可以假设网络管理员从不生病并且能够及时地回复多个用户的请求，但即便如此，单个网络专家也很难应对如今复杂的网络管理任务。在现实中，我们需要多种能力来应对种类繁多的网络架构和软件，因此，只有多个管理员才能应对这样的需求。换言之，如今每个管理员必须精通其所在领域的专业知识，因此他们不会再去全面地学习如何管理一个大规模 IT 设施了。

- 误区 7：数据传输和程序迁移不需要成本。当然，网络电缆和其他相关的设备（例如路由器）都需要一些成本。但是除了这些显而易见的成本外，在现实生活中，我们还需要为保证网络传输的服务质量（Quality of Service，QoS）而支付一些费用。同样，当我们将一个程序从一个节点迁移到多个节点上运行时，程序会在多个节点间进行数据传输，这样会使得程序的编写更加困难，也增加了开发成本。具体而言，我们必须实现一个（反）序列化过程，将结构化数据转换成位或字节数据，使其更容易在网络上传输。这样就会为软件开发带来额外的开销。
- 误区 8：网络是同构的。在大型国际公司中，员工们使用的计算机、操作软件和解决方案软件都是各不相同的，因此，不同平台、软件间的互操作性对于公司的平稳运营便显得至关重要。

1.9　注释和参考

本章介绍了高性能计算（HPC）领域的一些基本概念。这些概念在大多数关于并行的教科书中都能看到。Amdahl 定律被人们重新关注并扩展到了能耗限制下的多核领域[3,4]。Amdahl 定律和 Gustafson 定律都可以用 Sun 和 Ni[5] 提出的内存约束模型进行概括。关于分布式系统的八个误区在 2006 年的论文[6]中进行了详细介绍。随着大数据时代的兴起，人们开始探索如何在尽量短的时间内处理尽量多的数据：大而快的数据目标通过最小化延迟来实现数据流的实时分析（例如，源源不断的推特信息），然后将结果传递给用户。

1.10　总结

算法并行化的主要目的是为了获得更高的性能（减少时间，增加输出吞吐率，减少能耗，等等）。大规模的数据处理依赖于超级计算机，这些超级计算机会根据它们的 Flops（每秒浮点操作次数）性能进行排序，即超级计算机根据其每秒能够处理的最大基本浮点运算次数进行排序（峰值性能）。在高性能计算中，并行多核计算机和并行计算机（集群）是两个不同的概念。并行多核计算是基于共享内存的，使用线程对共享内存进行操作。并行计算机（集群）是基于分布式内存的，集群中的机器抽象为节点，所有节点通过一个互联网络连接。在分布式内存架构中，数据传输需要显式地调用标准消息传递接口，该接口称作 MPI，包含了所有的基本通信原语。通信的效率依赖于底层的拓扑网络、带宽、单向/双向链路的延迟。Amdahl 定律严密地阐述了加速比的上限是代码中不可并行化部分所占的比例。如今，我们正向着百亿亿次超级计算机迈进，期望在 2017～2020 年间实现这个目标。

注释

n	输入规模
P	处理器个数(或者进程、节点)
$t(n)$	数据规模为 n 时的顺序(串行)时间或者 $t_s(n)$
$t_P(n)$	数据规模为 n 时,在 P 个处理器上执行的并行时间
$t_{seq}(n)$	数据规模为 n 时的串行时间
$t_{par}(n)$	数据规模为 n 时的并行时间(P 隐式指定)
$C_P(n)$	代价:所有处理器做的工作:$C_P(n) = Pt_P(n)$
$t_1(n)$	单节点并行算法的运行时间,$t_1(n) \geqslant t(n)$,但是通常情况下 $t_1(n) \approx t(n)$
$S_P(n)$	加速比:$S_P(n) = \dfrac{t(n)}{t_P(n)}$
$E_P(n)$	效率:$E_P(n) = \dfrac{t(n)}{C_P(n)} = \dfrac{S_P(n)}{P} = \dfrac{t(n)}{Pt_P(n)}$
α_{par}	并行代码的比例($\alpha_{par} = 1 - \alpha_{seq}$)
α_{seq}	串行代码的比例($\alpha_{seq} = 1 - \alpha_{par}$)
$S_A(P)$	数据规模固定时 Amdahl 加速比:$\dfrac{1}{\alpha_{seq} + \dfrac{\alpha_{par}}{P}}$(上限趋近于 $\dfrac{1}{\alpha_{seq}}$)
$S_G(P)$	Gustafson 扩展加速比:$S_G(P) = \alpha_{seq} + (1 - \alpha_{seq})P$
scalability(O, P)	通用扩展性 $\dfrac{t_O(n)}{t_P(n)}$,且 $O < P$

1.11 练习

练习 1(Amdahl 定律) 在一个程序中,90% 的部分可以并行化。利用 Amdahl 定律计算渐近加速比。假设该串行程序需要运行 10 小时,那么任何并行算法都无法超越的临界时间是多少?推导出最大加速比。当程序中只有 1% 的部分可以并行化时,再次回答以上的问题。

练习 2(根据 Amdahl 定律估计可并行化部分的比例) 说明如何利用公式 $\widehat{\alpha_{par}} = \dfrac{\dfrac{1}{S} - 1}{\dfrac{1}{P} - 1}$ 估计出可并行化部分所占的比例,其中 S 表示在 P 个处理器上运行时测量的加速比。给定在 P 个处理器上运行时测量的加速比 S,推导出最大加速比的公式。

练习 3(Amdahl 定律的上限) 证明对任意的处理器个数 P,加速比的上限总是 $\dfrac{1}{\alpha_{seq}}$,其中 α_{seq} 表示串行代码的比例。

参考文献

1. Amdahl, G.M.: Validity of the single processor approach to achieving large scale comput-ing capabilities. In: Proceedings of Spring Joint Computer Conference, AFIPS '67 (Spring), pp. 483–485. ACM, New York (1967)
2. Gustafson, J.L.: Reevaluating Amdahl's law. Commun. ACM **31**(5), 532–533 (1988)
3. Hill, M.D., Marty, M.R.: Amdahl's law in the multicore era. Computer **41**(7), 33–38 (2008)
4. Woo, D.H., Lee, H.-H.S.: Extending Amdahl's law for energy-efficient computing in the many-core era. Computer **41**(12), 24–31 (2008)
5. Hwang, K.: Advanced Computer Architecture: Parallelism, Scalability, Programmability, 1st edn. McGraw-Hill Higher Education, New York (1992)
6. Rotem-Gal-Oz, A.: Fallacies of distributed computing explained (2006), (initially discussed by James Gosling and Peter L. Deutsch). See http://www.rgoarchitects.com/Files/fallacies.pdf

第 2 章

MPI 简介：消息传递接口

2.1 基于 MPI 的并行程序设计：基于消息通信

并行算法编程比串行算法编程要复杂得多，并行程序调试也是如此。事实上，存在着几种使用不同并行编程范式的"并行机"（并行计算、分布式计算）抽象模型，例如：

- 向量超级计算机，基于单指令多数据（SIMD）编程模型，使用基于流水线的操作来优化代码。
- 多核计算机，具有共享内存并采用多线程编程模型，所有线程都可以访问共享内存。程序很容易崩溃，并且有时会因为在并发访问共享资源时有可能发生冲突而很难进行调试。
- 计算机集群，由具有分布式内存的高速网络互连的多计算机构成。

本书重点介绍的正是最后一种"并行机"，即计算机集群，也就是具有分布式内存的并行编程范式。每台计算机可以使用其自身的本地存储器来执行程序，在所有计算机上执行的程序可以是相同的或者不同的，这些互连的计算机之间通过发送和接收消息来协作完成所有任务。

就集群的规模而言，我们可以分为以下两类：

- 小型到中等规模的计算机集群（即，几十到几百，有时甚至几千计算机节点），通过发送和接收消息进行通信。
- 大型计算机集群（几千到几十万，有时甚至几百万计算机节点），面向大数据处理执行相对简单的代码。通常，这些大型集群使用 MapReduce 和 Hadoop 编程模型编程。

消息传递接口（MPI）是一种编程接口，即应用程序编程接口（API），其恰当地定义了软件库的语法和完整语义，并提供标准化基本例程以构建复杂程序。因此，通过发送和接收封装了数据的消息，MPI 可以用来编写可交换数据的并行程序。使用 API 可以让程序员避免很多从零开始实现网络程序的细节问题，也可以让系统（院校、行业、程序员）享受源代码的互操作性和可移植性。重点强调一下，MPI 编程接口不依赖于底层编程语言。因此，我们可以通过最常用的(串行)编程语言(例如 C、C++、Fortran、Java、Python 等)来使用 MPI 命令。也就是说，有多种 MPI 的绑定语言是可用的。

　　MPI 标准起源于一个 1991 年举办的分布式内存环境专题研讨会。如今，我们使用的是该标准的第三版——MPI-3，其标准化已经完成并在 2008 年公开发表。我们选择 OpenMPI(http://www.open-mpi.org/)来实现本书中的编程示例。

　　需要强调的是，在 HPC 领域中，MPI 对面向分布式内存的并行算法来说是最为重要的编程接口。认同 MPI 是标准的有力论据有很多：许多全局通信的库函数(比如广播，即发送消息给所有其他机器的库函数)；许多执行全局计算的原语(比如使用汇集机制计算分布在所有机器上的数据的累加和)。实践中，这些全局通信和计算操作的复杂性取决于集群机器的互联网络的底层拓扑结构。

2.2　并行编程模型、线程和进程

　　现代操作系统都是多任务的：从用户的角度来看，一些非阻塞的应用似乎是"同时"执行(运行)的。这仅仅是一种错觉，因为在一个中央处理器(CPU)上，一次只能执行一个程序指令。换句话说，在 CPU 上，只有一个当前进程正在执行，而其他进程被阻塞(暂停或等待唤醒)，并且等待在 CPU 上执行。任务调度程序的作用就是把进程动态分配给 CPU。

　　现代的 CPU 拥有多个核，每个核都是独立的处理单元(PU)，可以真正并行地在每个核上执行一个线程。多核架构产生了允许并发的多线程编程范式。比如，你最喜爱的互联网浏览器允许其标签里同时可视化数个页面，每个 HTML 页面使用一个独立的线程，该线程从网络中获取 HTML⊖/XML 中的页面内容并且显示出来。分配给进程的资源在不同线程之间是共享的，并且至少有一个线程应当具有主(main)调用函数。

　　可以按下面的方式描述线程的特点：
- 同一进程的线程共享相同的内存区域，因此既可以访问内存中的数据区域，也能够访问其中的代码区域，自然也可以很容易地访问同一进程的线程之间的数据。但在同时访问内存时也会产生一些困难：在最坏的情况下，它会导致系统崩溃！该模型有一种理论抽象，也就是所谓的并行随机存取机模型(Parallel Random Access Machine，PRAM)。在 PRAM 模型中，我们将在同时对本地内存进行读写操作时可能发生的各种冲突，分为三类：互斥读互斥写(Exclusive Read Exclusive Write sub-model，EREW)、同时读互斥写(Concurrent Read

---

　　⊖　超文本标记语言。

Exclusive Write，CREW)和同时读同时写(Concurrent Read Concurrent Write，CRCW)。

- 这种多线程的编程模型非常适合多核处理器，并让应用程序可以运行得更快(例如，用于给 MPEG4 视频或 MP3 音乐文件编码)或者可以使用非阻塞的应用程序(比如具有邮件应用的 Web 多标签浏览器)。
- 进程和线程是不同的，因为进程有自己的非重叠的内存区域。因此，进程之间的通信必须谨慎执行，特别是使用 MPI 标准时。

我们也可以区分单程序多数据(Single Program Multiple Data，SPMD)并行编程范式和多程序多数据(Multiple Program Multiple Data，MPMD)范式。最后，我们可以在同一个处理器(当多核时并行处理)或者同一网络下互连的一组处理器上运行多个进程。我们也可以编写程序来使用若干多核处理器(在这种情况下，同时使用 MPI 和 OpenMP 标准)。

2.3   进程之间的全局通信

通过在一组机器上执行一个 MPI 程序，我们启动一组进程，并且对于每个进程，都有本地计算(与通常的串行程序执行类似)，同时还执行以下操作。

- 数据传输：例如，一些数据通过消息传送到所有其他进程。
- 同步屏障：导致所有进程在继续运行之前都需要等待。
- 全局计算：例如，一种归约操作，(用存储在每个进程本地内存中的本地值)计算属于所有进程的分布式变量 x 的总和或最小值。图 2-1 演示了归约累加和操作。全局计算依赖于互连集群机器的底层拓扑。

$$(+\ 1\ 2\ 3\ 4)=(+\ (+\ 1\ 2)\ (+\ 3\ 4))=(+\ 3\ 7)=(10)$$

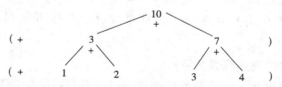

图 2-1   全局归约计算的示例：计算进程变量本地值的全局累加和。在这里演示了在调用归约原语时执行的归约树

全局通信原语由属于同一个通信组的所有进程执行。默认情况下，MPI 初始化后，所有进程就属于同一个被称为 MPI_COMM_WORLD 的通信组。

2.3.1   四个基本的 MPI 原语：广播、收集、归约和全交换

MPI 广播原语(即 MPI_Bcast)用来从根进程(通信组当前调用的进程)向其他所有(同一个通信组)的进程发送消息。相反，归约操作将变量的所有对应的值汇集到一个

值中，并将其返回给当前调用进程。当将不同的个性化信息发送到其他每个进程中时，执行了在 MPI 中被称为 MPI_Scatter 的散播操作。

聚合原语既可以用于通信，也可以用于全局计算：收集是散播操作的逆过程，这个过程中根进程从所有其他进程接收个性化消息。在 MPI 中，MPI_Reduce 通过一个符合交换律的二元操作符⊖执行全局归约操作。典型的例子就是求和（MPI_SUM）或求积（MPI_PROD）等。表 2-1 列出了用于归约原语的二元运算符。图 2-2 说明了这四个基本的 MPI 原语。最后需要强调的是，我们也可以使用一种多对多通信原语（MPI_ALLtoall，也称全交换），其中的每个进程向其他所有进程发送个性化的信息。

表 2-1　全局计算：预定义的 MPI 归约（可交换的）二元运算符

MPI 名称	含义
MPI_MAX	最大值
MPI_MIN	最小值
MPI_SUM	求和
MPI_PROD	求积
MPI_LAND	逻辑与
MPI_BAND	按位与
MPI_LOR	逻辑或
MPI_BOR	按位或
MPI_LXOR	逻辑异或
MPI_BXOP	按位异或
MPI_MAXLOC	最大值和相应位置
MPI_MINLOC	最小值和相应位置

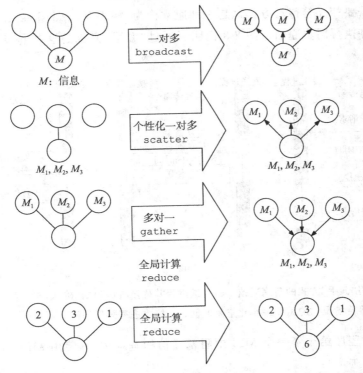

图 2-2　四种基本的集体通信原语：广播（一对多）、散播（个性化广播或个性化的一对多通信）、收集（散播原语的逆过程或个性化的多对一通信）和归约（全局汇集计算）

⊖　一个不可交换的二元运算符的例子就是除法，因为 p/q≠q/p

2.3.2　阻塞与非阻塞和同步与异步通信

MPI 有多种发送模式，这取决于数据是否被缓冲，以及是否需要同步。首先，让我们从 send 和 receive 这两个基本通信原语的表示开始。我们按如下方式描述这两个原语的语法和语义。

- send(&data,n,Pdest)：把从内存地址 &data 开始的含有 n 个数据的数组发送到进程 Pdest。
- receive(&data, n, Psrc)：从进程 Psrc 接收 n 个数据，并将它们存储在一个从本地内存地址 &data 开始的数组中。

现在，让我们通过下面的例子来看发生了什么：

```
...                Process P0                          Process P1
a=442;                                  ...
send(&a, 1, P1);                        receive(&a, 1, P0);
a=0;                                    cout << a << endl;
```

阻塞通信(非缓冲)产生了等待时间的情况，也就是空闲时间。事实上，发送进程和接收进程需要相互等待对方：这是一种通常称为"握手"(hand-shaking)的通信模式。这种模式允许执行同步通信。图 2-3 说明了通过"握手"完成的这些同步通信，并指出了空闲时间。

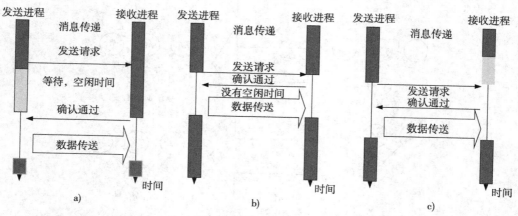

图 2-3　用"握手"方式的阻塞通信：a)发送进程等待接收进程的"确认通过"指令，从而引发等待情况；b)试图最小化空闲时间；c)接收进程需要等待

下面的 C 程序给出了一个 MPI 中阻塞通信的基本例子(使用 MPI 的 OpenMPI 供应商实施的 C 绑定)：

```
WWW source code: MPIBlockingCommunication.cpp
```

```
// filename: MPIBlockingCommunication.cpp
#include <stdio.h>
#include <stdlib.h>
#include <mpi.h>
#include <math.h>
```

```
int main(argc,argv)
int argc;
char *argv[];
{
    int myid, numprocs;
    int tag,source,destination,count;
    int buffer;
    MPI_Status status;

    MPI_Init(&argc,&argv);
    MPI_Comm_size(MPI_COMM_WORLD,&numprocs);
    MPI_Comm_rank(MPI_COMM_WORLD,&myid);
    tag=2312; /* any integer to tag messages */
    source=0;
    destination=1;
    count=1;
    if(myid == source){
      buffer=2015;
      MPI_Send(&buffer,count,MPI_INT,destination,tag
        ,MPI_COMM_WORLD);
      printf("processor %d received %d \n", myid,
        buffer)
    }
    if(myid == destination){
        MPI_Recv(&buffer,count,MPI_INT,source,tag,
        MPI_COMM_WORLD,&status);
        printf("processor %d received %d \n",myid,
        buffer);
    }
    MPI_Finalize();
}
```

显然，对于阻塞通信，要尽量减少总的空闲时间。接下来我们将看到如何使用负载平衡技术来实现优化，从而很好地平衡进程之间的局部计算。

接下来，我们介绍语法，并描述 MPI 中 send[⊖]原语的参数。

- 使用 C 绑定的语法：

```
#include <mpi.h>
int MPI_Send(void *buf, int count, MPI_Datatype
    datatype, int dest, int tag, MPI_Comm comm)
```

- 在 C＋＋中的语法(不建议使用。因为自从 MPI-2 之后它没有被定期更新，我们不推荐使用它)：

```
#include <mpi.h>
void Comm::Send(const void* buf, int count, const
    Datatype& datatype, int dest, int tag) const
```

send 中的 tag 参数为消息指定一个整型数据(它的标签)，这样进程就可以指定等待哪些类型的消息。标签在实践中非常有用，用于过滤通信操作，并确保一些情况，例如，使用阻塞通信时确保发送/接收的消息是成对匹配的。

表 2-2 总结了 MPI 中的 C 语言数据类型。

⊖　可见网页：https://www.open－mpi.org/doc/v1.4/man3/MPI_Send.3.php。

表 2-2　使用 C 语言绑定的 MPI 基本数据类型

MPI 数据类型	相应的 C 语言数据类型
MPI_CHAR	signed char
MPI_SHORT	signed short int
MPI_INT	signed int
MPI_LONG	signed long int
MPI_UNSIGNED_CHAR	unsigned char
MPI_UNSIGNED_SHORT	unsigned short int
MPI_UNSIGNED	unsigned int
MPI_UNSIGNED_LONG	unsigned long int
MPI_FLOAT	float
MPI_DOUBLE	double
MPI_LONG_DOUBLE	long double
MPI_BYTE	
MPI_PACKED	

2.3.3　阻塞通信产生的死锁

使用阻塞通信会正确地匹配"发送语句"和"接收语句"，但不幸的是也会产生死锁⊖。让我们思考下面这个简单示例，以了解是否存在死锁的情况：

进程P0	进程P1
send(&a, 1, P1);	send(&a, 1, P0);
receive(&b, 1, P1);	receive(&b, 1, P0);

进程 P0 发送一个消息，然后等待接收进程 P1 的"同意发送"指令，但 P1 的发送语句也在等待 P0 的"同意发送"指令。这是一个典型的死锁情况。在这个简单示例中，我们在使用阻塞通信原语时指出了死锁问题。然而在实践中，跟踪它们并不容易，因为进程程序会有不同的执行路径。

实际上，在 MPI 中，每个发送/接收操作涉及一组通信，并且有一个标签属性（一个整型数据）。从算法的角度来看，阻塞通信是确保程序一致性（或语义）的一个非常理想的特性（例如，可以避免让消息以错误的顺序到达），但是阻塞通信会给检测死锁带来困难。

为了避免（或者至少最小化）这些死锁的情况，我们可以预先给每个进程分配一个专用的内存空间，用于缓冲数据：数据缓冲区（Data Buffer，DB）。然后，分两步发送数据：

- 首先，发送进程在数据缓冲区发送消息。
- 其次，接收进程在地址 &data 指向的本地内存区域上复制数据缓冲区。

这种缓冲通信可以通过硬件机制或适当的软件来实现。但是，当数据缓冲区变满

⊖　在这种情况下，要么在外部发出超时信号以杀死所有进程，要么我们需要通过使用 Shell 命令行指令来手动杀死那些使用它们进程识别号的进程。

（引发"缓冲区溢出"异常）时，仍然存在潜在的死锁情况。由于阻塞的 receive 原语，即使我们正确地管理了 send 原语并且使用缓冲通信，仍然会存在死锁的情况。这种情况如下所示：

进程 P0	进程 P1
receive(&a, 1, P1);	receive(&a, 1, P0);
send(&b, 1, P1);	send(&b, 1, P0);

每个进程在发送消息之前需要等待一个指令！同样，这是一个死锁状态！总之，当我们考虑像广播这样的全局通信以确保消息的正确到达顺序的情况时，阻塞通信是非常有用的，但在实现这些通信算法时，必须注意潜在的死锁。

避免死锁的一个解决方案是考虑让 send 和 receive 原语成为非阻塞的。这些非阻塞通信程序（无缓冲）是由 MPI 中的 Isend 和 Ireceive 表示，即异步通信。在这种情况下，发送进程发布一条"发送授权请求"（挂起的消息）的消息，并继续其程序的执行。当接收进程发布一个"同意发送"许可指令时，数据传输就启动了。所有这些机制都是通过操作系统的信号进行内部管理的。当数据传输完成时，检查状态并指示进程是否可以安全地进行读/写数据。下面的 C 程序介绍了这样一个非阻塞通信，使用的是与 C 绑定的 OpenMPI。需要注意的是原语 MPI_Wait(&request,&status) 等到数据传输完成（或中断）后，使用一个称为 status 的状态变量来指示数据传输是否已经成功。

WWW source code: MPINonBlockingCommunication.cpp

```cpp
// filename: MPINonBlockingCommunication.cpp
#include <stdio.h>
#include <stdlib.h>
#include <mpi.h>
#include <math.h>

int main(argc,argv)
int argc;
char *argv[];
{
    int myid, numprocs;
    int tag,source,destination,count;
    int buffer;
    MPI_Status status;
    MPI_Request request;

    MPI_Init(&argc,&argv);
    MPI_Comm_size(MPI_COMM_WORLD,&numprocs);
    MPI_Comm_rank(MPI_COMM_WORLD,&myid);
    tag=2312;
    source=0;
    destination=1;
    count=1;
    request=MPI_REQUEST_NULL;
    if(myid == source){
        buffer=2015;
        MPI_Isend(&buffer,count,MPI_INT,destination,
            tag,MPI_COMM_WORLD,&request);
    }
```

```
if(myid == destination){
    MPI_Irecv(&buffer,count,MPI_INT,source,tag,
        MPI_COMM_WORLD,&request);
}
MPI_Wait(&request,&status);
if(myid == source){
    printf("processor %d  sent %d\n",myid,buffer);
}
if(myid == destination){
    printf("processor %d  received %d\n",myid,
        buffer);
}
MPI_Finalize();
}
```

我们总结了 C 绑定中的非阻塞原语 Isend 和 Irecv 的调用语法：

```
int MPI_Isend( void *buf, int count, MPI_Datatype
datatype, int dest, int tag, MPI_Comm comm,
MPI_Request *req )
```

```
int MPI_Irecv( void *buf, int count, MPI_Datatype
datatype, int src, int tag, MPI_Comm comm,
MPI_Request *req )
```

MPI_Request 结构是程序中经常使用的：当 *req 操作完成时返回 *flag=1，否则返回 0。

```
int MPI_Test( MPI_Request *req, int *flag,
MPI_Status *status )
```

原语 MPI_Wait 一直等到 *rep 所执行的操作完成。

```
int MPI_Wait( MPI_Request *req, MPI_Status *status )
```

表 2-3 总结了各种通信协议（阻塞/非阻塞发送操作与对应阻塞/非阻塞接收操作）。

表 2-3　不同发送/接收操作协议的对比

	阻塞操作	非阻塞操作
缓冲	send 操作在数据拷贝到数据缓冲区之后完成	send 初始化 DMA（直接内存访问）之后，完成 send 操作，DMA 可以将数据转移到数据缓冲区。该操作在函数返回后不一定完成
非缓冲	阻塞 send 操作直到碰到一个相应的 receive 操作	待定义
含义	配对 send 和 receive 操作的语义	程序设计者除了需要检查操作状态，还必须明确指出语义

程序表目前重点强调了八个通用 MPI 函数（在众多的 MPI 指令集中）：

MPI_Init	初始化 MPI 库
MPI_Finalize	终止 MPI
MPI_Comm_size	返回进程数量
MPI_Comm_rank	当前正在运行的进程的标识号
MPI_Send	发送消息（阻塞）

（续）

MPI_Recv	接收消息（阻塞）
MPI_Isend	发送消息（非阻塞）
MPI_Irecv	接收消息（非阻塞）

所有这些函数成功完成时返回 MPI_Success，否则会根据出现的问题返回一段错误代码。数据类型和常量都有前缀 MPI_（请读者在头文件 mpi.h 中查看更多信息）。

2.3.4　并发性：局部计算可以与通信重叠执行

人们通常认为，处理器（或处理单元，PE）可以在同一时间运行好几个任务：例如，一个典型的场景是在进行非阻塞通信操作（MPI_IRecv 和 MPI_ISend）的同时，做一些局部的计算。因此，我们要求这三个操作互相不干涉对方。所以在一个阶段中，我们不能把一个运算的结果发送出去，并且我们不能把同一时刻所接收的内容发送（也就是转发）出去。在并行算法中，我们用双竖线 ‖ 表示这些并发操作：

$$\text{IRecv} \parallel \text{ISend} \parallel \text{Local\_Computation}$$

2.3.5　单向与双向通信

我们按下面的方式区分单向通信和双向通信：单向通信是在通信信道中消息仅能在单个方向上进行通信，也就是说，我们要么发送一个消息，要么接收一个消息（MPI_Send/MPI_Recv），但不能同时进行；在双向通信中，我们可以进行双向通信，在 MPI 中，这可以通过调用函数 MPI_Sendrecv⊖ 来完成。

2.3.6　MPI 中的全局计算：归约和并行前缀（扫描）

在 MPI 中，可以执行类似累加和 $V = \sum_{i=0}^{P-1} v_i$（或者乘积计算 $V = \prod_{i=0}^{P-1} v_i$）的全局计算，其中 v_i 是存储在进程 P_i 内存中的局部变量。这个全局计算结果 V 可以从调用了这个归约（reduce）原语的进程的本地内存中获得，这个进程就是当前调用进程，也称为根进程。下面通过 OpenMPI 的 C 绑定来描述归约⊖原语的使用：

```
#include <mpi.h>

int MPI_Reduce ( // Reduce routine
 void* sendBuffer , // Address of local val
 void* recvBuffer , // Place to receive into
 int count , // No. of elements
 MPI_Datatype datatype , // Type of each element
 MPI_OP op , // MPI operator
 int root , // Process to get result
 MPI_Comm comm // MPI communicator
 );
```

⊖　https://www.open-mpi.org/doc/v1.8/man3/MPI_Sendrecv.3.php。

⊖　可见网页 https://www.open-mpi.org/doc/v1.5/man3/MPI_Reduce.3.php。

归约操作是预定义的，可以从下表的关键词中选择使用（同见表 2-1）。

MPI_MAX	最大值
MPI_MIN	最小值
MPI_SUM	求和
MPI_PROD	求积
MPI_LAND	逻辑与
MPI_BAND	按位与
MPI_LOR	逻辑或
MPI_BOR	按位或
MPI_LXOR	逻辑异或
MPI_BXOR	按位异或
MPI_MAXLOC	最大值和相应位置
MPI_MINLOC	最小值和相应位置

在 MPI 中，也可以给归约操作建立数据类型并定义关联和交换二元运算符。

第二种全局计算是并行前缀，也称为扫描。一个扫描（scan）操作计算存储在进程中的本地数据的所有部分归约操作。

扫描操作在 MPI 中的语法如下：

```
int MPI_Scan( void *sendbuf, void *recvbuf, int count,
    MPI_Datatype datatype, MPI_Op op, MPI_Comm comm )
```

调用此函数可以通过内存地址 recvbuf 中可获取的结果对每个进程中位于 sendbuf 的数据进行前缀归约操作。图 2-4 说明了归约和扫描这两个全局计算原语之间的区别。

```
MPI_Scan( vals, cumsum, 4, MPI_INT, MPI_SUM,
    MPI_COMM_WORLD )
```

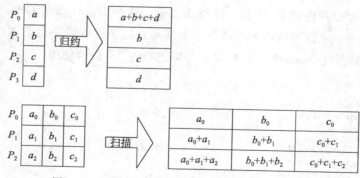

图 2-4　归约操作和并行前缀（或扫描）操作示意图

我们使用 C 绑定来描述归约和扫描的语法，因为 C＋＋绑定自从 MPI-2 版本之后不再进行更新了。在实践中，我们经常用现代的面向对象的 C＋＋语言编程，并通过

C 接口调用 MPI 原语。回忆一下，C 语言[1]是 C++[2]的前驱，C 语言不是一个面向对象的语言，而处理的时候用的是关键字 struct 定义的数据结构。

这些全局计算通常在内部通过使用互联网络的底层拓扑的生成树来实现。

2.3.7　采用通信器定义通信组

在 MPI 中，通信器能够将进程分成不同的通信组。每个进程都包括在一个通信组中，并由其通信组内部的进程标识号索引。默认情况下，MPI_COMM_WORLD 包括所有 P 个标识号为从 0 到 $P-1$ 的整型数字的进程。为了获取通信组内部进程数量或者通信组内部的进程标识号，我们使用以下 MPI 原语：int MPI_Comm_size (MPI_Comm comm, int * size) 和 int MPI_Comm_rank (MPI_Comm comm, int * size)。

例如，我们通过删除第一个进程来创建一个新的通信域，过程如下：

WWW source code: MPICommunicatorRemoveFirstProcess.cpp

```
// filename: MPICommunicatorRemoveFirstProcess.cpp
#include <mpi.h>

int main(int argc, char *argv[])
    {
    MPI_Comm comm_world, comm_worker;
    MPI_Group group_world, group_worker;
    comm_world = MPI_COMM_WORLD;

    MPI_Comm_group(comm_world, &group_world);
    MPI_Group_excl(group_world, 1, 0, &group_worker)
        ;

    /* process 0 is removed from the communication
        group */

    MPI_Comm_create(comm_world, group_worker, &
        comm_worker);
    }
```

在第二段代码中，我们说明如何使用通信域：

WWW source code: MPICommunicatorSplitProcess.cpp

```
// filename: MPICommunicatorSplitProcess.cpp
#include <mpi.h>
#include <stdio.h>
#define NPROCS 8

int main(int argc, char *argv[])
    {
    int *ranks1[4]={0,1,2,3}, ranks2[4]={4,5,6,7};

    MPI_Group orig_group, new_group;
    MPI_Comm new_comm
```

```
MPI_Init(&argc, &argv);
MPI_Comm_rank(MPI_COMM_WORLD, &rank);
sendbuf = rank;

// Retrieve the intial group
MPI_Comm_group(MPI_COMM_WORLD, &orig_group);

if (rank < NPROCS/2)
    MPI_Group_incl(orig_group, NPROCS/2, ranks1,
        &new_group);
else
    MPI_Group_incl(orig_group, NPROCS/2, ranks2, &
        new_group);

// create new communicator
MPI_Comm_create(MPI_COMM_WORLD, new_group, &new_comm
    );

// global computation primitive
MPI_Allreduce(&sendbuf, &recvbuf, 1, MPI_INT,
    MPI_SUM, new_comm);
MPI_Group_rank (new_group, &new_rank);
printf("rank= %d newrank= %d recvbuf= %d\n", rank,
    newrank, recvbuf);

MPI_Finalize();
}
```

MPI_Comm_create 是一个汇集操作，之前通信组的所有进程都需要调用它，甚至还包括那些不属于新的通信组的进程。

2.4　同步屏障：进程的交汇点

在粗粒度并行模式中，进程之间独立执行大量的计算块。然后它们在同步屏障的地方互相等待(见图 2-5，MPI 的 MPI_Barrier)，执行发送/接收消息，而后继续它们的程序执行。

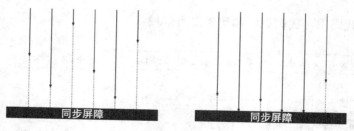

图 2-5　同步屏障的概念说明：在继续执行程序之前，进程在同步屏障的地方要互相等待

2.4.1　MPI 中的一个同步示例：测量运行时间

例如，让我们说明一种方法来测量具有同步屏障的 MPI 程序的并行时间。我们在 MPI 中使用程序 MPI_Wtime 测量时间。考虑这种主从代码：

```
┌─────────────────────────────────────────────────┐
│ WWW source code: MPISynchronizeTime.cpp         │
└─────────────────────────────────────────────────┘
```

```cpp
// filename: MPISynchronizeTime.cpp
double start, end;

MPI_Init(&argc, &argv);
MPI_Comm_rank(MPI_COMM_WORLD, &rank);

MPI_Barrier(MPI_COMM_WORLD); /* IMPORTANT */
start = MPI_Wtime();  .

/* some local computations here */
LocalComputation();

MPI_Barrier(MPI_COMM_WORLD); /* IMPORTANT */
end = MPI_Wtime(); /* measure the worst-case time of
    a process */

MPI_Finalize();

if (rank == 0)
        { /* use time on master node */
      cout<< end-start <<endl; // here we use C++ syntax
        }
```

　　我们也可以使用一个 MPI_Reduce()程序来计算所有进程时间的最大值、最小值以及总和。但这最终需要添加一个额外的步骤来执行带有归约操作的全局运算。

2.4.2　整体同步并行计算模型

　　整体同步并行计算模型(Bulk Synchronous Parallel，BSP)是高级并行编程模型之一。这个抽象模型是由 Leslie G. Valiant(图灵奖，2010)构思的，并利用组成"超级步骤"的三个基本步骤促进并行算法的设计。

　　(1)并发计算步骤：进程进行局部异步计算，并且这些局部计算可以与通信重叠。

　　(2)通信步骤：进程之间相互交换数据。

　　(3)同步屏障步骤：当进程到达同步屏障时，它等待所有其他进程到达这个屏障，然后再进行另一组超级步骤。

　　基于 BSP 模型的一个并行算法是一系列超级步骤。有一个叫作 BSPonMPI⊖ 的软件库，允许利用 MPI 很容易地使用这种编程模型。

2.5　开始使用 MPI：使用 OpenMPI

　　我们通过使用 C、C＋＋或者 Boost 绑定描述了几种使用 MPI 标准的 OpenMPI 实

⊖　http://bsponmpi.sourceforge.net/。

现的方法。也涉及了方便的 Python 绑定 $^\ominus$。

2.5.1　用 MPI C＋＋编写"Hello World"程序

传统的"Hello 程序"通过显示一个简单的信息展示了一个 MPI 程序最小结构。

> WWW source code: MPIHelloWorld.cpp

```
// filename: MPIHelloWorld.cpp
# include <iostream>
using namespace std;
# include "mpi.h"
int main ( int argc, char *argv[] )
{
  int id, p, name_len;
  char processor_name[MPI_MAX_PROCESSOR_NAME];
// Initialize MPI.
  MPI::Init ( argc, argv );
// Get the number of processes.
  p = MPI::COMM_WORLD.Get_size ( );
// Get the individual process ID.
  id = MPI::COMM_WORLD.Get_rank ( );
  MPI_Get_processor_name(processor_name, &name_len);
  // Print off a hello world message
cout << "  Processor " << processor_name<<"  ID="<<
    id << " Welcome to MPI!'\n";
// Terminate MPI.
  MPI::Finalize ( );
return 0;
}
```

为了编译这段 C＋＋源码，我们在终端输入：

```
mpic++ welcomeMPI.cpp -o welcomeMPI
```

当-o 选项没有设定时，编译器将会在一个名为 a.out 的默认文件中写下字节代码。一旦经过编译，我们执行这个程序，这里是在名为 machinempi 的机器上：

```
>$ mpirun -np 4 welcomeMPI
  Processor machinempi  ID=3 Welcome MPI!'
Processor machinempi  ID=0 Welcome MPI!'
Processor machinempi  ID=1 Welcome MPI!'
Processor machinempi  ID=2 Welcome MPI!'
```

需要注意的是，控制台中的消息是按照 cout 命令执行时间的顺序显示的。因此，如果我们再次启动这个程序，控制台消息的顺序可能会不同。因此需要强调的是，当我们调用 mpirun 命令时，创建了 P 个进程，这些进程都执行相同的编译代码。每个进程可以通过进程标识号识别自身来获取程序的不同分支。

我们可以用两台机器来运行这个程序，如下所示：

$\ominus$　http://mpi4py. scipy. org/docs/usrman/。

```
>$ mpirun -np 5 -host machineMPI1,machineMPI2 welcomeMPI
  Processor machineMPI2  ID=1 Welcome MPI!'
  Processor machineMPI2  ID=3 Welcome MPI!'
  Processor machineMPI1  ID=0 Welcome MPI!'
  Processor machineMPI1  ID=2 Welcome MPI!'
  Processor machineMPI1  ID=4 Welcome MPI!'
```

在 OpenMPI 中，mpirun 执行命令是 orterun 命令的一个符号链接。我们可以列出 MPI 中不同的库，如下所示：

```
>mpic++ --showme:libs
mpi_cxx mpi open-rte open-pal dl nsl util m dl
```

并且我们可以添加一个新的库，如下所示：

```
export LIBS=${LIBS}:/usr/local/boost-1.39.0/include/boost-1_39
```

然后在 shell 中编译下面的命令行：

```
mpic++ -c t.cpp -I$LIBS
```

一般来说，最好通过编辑 .bashrc 来设置 shell 配置文件。完成了编辑之后，需要通过下面这个载入 shell 配置的命令来再读一次配置文件：

```
source ~/.bashrc
```

你现在可以同时使用大量的机器。但请记住，在使用大量资源时，必须要有好的资源使用习惯：每个人都应该公平地使用共享资源！

在附录 B 中，我们描述了 SLURM 任务调度程序，用来启动机器集群的 MPI 工作。

2.5.2　用 C 绑定进行 MPI 编程

下面的例程描述了一种定义主从程序的方法：

> WWW source code: MPICBindingExample.c

```c
/* filename: MPICBindingExample.c */
int main (int argc, char **argv)
{
        int myrank, size;
        MPI_Init (&argc, &argv);
        MPI_Comm_rank (MPI_COMM_WORLD, &myrank);
        MPI_Comm_size( MPI_COMM_WORLD, &size );

        if (!myrank)
          master ();
        else
                slave ();
        MPI_Finalize ();
        return (1);
}

void master()
        {printf("I am the master program\n");}

void slave()
        {printf("I am the slave program\n");}
```

请注意，这里采用的 MPI 跟我们第一个“Hello World”程序是完全不同的。事实上，这里我们用的是 MPI 的 C 绑定。C 绑定是 MPI 最常用的绑定，也经常更新。它提供 MPI 标准的所有功能。不再支持 C++绑定，并且其提供较少的功能。因此，我们推荐使用 C 绑定，即使在 C++程序中（采用在 C++面向对象的程序中的 MPI 函数的 C 调用方式）。这就解释了为什么在我们的代码中会采用 C 语言调用方式，并用 cout 将信息打印到控制台！

2.5.3   通过 C++ Boost 使用 MPI

Boost[⊖]是一个 C++库，它对矩阵和图像等的处理有很大的帮助。有趣的是，这个库还提供了自己的方式去使用 MPI 程序。这里是一个小型的 Boost-MPI 程序，用来展示函数库的用例：

```
WWW source code: MPIBoostBindingExample.cpp
```

```cpp
// filename: MPIBoostBindingExample.cpp
#include <boost/mpi/environment.hpp>
#include <boost/mpi/communicator.hpp>
#include <iostream>
namespace mpi = boost::mpi;

int main()
{
    mpi::environment env;
    mpi::communicator world;
    std::cout << "I am process " << world.rank() << "
        on " << world.size()
            << "." << std::endl;
    return 0;
}
```

如果使用 UNIX 系统，可以按照以下方式进行编译：

/usr/**local**/openmpi−1.8.3/bin/mpic++ −I/usr/**local**/boost−1.56.0/include/
−L/usr/**local**/boost−1.56.0/lib/ −lboost_mpi −lboost_serialization myprogram.cpp
−o myprogram

2.6   通过 OpenMP 使用 MPI

OpenMP[⊖]是另一种为基于共享内存的并行编程提供的应用编程接口。OpenMP 是一个跨平台标准，提供了 C、C++和 Fortran 这些必要的语言绑定。当人们想使用多核处理器时，通常使用 OpenMP。下面是一个“Hello World”程序，使用了 MPI 和 OpenMP 的 API：

⊖   http://www.boost.org/。

⊖   http://openmp.org/wp/。

WWW source code: MPIOpenMPExample.cpp

```cpp
// filename: MPIOpenMPExample.cpp
#include <mpi.h>
#include <omp.h>
#include <stdio.h>
int main (int nargs, char** args)
{
int rank, nprocs, thread_id, nthreads;
int name_len;
char processor_name[MPI_MAX_PROCESSOR_NAME];

MPI_Init (&nargs, &args);
MPI_Comm_size (MPI_COMM_WORLD, &nprocs);
MPI_Comm_rank (MPI_COMM_WORLD, &rank);
MPI_Get_processor_name(processor_name, &name_len);

#pragma omp parallel private(thread_id, nthreads)
{
thread_id = omp_get_thread_num ();
nthreads = omp_get_num_threads ();
printf("Thread number %d (on %d) for the MPI process
    number %d (on %d) [%s]\n",
thread_id, nthreads, rank, nprocs,processor_name);
}
MPI_Finalize ();
return 0;
}
```

我们使用 mpic++ 编译器的 - fopenmp 选项，如下所示：

```
mpic++ -fopenmp testmpiopenmp.cpp -o testmp.exe
```

然后我们执行这个程序，执行下面的命令行：

```
mpirun -np 2 -host royce,simca testmp.exe
```

```
[royce ~]$ mpirun -np 2 -host royce,simca dmp.exe
Thread number 0 (on 8) for the MPI process number 1 (on 2) [simca.polytechnique.fr]
Thread number 1 (on 8) for the MPI process number 1 (on 2) [simca.polytechnique.fr]
Thread number 5 (on 8) for the MPI process number 1 (on 2) [simca.polytechnique.fr]
Thread number 4 (on 8) for the MPI process number 1 (on 2) [simca.polytechnique.fr]
Thread number 3 (on 8) for the MPI process number 1 (on 2) [simca.polytechnique.fr]
Thread number 7 (on 8) for the MPI process number 0 (on 2) [royce.polytechnique.fr]
Thread number 0 (on 8) for the MPI process number 0 (on 2) [royce.polytechnique.fr]
Thread number 1 (on 8) for the MPI process number 0 (on 2) [royce.polytechnique.fr]
Thread number 5 (on 8) for the MPI process number 0 (on 2) [royce.polytechnique.fr]
Thread number 4 (on 8) for the MPI process number 0 (on 2) [royce.polytechnique.fr]
Thread number 7 (on 8) for the MPI process number 0 (on 2) [royce.polytechnique.fr]
Thread number 2 (on 8) for the MPI process number 0 (on 2) [royce.polytechnique.fr]
Thread number 3 (on 8) for the MPI process number 0 (on 2) [royce.polytechnique.fr]
Thread number 6 (on 8) for the MPI process number 0 (on 2) [royce.polytechnique.fr]
Thread number 2 (on 8) for the MPI process number 1 (on 2) [simca.polytechnique.fr]
Thread number 6 (on 8) for the MPI process number 1 (on 2) [simca.polytechnique.fr]
```

可以看出，这两台主机每台有 8 个核。我们观察到控制台上输出的打印顺序取决于许多系统因素。再运行一次时，可能会产生不同的到达顺序。不需明确地列出主机名称，我们也可以替代地使用一个资源调度程序，比如 SLURM[⊖]，它将自动分配集群所有必要的资源给 MPI 程序（见附录 B）。

⊖ https://computing.llnl.gov/linux/slurm/。

用 Python 绑定进行 MPI 编程

Python[⊖]作为一种快速原型语言在近十年来广受欢迎。Python 绑定可从以下网址获得：http://mpi4py.scipy.org/docs/usrman/。

> WWW source code: MPIHelloWorld.py

```
#!/usr/bin/env python
"""
MPI Hello World example
"""

from mpi4py import MPI
import sys

size = MPI.COMM_WORLD.Get_size()
rank = MPI.COMM_WORLD.Get_rank()
name = MPI.Get_processor_name()

sys.stdout.write(
    "Hello, World! I am process %d of %d on %s.\n"
    % (rank, size, name))

# mpirun -np 5 python26 hw.py
```

2.7 MPI 中的主要原语

我们回顾主要的汇集通信原语，这些原语是运行在通信域（机器组）上的全局操作：

- 广播（一对多）和归约（多对一，这可以解释为广播原语的反向操作）。
- 散播或者个性化广播，向所有进程发送不同的消息。
- 聚集或者多对一，将所有进程的单个消息收集到当前正在调用的进程（散播原语的逆操作）。
- 全局计算，比如归约和扫描（也称为并行前缀）。
- 全通信，多对多，也称为全交换（给所有进程的个性化消息）。
- 其他。

2.7.1 广播、散播、收集、归约和全归约的 MPI 语法

- 广播：MPI_Bcast[⊜]

```
int MPI_Bcast(void *buffer, int count,
MPI_Datatype datatype,
int root, MPI_Comm comm)
```

⊖ https://www.python.org/。

⊜ https://www.open-mpi.org/doc/v1.5/man3/MPI_Bcast.3.php。

- 散播：MPI_Scatter[⊖]

```
int MPI_Scatter(void *sendbuf, int sendcount, MPI_Datatype
sendtype,  void *recvbuf, int recvcount,
MPI_Datatype recvtype, int root,  MPI_Comm comm)
```

- 收集：MPI_Gather[⊜]

```
int MPI_Gather(void *sendbuf, int sendcount, MPI_Datatype
 sendtype,    void *recvbuf, int recvcount,
MPI_Datatype recvtype, int root,    MPI_Comm comm)
```

- 归约：MPI_Reduce[⊜]

```
int MPI_Reduce(void *sendbuf, void *recvbuf, int count,
MPI_Datatype datatype, MPI_Op op, int root, MPI_Comm comm)
```

- 全归约：MPI_Allreduce[⊕]

```
int MPI_Allreduce(void *sendbuf, void *recvbuf, int count,
    MPI_Datatype datatype, MPI_Op op, MPI_Comm comm)
```

图 2-6 解释了这些操作。

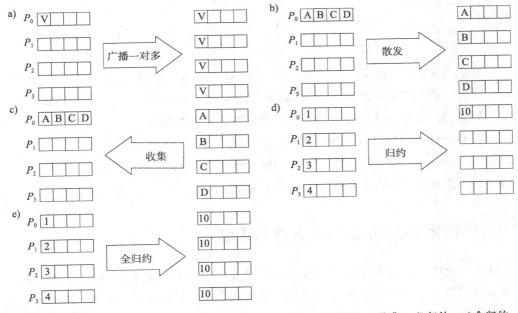

图 2-6　MPI 中的标准通信原语以及全局计算：a) 广播；b) 散播；c) 收集；d) 归约；e) 全归约

⊖　https://www.open-mpi.org/doc/v1.5/man3/MPI_Scatter.3.php。

⊜　https://www.open-mpi.org/doc/v1.5/man3/MPI_Gather.3.php。

⊜　https://www.open-mpi.org/doc/v1.5/man3/MPI_Reduce.3.php。

⊕　https://www.open-mpi.org/doc/v1.5/man3/MPI_Allreduce.3.php。

2.7.2　其余混杂的 MPI 原语

- 前缀和原语考虑一个二元关联运算符 $\oplus$，比如 $+$、$\times$、max 和 min，计算出存储在进程 P_k 上的和，其中 $0 \leqslant k \leqslant P-1$：

$$S_k = M_0 \oplus M_1 \oplus \cdots \oplus M_k$$

假定这 P 个消息 $\{M_k\}_k$ 存储在进程 P_k 的本地内存中。

- 多对多归约是根据二元关联运算符 $\oplus$ 来定义的，比如 $+$、$\times$、max 和 min，如下所示：

$$M_r = \oplus_{i=0}^{P-1} M_{i,r}$$

我们有 P^2 个消息 $M_{r,k}$，其中 $0 \leqslant r$，$k \leqslant P-1$，并且 $M_{r,k}$ 存储在进程 P_r 的本地内存中。

- 转置是一个个性化多对多原语，将进程中的消息进行转置，如下所示：

$$
\begin{array}{cccc}
P_0 & P_1 & P_2 & P_3 \\
M_{0,3} & M_{1,3} & M_{2,3} & M_{3,3} \\
M_{0,2} & M_{1,2} & M_{2,2} & M_{3,2} \\
M_{0,1} & M_{1,1} & M_{2,1} & M_{3,1} \\
M_{0,0} & M_{1,0} & M_{2,0} & M_{3,0}
\end{array}
\rightarrow
\begin{array}{cccc}
P_0 & P_1 & P_2 & P_3 \\
M_{3,0} & M_{3,1} & M_{3,2} & M_{3,3} \\
M_{2,0} & M_{2,1} & M_{2,2} & M_{2,3} \\
M_{1,0} & M_{1,1} & M_{1,2} & M_{1,3} \\
M_{0,0} & M_{0,1} & M_{0,2} & M_{0,3}
\end{array}
$$

我们有 P^2 个消息 $M_{r,k}$，并有 P 个消息 $M_{r,k}$ 存储在进程 P_r 中，经过转置操作之后，得到存储在进程 P_k 中的消息 $M_{r,k}$，其中 $0 \leqslant k \leqslant P-1$。这个转置原语对转置在网格或环面拓扑上按块划分的矩阵是非常有用的。

- 环形移位在全局进行消息的移动，如下所示：

$$M_0 \quad M_1 \quad M_2 \quad M_3 \quad \rightarrow \quad M_3 \quad M_0 \quad M_1 \quad M_2$$

P 个消息 M_k 存储在本地，并且消息 $M_{(k-1) \bmod P}$ 在输出时存储到 P_k。

2.8　环形拓扑上利用 MPI 进行的通信

在第 5 章中，我们将考虑分布式算法解决在环形和环面拓扑结构中的矩阵乘法。这里，我们演示了一个简短的 MPI 程序，它使用阻塞通信原语 send 和 receive 来进行广播操作：

> WWW source code: MPIRingBroadcast.cpp

```cpp
// filename: MPIRingBroadcast.cpp
#include <mpi.h>
int main(int argc, char *argv[]) {
int rank, value, size;
MPI_Status status;
MPI_Init(&argc, &argv);
```

```
MPI_Comm_rank(MPI_COMM_WORLD, &rank);
MPI_Comm_size(MPI_COMM_WORLD, &size);

do {
if (rank == 0) {scanf("%d", &value );
/* Master node sends out the value */
MPI_Send( &value, 1, MPI_INT, rank + 1, 0,
    MPI_COMM_WORLD);
}
else {
/* Slave nodes block on receive the send on the
    value */
MPI_Recv( &value, 1, MPI_INT, rank - 1, 0,
    MPI_COMM_WORLD, &status);
if (rank < size - 1) {
MPI_Send( &value, 1, MPI_INT, rank + 1, 0,
    MPI_COMM_WORLD);
}
printf("process %d got %d\n", rank, value);
} while (value >= 0);

MPI_Finalize();
return 0;
```

2.9　MPI 程序示例及其加速比分析

现在让我们根据数据传输的类型和本地计算介绍不同类型的并行实现，并研究在几个问题上获得的加速比情况。回顾一下加速比可以按如下定义：

$$s_p = \frac{t_1}{t_p} = \frac{1 \text{ 个进程的时间}}{P \text{ 个进程的时间}}$$

我们的目标是达到 $O(P)$ 复杂度的线性加速比，其中 P 表示进程的数量（每个进程都运行在各自的处理器上）。在实践中，当访问数据（通信时间、不同层次的高速缓存存储器等）时，必须要注意。特别是当数据量太大，无法容纳于处理器的单个本地内存时，我们需要对数据进行划分（水平或垂直数据划分）。

通常，当所考虑的问题是可分解的时候，人们可以得到一个好的并行化。例如，在下棋时，我们需要在给定棋盘配置的情况下找到最优的移动。虽然棋盘配置组合的空间非常大，但终究是有限的，是 $O(1)$ 复杂度。因此，在理论上，人们可以探索所有可能的移动：在每一步，我们划分的空间称为配置空间。通信阶段用于将问题划分为子问题并且整合子问题的解决方案（reduce）。因此，人们期望获得线性加速比。在实践中，并行软件的下棋性能取决于探索配置空间的搜索树的深度。高性能计算在设计这样一个强大的下棋软件上起了作用，并且战胜了人类：1997 年，在国际象棋比赛中 Kasparov 输给了使用 12GLOPS 运算速率的名为“Deeper Blue”的计算机。如今，人们正专注于组合空间更大的围棋游戏。围棋程序性能的进步也意味着许多其他技术领域的前进。

　　然而，不是所有的问题都可以很容易或很好地并行化。例如，使用不规则和动态域的问题，比如模拟融雪（需要动态和局部重新划分域等）。在这种情况下，为了获得良好的加速比，我们需要明确地管理进程之间的负载平衡。在进程间进行动态地划分数据的代价很大，因为需要进行数据传输，而整体加速比很难预测，因为它依赖于所考虑的输入数据集上问题的语义等。

　　让我们了解一些非常简单的说明性 MPI 程序。

2.9.1　MPI 中的矩阵向量积

第 5 章将集中介绍针对有向环和环面拓扑结构的分布式算法。

WWW source code: MPIMatrixVectorMultiplication.cpp

```cpp
// filename: MPIMatrixVectorMultiplication.cpp
#include <mpi.h>

int main(int argc, char *argv[]) {
  int A[4][4], b[4], c[4], line[4], temp[4],
     local_value, myid;
MPI_Init(&argc, &argv);
MPI_Comm_rank(MPI_COMM_WORLD, &myid);

if (myid == 0) {/* initialization */
  for (int i=0; i<4; i++) {
    b[i] = 4 ? i;
    for (int j=0; j<4; j++)
      A[i][j] = i + j;
  }
  line[0]=A[0][0];
  line[1]=A[0][1];
  line[2]=A[0][2];
  line[3]=A[0][3];
}

if (myid == 0) {
  for (int i=1; i<4; i++) {// slaves perform
     multiplications
    temp[0]=A[i][0];
    temp[1] = A[i][1];
    temp[2] = A[i][2];
    temp[3] = A[i][3];
    MPI_Send( temp, 4, MPI_INT, i, i,
       MPI_COMM_WORLD);
    MPI_Send( b, 4, MPI_INT, i, i, MPI_COMM_WORLD)
       ;
  }
} else {
  MPI_Recv( line, 4, MPI_INT, 0, myid,
     MPI_COMM_WORLD, MPI_STATUS_IGNORE);
  MPI_Recv( b, 4, MPI_INT, 0, myid, MPI_COMM_WORLD
     , MPI_STATUS_IGNORE);
}

{// master node
  c[myid] = line[0] * b[0] + line[1] * b[1] + line
     [2] * b[2] + line[3] * b[3];
  if (myid != 0) {
```

```
    MPI_Send(&c[myid], 1, MPI_INT, 0, myid,
        MPI_COMM_WORLD);
    } else {
    for (int i=1; i<4; i++) {
      MPI_Recv( &c[i], 1, MPI_INT, i, i,
          MPI_COMM_WORLD, MPI_STATUS_IGNORE);
    }
  }
  MPI_Finalize();
  return 0;
}
```

2.9.2　MPI 归约操作示例：计算数组的阶乘和最小值

下面的代码演示了如何利用汇集归约操作来执行在 MPI 中的全局计算：

> WWW source code: MPIFactorialReduce.cpp

```
// filename: MPIFactorialReduce.cpp
#include <stdio.h>
#include "mpi.h"

int main(int argc, char *argv[]) {
  int i,me, nprocs;
  int number, globalFact=-1, localFact;
  MPI_Init(&argc,&argv);

  MPI_Comm_size(MPI_COMM_WORLD,&nprocs);
  MPI_Comm_rank(MPI_COMM_WORLD,&me);

    number=me+1;
    MPI_Reduce(&number,&globalFact,1,MPI_INT,
        MPI_PROD,0,MPI_COMM_WORLD);
    if (me==0) printf("Computing the factorial in
        MPI: %d processus = %d\n",nprocs,globalFact);

    localFact=1;  for(i=0;i<nprocs;i++) {localFact*=
        (i+1);}
    if (me==0) printf("Versus local factorial: %d\n"
        ,localFact);

  MPI_Finalize();
}
```

现在我们来看一个更详细的例子：计算存储在进程的本地内存中的一组数组的全
局最小值：

> WWW source code: MPIMinimumReduce.cpp

```
// filename: MPIMinimumReduce.cpp
#include <mpi.h>
#include <stdio.h>

#define  N  1000

int main(int argc, char** argv) {
  int rank, nprocs, n, i;
  const int root=0;

  MPI_Init(&argc, &argv);
  MPI_Comm_size(MPI_COMM_WORLD, &nprocs);
  MPI_Comm_rank(MPI_COMM_WORLD, &rank);
```

```
float val[N];
int myrank, minrank, minindex;
float minval;

// fill the array with random values (assume UNIX here)
srand(2312+rank);
for (i=0; i<N; i++) {val[i]=drand48();}

// Declare a C structure
struct { float value; int index; } in, out;

// First, find the minimum value locally
in.value = val[0]; in.index = 0;
for (i=1; i <N; i++)
  if (in.value > val[i]) {
    in.value = val[i]; in.index = i;
  }

// and get the global rand index
in.index = rank*N + in.index;

// now the compute the global minimum
  // the keyword in MPI for the binary commutative operator
    is MPI_MINLOC
MPI_Reduce( (void*) &in, (void*)  &out, 1,
    MPI_FLOAT_INT, MPI_MINLOC, root, MPI_COMM_WORLD
    );
if (rank == root) {
  minval = out.value; minrank = out.index / N;
    minindex = out.index % N;
  printf("minimal value %f on proc. %d  at
    location %d\n", minval, minrank, minindex);
}

MPI_Finalize();
}
```

2.9.3　Monte-Carlo 随机积分算法估算 π

我们介绍 Monte-Carlo 抽样方法通过离散求和的方式估算一个复杂的积分计算。一般而言，Monte-Carlo 抽样算法通过用离散求和来估计结果的方法避开了连续积分 $\int$ 的计算：$\int \approx \sum$。为了估算 π（无理数），我们在单位正方形内随机的画 n 个相同的点。然后我们计算落入单位圆正象限的点的数量 n_c 占所画的所有点的数量的比例。因此，我们可以推断出：

$$\frac{\pi}{4} \approx \frac{n_c}{n}, \ \pi_n = \frac{4n_c}{n}$$

实际上 π 的近似值收敛地很慢，但这个估测在统计上被证明是一致的，因为我们有以下的理论结果：

$$\lim_{n \to \infty} \pi_n = \pi$$

此外，这种方法是很容易并行化，并且加速比如预期一样是线性的。图 2-7 展示了通过拒绝采样（rejection sampling）的方法求得 π 的 Monte-Carlo 随机估计。

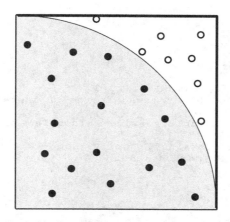

图 2-7　用 Monte-Carlo 拒绝采样方法来估算 π：我们在单位正方形中随机画 n 个相同的点，并且数出落在以原点为中心的单位圆的点的数量（n_c）。我们将 $\frac{\pi}{4}$ 近似为比值 $\frac{n_c}{n}$

```
WWW source code: MPIMonteCarloPi.cpp
```

```cpp
// filename: MPIMonteCarloPi.cpp
int main(int argc, char *argv[]) {
  MPI_Init(&argc, &argv);
  #define INT_MAX_ 1000000000
    int myid, size, inside=0, outside=0, points
      =10000;
  double  x, y, Pi_comp, Pi_real
    =3.14159265358979323846264643;

  MPI_Comm_rank(MPI_COMM_WORLD, &myid);
  MPI_Comm_size(MPI_COMM_WORLD, &size);

  if (myid == 0) {
    for (int i=1; i<size; i++) /* send  to  slaves
      */
      MPI_Send(&points, 1, MPI_INT, i, i,
        MPI_COMM_WORLD);
  } else
    MPI_Recv(&points, 1, MPI_INT, 0, i,
      MPI_COMM_WORLD, MPI_STATUS_IGNORE);
  rands=new double[2*points];

  for (int i=0; i<2*points; i++ ) {
    rands[i]=random();
    if (rands[i]<=INT_MAX_)
      i++
    }

    for (int i=0; i<points; i++ ) {
      x=rands[2*i]/INT_MAX_;
      y
      =rands[2*i+1]/INT_MAX_;
    if ((x*x+y*y)<1) inside++ /* point  inside
      unit circle*/
  }

delete[] rands;

if (myid == 0) {
```

```
for (int i=1; i<size; i++) {
  int temp;
  MPI_Recv(&temp, 1, MPI_INT, i, i,
    MPI_COMM_WORLD, MPI_STATUS_IGNORE);
  inside+=temp;
} /* master sums all  */
} else
  MPI_Send(&inside, 1, MPI_INT, 0, i,
    MPI_COMM_WORLD); /* send inside to master */
if (myid == 0) {
  Pi_comp = 4 * (double) inside / (double)(size*
    points);
  cout << "Value obtained: " << Pi_comp << endl <<
    "Pi:" << Pi_real << endl;
}

MPI_Finalize();

return 0;
}
```

2.9.4　Monte-Carlo 随机积分算法估算分子体积

一个分子 M 是由一组 n 个 3D 球体来模拟的，每个球体代表一个原子(给定位置和半径)。我们想计算分子 M 的体积 $v(M)$(也就是计算这些球体的体积)。我们将通过执行随机近似的方法来近似这个体积：首先，计算封闭的边界框(Bounding Box，BB)，然后在边界框内执行拒绝采样。我们在 BB 内画 e 个相同的变量，并且数出落在原子集合内的变量数 e'。我们估算出 $v(M)$: $v(M) \simeq \dfrac{e'}{e}v(\mathrm{BB})$。

图 2-8 展示了通过 Monte-Carlo 拒绝采样算法来计算一组 2D 球体集合。该串行代码如下所示：

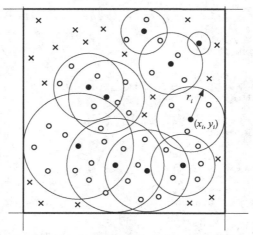

图 2-8　用 Monte-Carlo 拒绝采样方法来估算球体集合 M 的体积：首先，我们计算这些球的封闭边界框(BB)。然后在 BB 中画出 e 个相同的样本，并且估算这些球体集合的体积为 $v(M) \simeq \dfrac{e'}{e}v(\mathrm{BB})$

```
WWW source code: SequentialVolumeUnionSpheres.cpp
```

```cpp
// filename: SequentialVolumeUnionSpheres.cpp
// Sequential implementation of the approximation of the
//    volume of a set of spheres
#include <limits>
#include <math.h>
#include <iostream>
#include <stdlib.h>
#include <time.h>

#define n 8*2
#define d 3
#define e 8*1000
double get_rand(double min, double max) {
    double x = rand() / (double)RAND_MAX;
    return x * (max - min) + min;
}

double distance2(double p0[d], double p1[d]) {
    double x = 0;
    for (int i = 0; i < d; i++) {
        double diff = p0[i] - p1[i];
        x += diff * diff;
    }
    return x;
}

int main(int argc, char** argv) {
    srand(0);
    double radius[n];
    double C[n][d];
    // Generate data
    for (int i = 0; i < n; i++) {

        radius[i] = get_rand(1, 5);
        for (int j = 0; j < d; j++) C[i][j] =
            get_rand(-20, 20);

    }
    // Compute bounding box
    double bb[d][2];
    for (int i = 0; i < d; i++) {
        bb[i][0] = std::numeric_limits<double>::
            infinity();
        bb[i][1] = -std::numeric_limits<double>::
            infinity();

    }
    for (int i = 0; i < n; i++) {
        for (int j = 0; j < d; j++) {
            bb[j][0] = fmin(bb[j][0], C[i][j] -
                radius[i]);
            bb[j][1] = fmax(bb[j][1], C[i][j] +
                radius[i]);
        }
    }
    // Compute the volume of the bounding box
    double volBB = 1;
    for (int i = 0; i < d; i++) volBB *= bb[i][1] -
        bb[i][0];

    // Draw samples and perform rejection sampling
    int ePrime = 0;
```

```
for (int i = 0; i < e; i++) {
    double pos[d];
    for (int j = 0; j < d; j++) pos[j] =
        get_rand(bb[j][0], bb[j][1]);
    for (int j = 0; j < n; j++) {

        if (distance2(pos, C[j]) < radius[j] *
            radius[j]) {
            ePrime++;
        }
    }
}
// Compute the volume
double vol = volBB * (double)ePrime / double(e);
std::cout << vol << std::endl;
std::cout << ePrime << std::endl;
return 0;
}
```

让我们在集群上实现这个串行代码。最初,我们假设球体的集合存储在根进程(即进程识别号为0)中,我们将使用散播操作来分发这些数据。然后通过归约操作取出局部封闭边界框中的封闭边界框(使用二元操作符 MPI_MIN 和 MPI_MAX),用来并行计算该封闭边界框。然后这些随机变量由根进程进行采样并被派送到所有使用另一个散播操作的进程。然后每个进程都验证这些变量是否落在其局部的球体集合中,最后,我们使用二元运算符逻辑或 MPI_LOR 对检验通过的变量进行归约。

MPI 实现如下所示:

WWW source code: MPIVolumeUnionSpheres.cpp

```
// filename: MPIVolumeUnionSpheres.cpp
// Parallel implementation of the approximation of the volume
//    of a set of spheres
#include <limits>
#include <math.h>
#include <iostream>
#include <stdlib.h>
#include <time.h>
#include "mpi.h"

#define n 8*2
#define d 3
#define e 8*1000
double get_rand(double min, double max) {
    double x = rand() / (double)RAND_MAX;

}

double distance2(double p0[d], double p1[d]) {
    double x = 0;
    for (int i = 0; i < d; i++) {
        double diff = p0[i] - p1[i];
        x += diff * diff;
    }
    return x;
}
```

```
int main(int argc, char** argv) {
    srand(0);
    MPI_Init(&argc, &argv);

    int n_proc, rank;
    MPI_Comm_rank(MPI_COMM_WORLD, &rank);
    MPI_Comm_size(MPI_COMM_WORLD, &n_proc);


    double radius0[n];
    double C0[n][d];
    // Generate data
    if (rank == 0) {
        for (int i = 0; i < n; i++) {
            radius0[i] = get_rand(1, 5);
            for (int j = 0; j < d; j++) C0[i][j] =
                get_rand(-20, 20);
        }

    }
// Send data to processes
double radius[n];
double C[n][d];
int begin = n / n_proc*rank;
int loc_n = n / n_proc;
MPI_Scatter(radius0, loc_n, MPI_DOUBLE, &(radius
    [begin]), loc_n, MPI_DOUBLE, 0,
    MPI_COMM_WORLD);
MPI_Scatter(C0, 3 * loc_n, MPI_DOUBLE, &(C[begin
    ][0]), 3 * loc_n, MPI_DOUBLE, 0,
    MPI_COMM_WORLD);
double bb[d][2];

// Compute the bounding box
for (int i = 0; i < d; i++) {
    bb[i][0] = std::numeric_limits<double>::
        infinity();
    bb[i][1] = -std::numeric_limits<double>::
        infinity();

    for (int j = begin; j < begin + loc_n; j++)
        {
        bb[i][0] = fmin(bb[i][0], C[j][i] -
            radius[j]);
        bb[i][1] = fmax(bb[i][1], C[j][i] +
            radius[j]);
    }

    MPI_Reduce(rank ? &(bb[i][0]) : MPI_IN_PLACE
        , &(bb[i][0]), 1, MPI_DOUBLE, MPI_MIN, 0,
         MPI_COMM_WORLD);
    MPI_Reduce(rank ? &(bb[i][1]) : MPI_IN_PLACE
        , &(bb[i][1]), 1, MPI_DOUBLE, MPI_MAX, 0,
         MPI_COMM_WORLD);
}

// Compute the volume of the bounding box

double volBB = 1;
for (int i = 0; i < d; i++) volBB *= bb[i][1] -
    bb[i][0];
// Draw variates and perform rejection sampling
double samples[e][3];
if (rank == 0) {

    for (int i = 0; i < e; i++) {
```

```
        for (int j = 0; j < d; j++) samples[i][j
            ] = get_rand(bb[j][0], bb[j][1]);
    }
}
MPI_Bcast(samples, 3 * e, MPI_DOUBLE, 0,
    MPI_COMM_WORLD);
    // Testing variates

    bool hit[e];
    for (int i = 0; i < e; i++) hit[i] = false;
    for (int i = 0; i < e; i++) {
        for (int j = begin; j < begin + loc_n; j++)
            {
            if (distance2(samples[i], C[j]) < radius
                [j] * radius[j]) hit[i] = true;
        }
    }

    // Gather results and count the accepted variates

    bool hit0[e];
    for (int i = 0; i < e; i++) hit0[i] = false;

    MPI_Reduce(hit, hit0, e, MPI_C_BOOL, MPI_LOR, 0,
        MPI_COMM_WORLD);

    if (rank == 0) {
        int ePrime = 0;
        for (int i = 0; i < e; i++) {
            if (hit0[i]) ePrime++;
        }
        double vol = volBB * (double)ePrime / double
            (e);
        std::cout << vol << std::endl;
        std::cout << ePrime << std::endl;
    }

    MPI_Finalize();
    return 0;
}
```

2.10　注释和参考

　　MPI 标准的前驱是软件库 PVM[⊖]，也就是并行虚拟机(Parallel Virtual Machine)。PVM 库既有同步通信原语，又有异步通信原语。MPI 标准处理并行计算已经很好地覆盖在许多教材中，见文献[3，4]的例子。在本章中，我们只讨论了 MPI 库的主要概念和原语。我们向有兴趣的读者推荐文献[5，6]，其完全覆盖第一和第二标准版本(称为 MPI—I 和 MPI—II)的所有功能。在 MPI 标准中设计了很多可用来便于并行编程的有趣的机制：例如，可以用 MPI_type_struct 定义派生类等。最新的一个标准版本是 MPI-3，其用法详见文献[7]。MPI 中的并行前缀操作(或扫描)在文献[8]中得到很好的研究、高度优化和基准化。

　　⊖　http://www.csm.ornl.gov/pvm/。

2.11　总结

　　MPI 是一个标准化的应用程序编程接口（API），其允许明确地给接口（即函数、过程、数据类型、常量等的声明）提供通信协议和全局计算程序的精确语义。因此，采用分布式内存的并行程序可以通过由多个供应商（如著名的 OpenMPI、MPICH2[⊖] 等）提供的不同 MPI 的实现方法来实现。通信可以是同步或异步的，缓冲或非缓冲的，并且可以在所有进程在进行下一步计算前必须等待其他进程的地方定义同步屏障。现在有十余种 MPI 实现方法，而且这些实现方法可以被许多不同的通过适当语言绑定（MPI 标准的 MPI 底层实现的封装库）的语言调用（通常是 C、C＋＋和 Python）。MPI 标准的最新版本是 MPI-3，它比平常的基本通信程序（广播、散播、收集、多对多）多提供200 多个函数，这也允许了以分布式的方式管理输入/输出（I/O）。

2.12　练习

　　练习 1　考虑数学恒等式 $\pi = \int_0^\infty \frac{4}{1+x^2}\,\mathrm{d}x$，用 Monte-Carlo 随机积分算法估算 π，填补 MPI 程序中的空缺部分（使用 C＋＋绑定）：

> WWW source code: MPIPiApproximationHole.cpp

```cpp
// filename: MPIPiApproximationHole.cpp
#include <math.h>
#include "mpi.h"
#include <iostream>
using namespace std;

int main(int argc, char *argv[]){
    int n, rank, size, i;
    double PI  = 3.141592653589793238462643;
    double mypi, pi, h, sum, x;
    MPI::Init(argc, argv);
    size = MPI::COMM_WORLD.Get_size();
    rank = MPI::COMM_WORLD.Get_rank();

    while (1) {
        if (rank == 0) {
            cout << "Enter n (or an integer < 1 to
                exit) :" << endl;
            cin >> n;
        }

        MPI::COMM_WORLD.Bcast(...);
        if (n<1) {
            break;
        } else {
            h = 1.0 / (double) n;
            sum = 0.0;
```

⊖　http://www.mpich.org/。

```
for (i = rank + 1; i <= n; i += size) {
    x = h * ((double)i - 0.5);
    sum += (4.0 / (1.0 + x*x));
}
mypi = h * sum;

MPI::COMM_WORLD.Reduce(...);
if (rank == 0){
    cout << "pi is approximated by " <<
        pi
            << ", the error is " << fabs(pi
            - PI) << endl;
    }
    }
}
MPI::Finalize();
return 0;
}
```

练习 2（MPI 中的 Montr-Carlo 拒绝采样算法）　在统计中，为了遵循概率密度函数 $f(x)$ 抽取独立同分布变量的样本，其中，概率密度函数是在有限区间 $[m, M]$ 内定义的，其最大值形式为 f_M（$f(x)$ 的最大值），我们可以进行以下操作：从均匀分布 $u_1 \sim U(m, M)$ 中抽取变量 u_1 的样本，然后从均匀分布 $[0, F]$ 中抽取变量 u_2 的样本。如果 $u_2 \leqslant f(u_1)$，那么接受 u_1，否则拒绝。直观地说，为了解释这个过程产生了遵循密度函数 $f(x)$ 下的独立同分布变量，考虑在长方形 $[m, M] \times [0, F]$ 上扔飞镖，并仅保留落在密度曲线下面的飞镖的横坐标。拒绝采样算法致力于非规范化密度 $q(x)$，因此，$f(x) = q(x)/Z$，其中 $Z = \int_x q(x) \mathrm{d}x$ 是一个隐式归一化因子（常数）。请实现一个含有 P 个进程的 MPI 程序，选取 n 个服从定义在区间 $[-1, 1]$ 上的部分标准正太分布的随机变量，其非规范化密度函数为 $q(x) = \exp\left(-\dfrac{x^2}{2}\right)$。注意这是对计算 π 的 Monte-Carlo 近似方法的一个推广。

练习 3（用 MPI 计算球之间相交部分的体积）　在 2.9.4 节，我们利用 Monte－Carlo 随机近似方法，给出了一些串行和并行实现方法用来估算组合的球体的体积。请展示如何使用分布式 MPI 代码来估算一组球的相交部分的体积。

参考文献

1. Kernighan, B.W., Ritchie, D.M.: The C Programming Language, 2nd edn. Prentice Hall Professional Technical Reference, Englewood Cliffs (1988)
2. Stroustrup, Bjarne: The C++ Programming Language, 3rd edn. Addison-Wesley Longman Publishing Co. Inc, Boston (2000)
3. Kumar, V., Grama, A., Gupta, A., Karypis, G.: Introduction to Parallel Computing: Design and Analysis of Algorithms. Benjamin-Cummings Publishing Co. Inc, Redwood City (1994)
4. Casanova, H., Legrand, A., Robert, Y.: Parallel Algorithms. Chapman and Hall/CRC numerical analysis and scientific computing. CRC Press (2009)
5. Snir, M., Otto, S., Huss-Lederman, S., Walker, D., Dongarra, J.: MPI-The Complete Reference, Volume 1: The MPI Core, 2nd edn. MIT Press, Cambridge (1998). (revised)
6. Gropp, W.D., Huss-Lederman, S., Lumsdaine, A., Inc netLibrary: MPI: The Complete Reference. Vol. 2, The MPI-2 Extensions. Scientific and engineering computation series. MIT Press, Cambridge (1998)
7. Gropp, W., Hoefler, T., Thakur, R., Lusk, E.: Using Advanced MPI: Modern Features of the Message-Passing Interface. MIT Press (2014)
8. Sanders, P., Larsson Träff, J.: Parallel prefix (scan) algorithms for MPI. In: Recent Advances in Parallel Virtual Machine and Message Passing Interface, pp. 49–57. Springer (2006)

第 3 章

互联网络的拓扑结构

3.1 两个重要概念：静态与动态网络，以及逻辑与物理网络

在本章中，一台并行计算机是一个具有分布式内存的计算机集群架构，即，通过网络互连的计算机集合，我们将会考虑两种类型的网络：

- 静态网络一旦固定之后，就不能在使用过程中进行任何更改。
- 动态网络使用一个连接管理器，总是能够做到适应网络的通信状况或满足应用的需求。

当实现一个并行算法时（即编程实现并行算法），我们还需要区分物理网络和逻辑网络。一方面，物理网络是现实中的硬件网络，其中的每一个节点是一台计算机（机器、处理器或处理单元（PE））并且两个处理器之间的链路是两台相应的机器之间的直接通信通道。另一方面，逻辑网络是独立于硬件结构的通信网络抽象：它是算法/程序中用来支持通信原语的虚拟网络。

考虑到逻辑网络和物理网络中，前者使得并行算法设计者免于了解实际网络硬件上的本质细节，从而使程序设计可以灵活应用于各种不同的硬件环境：在运行时，我们仅仅需要通过称为嵌入或网络转换的机制将逻辑网络映射到物理网络。当然，当物理网络和逻辑网络相一致时，我们在实践中获得了一个理想的性能。当物理网络和逻辑网络不一致时，我们寻找一个逻辑网络到物理网络上的转换或嵌入，来最小化通信原语效率上的损失。

3.2 互联网络：图建模

使 P 个处理器相互进行通信（每个处理器都附有一个其自身独立的本地存储）。我们有多种设计这一通信架构的方法！我们可以考虑两种对立的极端情况：一种架构是使用一条共享的通信总线连接所有处理器，但是当多消息同时发送时，它需要处理潜在消息冲突的问题；另一种是点对点的网络架构，连接所有的处理器对时，在每对处

理器之间使用一条专用的链路来传输信息。尽管后面这一解决方案看起来是最佳的方案，但其缺点在于它是难以扩展的，因为这一通信设计需要平方级的链路数 $\binom{P}{2} = \dfrac{P(P-1)}{2} = O(P^2)$（试想下对于所有线缆的物理约束）。

网络的拓扑结构⊖可以使用图 $G=(V，E)$ 来进行描述。

- V：表示程序（机器、处理器或者处理单元）的顶点的集合。
- E：表示程序（映射到处理器上）之间的通信链路的边的集合。

注意通信边既可以是有向的也可以是无向的。在前一种情况下，我们选择使用术语通信弧而不是（双向）边。

因此为了建立一个理想的拓扑结构，我们在两个对立的准则当中寻找权衡：

- 使链路的数量最小化以减少原料的开销。
- 使直接通信链路（弧/边）的数量最大化以降低并行算法的通信成本。

通信链路可以是单向或双向的。双向链路在概念上简单来说意味着通过增加反向弧来使边的数量增加一倍。半双工模型就是一种双向链路模型，其带宽被传输的消息以反向的形式进行共享。当带宽可以被双向同时共享时，我们得到所谓的全双工模型。

当我们有许多并发的通信时，可以得益于其中的重叠因素：实际上，我们可以假定进程可以同时发送和接收信息（非阻塞）并且同时执行本地运算。在一个度为 l 的逻辑节点之上，我们也可以定义并发物理通信的最大数量：如果所有的链路都允许发送/接收信息，我们便得到了多端口模型。否则，如果在同一时间内最多只有 k 个发送和接收消息的操作可以并行执行，那么我们称其为 k 端口模型。其中 1 端口模型是我们在实际中经常考虑的特例。

在余下的部分中，我们假设网络中的路由消息是在没有消息丢失的情况下完成的：也就是说，没有消息被丢弃（由于缓存溢出）并且我们不考虑潜在竞争的问题。实际上，这需要在链路/节点上实现一个消息流控制器，这个控制器可以通过应用某些策略的通信管理器来实现，该管理器可以应用一些策略来传输、存储及丢弃消息。带有竞争的通信意味着附属于网络的处理器可以在任意需要的时候发送和接收消息，这样会在一条通信链路已经被使用的情况下产生冲突异常。因此竞争下的通信助长了对于网络资源的争用。

我们现在将要通过学习互联网络的导出图的拓扑结构（即一般特征）来更加详细地描述互联网络的性质。

3.3 一些描述拓扑结构的属性

图 $G=(V，E)$ 中的路径是一个节点序列 $V_1，\cdots，V_c$，满足对于所有的 $1 \leqslant i \leqslant C-1$

⊖ 从语源上看，词语"拓扑"来源于地理学，用来定义物体和空间的全局性质。即，例如物体中连通组件的数量或者孔洞/把柄的数量。几何学的拓扑描绘了几何物质类别的特性。

都有$(V_i，V_{i+1})\in E$。图中路径的长度是其中边的数量：$L=C-1$。图中两个节点间的距离是这两个节点间最短路径的长度。

3.3.1　度和直径

我们按下列方式定义一个网络通信图 $G=(V，E)$ 的主要的结构属性。

- 维度：图 G 中节点的数量（即 $p=|V|$）。
- 链路（边）数，$l=|E|$。
- 节点的度：一个节点入链路和出链路的数量，记为 d。在有向图中，对于一个顶点 s，我们有 $d(s)=d^{\text{incoming}}(s)+d^{\text{outcoming}}(s)$。当所有节点的度相同时，则称图 G 是规则的，并且使用 $d(G)$ 来表示规则图的度。
- 直径 D：图中任意两节点间的最大距离。

3.3.2　连通性和对分

在实际中，根据需要解决的问题的数据集规模来增加计算机集群中节点的数量是非常有趣的。这需要能建立一个可按比例增加的通用拓扑结构，即可扩展的拓扑结构。我们可以通过定义下列概念，从子拓扑结构递归地描述拓扑结构的特征。

- 网络连通性：定义为为了得到两个连通的网络而需要去掉的链路（边）的最小数量。
- 对分带宽 b：连接两个对半划分的子拓扑结构所需要的最少链路数量。对分带宽是两个对等分割部分之间的带宽，它是一个衡量网络性能的重要标准。

3.3.3　一个好的网络拓扑结构的标准

对于一个互联网络而言什么是好的拓扑结构呢？这里，我们需要强调一个拓扑结构是满足一系列性质的图的集合。我们期望得到具备如下性质的拓扑结构：

- 最小化一个规则网络的度以获得廉价的硬件成本。
- 最小化网络的直径以获得供通信使用的最短路径。
- 最大化网络的维度，即增加 P（节点/处理器的数量）用来处理大量的数据（可扩展性）。

我们也可以列出一些性质用来比较拓扑结构。

- 拓扑结构的正面因素：
  - 均衡的或对称的。
  - 在维持拓扑结构的性质时，可以对拓扑结构按比例缩放。
  - 具备可扩展的性质，以提升一个并行系统的性能。
  - 具有较易模拟其他虚拟拓扑结构的性质。
  - 减少拓扑结构上的消息路由。
- 拓扑结构的负面因素：

—路由信息的高开销或高复杂度(较大的度)。

—对于硬件故障不够健壮(度数较低或弱连通性)。

—对于执行通信原语不够高效(度数较低或直径较大)。

—对于执行高性能的计算不够高效(拓扑结构仅对于小维度可用,即 P 的值较小)。

我们现在将要快速浏览一下实际中几种常见的拓扑结构。

3.4 常见的拓扑结构:简单的静态网络

3.4.1 完全图:团

含有 P 个节点的完全网络被称为完全图(术语称为团)。该网络如图 3-1 所示。一方面,它对于处理器间的通信来说是最理想的网络,因为处理器之间的都是一个单位距离(即,直径 $D=1$)。另一方面,节点的度为 $d=p-1$(较大),并且通信链路(边)的数量是平方级的:$\begin{bmatrix} P \\ 2 \end{bmatrix} = \dfrac{P(P-1)}{2} = O(P^2)$。显然,含有 P 个节点的完全图网络可以很轻易地作为子图来模拟其他具有 P 个节点的拓扑结构,但是这样的拓扑结构有过高的开销并面临着物理条件约束$^\ominus$。因此这个团的拓扑结构在实际应用中仅对较小的 P 值适用。

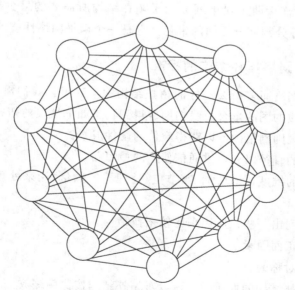

图 3-1 完全网络(这里表示为具有 10 个顶点的完全图,记作 K_{10})最小化了通信成本,但是有较高的硬件成本,或者其在实际中的可扩展性受限于物理条件约束

$\ominus$ 事实上,现实中从一台计算机中扩展出太多的线缆是很困难的。

3.4.2　星形图

星形图描绘在图 3-2a 中。尽管其对于通信非常高效（直径较小 $D=2$），但是当中心节点不可用时，星形拓扑便极易出现故障。

3.4.3　环和带弦环

环形图及其拓扑结构如图 3-2 所示。环形拓扑结构容许节点执行流水线算法（使用级联操作），例如矩阵-向量乘积等。环链路可以是单向的（用有向图表示）或双向的（无向图）。环形拓扑结构的主要缺点之一是其两个末端节点进行通信所需要的时间：通信时间（逐步地）为 $D=P-1$，也就是有向环的直径，或者对于无向环形拓扑结构其时间为 $D=\left\lfloor\dfrac{P}{2}\right\rfloor$，这里取整函数 $\lfloor x\rfloor$ 返回了小于或等于 x 值的最大整数。

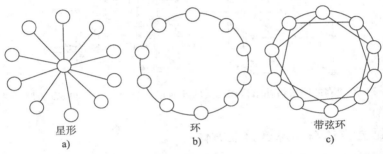

星形
a)

环
b)

带弦环
c)

图 3-2　包含 $p=11$ 个节点的星形拓扑结构。a)为通信保证了值为 2 的直径，但是当中
　　　　心节点出现故障时通信便很容易失效；b)环形拓扑结构；c)带弦环形拓扑结构，
　　　　增加弦状通信链路的方式可以使环的直径减少

为了最小化环中的大量通信消耗，我们可以向图中添加一些弦，并得到所谓的带弦环：由于直径 D 的减小通信速度会变快。根据添加的弦的数量直径会不断减小。在带弦环中，为得到一个规则的拓扑结构（节点对称，意味着所有的节点在网络中起同样作用），我们需要将弦的步长取为总节点数 P 的一个公约数。例如，对于 $P=10$ 个节点，我们可以选择步长为 2 或 5（见图 3-2）。

3.4.4　网（网格）与环面簇（环面的集合）

网格或邻近网格拓扑结构适用于处理图像域中的问题（例如，医学图像中使用的处理像素的 2D 或处理立体像素[⊖]的 3D 网格拓扑结构），并应用在解决矩阵问题的并行算法中。网格拓扑结构的一个主要缺点是它不是一个规则的拓扑结构，因为位于网格边界上的节点与内部节点无法拥有相同的度。这意味着此结构在实现算法时需要特别注

　　⊖　立体像素代表体元。

意考虑两种情形：内部节点与边界节点。环面拓扑结构通过规则化来弥补这一不足并因此减少了并行编程的任务量。图 3-3 说明了不规则的拓扑结构和规则的环面拓扑结构之间的不同。要注意的是环形拓扑结构可以被理解为一维的环面拓扑结构。网格拓扑结构与环面簇（环面的集合）可以延伸到任意维度。这对于基于张量计算框架的现代处理应用程序来说是更加重要的。

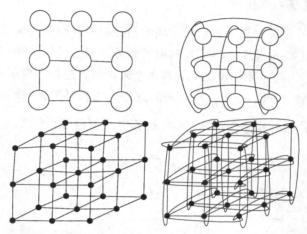

图 3-3   不规则的网格拓扑结构和规则的环面拓扑结构（以 2D 和 3D 的形式说明）

3.4.5   三维立方体与循环连接立方体

立方体拓扑结构是规则的并且其直径 $D=3$。我们可以通过使用一个环来代替每个立方体顶点以增加节点数量：这样我们就得到了所谓的循环连接立方体（Cycle Connected Cube，CCC）拓扑结构⊖。这些拓扑结构经常在实际中使用，因为它们很容易被推广到高维度中。图 3-4 说明了立方体拓扑结构和循环连接立方体的拓扑结构。

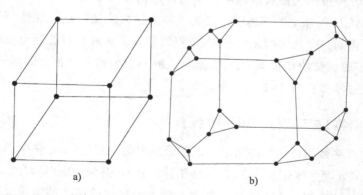

a)   b)

图 3-4   a)立方体拓扑结构；b)循环连接立方体，或简称为 CCC

⊖   CCC 拓扑结构的优点在于其度变为了 3 而不是维度 s 下的度数 d。节点数是 $P=2^s s$，对于 $s \gg 4$ 的情况直径 $D=2s-2+\lfloor s/2 \rfloor$，并且当 $s=3$ 时 $D=6$。

3.4.6　树与胖树

很多并行算法使用内部数据结构树来进行查询。树也可以较容易地实现深度优先搜索和广度优先搜索的搜索过程。因此选择可以适应这些算法的拓扑结构(也称为逻辑拓扑结构,有时也称作虚拟拓扑结构)的物理网络拓扑结构是很重要的。我们注意到越是接近于树根,希望用来传输更多信息(通常是从子树,或叶子节点聚合信息)的带宽就会越高。因此,为了考虑到这一随着树中节点高度增加而减小的带宽需求,我们还建立了另一种拓扑结构——胖树(见图 3-5)。

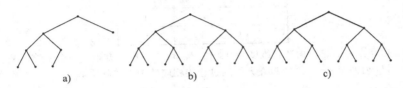

图 3-5　树状拓扑结构:a)树;b)完全树;c)胖树。对于胖树,通信链路带宽随着节点与树根距离的增加而增加

让我们在表 3-1 中总结一下这里介绍的几个常用的拓扑结构的主要特征。

表 3-1　常见的简单拓扑结构的主要特征,其中 P 表示节点的数量,b 表述等分带宽

拓扑结构	处理器 P	度 k	直径 D	链路 l	b
完全图	P	$P-1$	1	$\dfrac{P(P-1)}{2}$	$\dfrac{P^2}{4}$
环	P	2	$\left\lfloor \dfrac{P}{2} \right\rfloor$	P	2
2D 网格	$\sqrt{P}\sqrt{P}$	$2,4$	$2(\sqrt{P}-1)$	$2P-2\sqrt{P}$	$\sqrt{P}$
2D 环面	$\sqrt{P}\sqrt{P}$	4	$2\left\lfloor \dfrac{\sqrt{P}}{2} \right\rfloor$	$2P$	$2\sqrt{P}$
超立方体	$P=2^d$	$d=\log_2 P$	d	$\dfrac{1}{2}P\log_2 P$	$P/2$

下面,我们介绍一种并行计算中无处不在的关键的拓扑结构:超立方体。

3.5　超立方体拓扑结构以及使用格雷码进行节点标识

3.5.1　超立方体的递归构造

d 维的超立方体(也称为 d 立方体)是二维正方形和三维立方体的一般化。我们通过将相配的超立方体顶点连接到一起,从两个维数为 $d-1$ 的超立方体开始,递归地建立一个维数为 d 的超立方体。图 3-6 图示了超立方体的构造过程。因此,我们可以从这一递归构造过程推论出:在 d 维度上,超立方体有 2^d 个顶点,并且每个顶点的度恰好为 d(或 d 条边)。对于 $d\in\mathbb{N}$,超立方体提供了一个度为 d 的规则拓扑结构。

我们如何标识超立方体的节点以获得高效的发送/接收消息的路由/通信算法呢？首先可以考虑的策略是任意标识节点。然而，那样我们需要建立一个路由表来获得每个节点的 d 个邻居的标签。这一方法无法进行扩展而且需要额外的内存存储。我们更希望寻找一种标识表示，使得超立方体的邻居节点，例如节点 P 和节点 Q，它们节点标识的二进制表示中至多相差一位。这种方法很容易验证邻居节点，例如 $P=(0010)_2$ 和 $Q=(1010)_2$ 是邻居节点因为 P XOR $Q=1000$。我们回顾一下逻辑 XOR 或称互斥 OR 的真值表：

XOR	0	1
0	0	1
1	1	0

图 3-6 超立方体的递归构造：维度为 0、1、2、3、4 的超立方体。一个 d 维的超立方体 H_d 由两个 $d-1$ 维的超立方体通过连接相应的顶点递归构造

此外，我们希望编码 2^d 个不同节点的 d 位的标识与超立方体的 d 条轴线一致：这样，如果 P 和 Q 节点的二进制表示只有第 d 位不同，则我们可以推论出 P 和 Q 可以使用第 d 条的链路进行相互通信。超立方体的这一特殊节点标识方法叫作格雷码。

3.5.2 使用格雷码对超立方体节点编号

格雷码 $G(i,x)$ 是一种反射二进制编码。其特征为约定超立方体中两个邻居节点的二进制标签仅使用一位进行区分。历史上，格雷码于 1953 年在美国被提出，得名于弗雷克·格雷（贝尔实验室）的专利。格雷码的数学定义可以递归地写成如下形式：

$$G_d = \{0\,G_{d-1}, 1\,G_{d-1}^{\mathrm{mirrored}}\}, G_{-1} = \phi$$

使用 i 表示格雷码的序号，x 表示其位数。那么我们有：

$$G(0,1) = 0$$
$$G(1,1) = 1$$
$$G(i,x+1) = G(i,x), i < 2^x$$
$$G(i,x+1) = 2^x + G(2^{x+1}-1-i,x), i \geq 2^x$$

例如，我们使用 2、3、4 位分别得到下面的格雷码：

- $G(2) = (0G(1), 1G^r(1)) = (00, 01, 11, 10)$
- $G(3) = (0G(2), 1G^r(2)) = (000, 001, 011, 010, 110, 111, 101, 100)$
- $G(4) = (0G(3), 1G^r(3)) = (0000, 0001, 0011, 0010, 0110, 0111, 0101, 0100, 1100,$
  $1101, 1111, 1110, 1010, 1011, 1001, 1000)$
- 以此类推。

图 3-7 展示了被称为反射码的格雷码的构造过程。

格雷码除了邻近节点标识使用一位进行区分之外，还有很多有趣的性质：例如，格雷码是一种循环码，并且当我们翻转前面的一位（0↔1）时，一个递减的序列便等同

于一个递增的序列。

G(1)	反射	G(2) 前缀	反射	G(3) 前缀
0	0	00	00	000
1	1	01	01	001
	1	11	11	011
	0	10	10	010
			10	110
			11	111
			01	101
			00	100

十进制码	二进制码	格雷码（反射二进制）
0	000	000
1	001	001
2	010	011
3	011	010
4	100	110
5	101	111
6	110	101
7	111	100

图 3-7　格雷码以一种反射码的形式构造

超立方体上的汉明距离可以用来计算任意两个节点间的距离（等同于一条最短路径的边的长度）。令 $P=(P_{d-1}\cdots P_0)_2$ 和 $Q=(Q_{d-1}\cdots Q_0)_2$ 表示两个 d 维超立方体的顶点。P 与 Q 间的距离即为最短路径的长度并且相当于在它们二进制表示上的汉明距离：

$$\mathrm{Hamming}(P,Q)=\sum_{i=0}^{d-1}1_{P_i\neq Q_i}$$

例如，我们可以得到 $\mathrm{Hamming}(1011,1101)=2$。只是通过计算 P 和 Q 异或（XOR）操作后为 1 的位数，我们便可以计算出 P 和 Q 之间的汉明距离。

3.5.3　使用 C++ 生成格雷码

首先，我们通过 C++ 中的字符串的方式给出一种反射码的简单实现：

WWW source code: GrayString.cpp

```cpp
// filename: GrayString.cpp
// Naive recursive implementation of the Gray code using strings
#include <iostream>
#include <string.h>
using namespace std;

string * Mirror(string * s, int nb)
{ string * res;
  res=new string[nb];
  int i;
  for (i=0; i<nb; i++)
    { res[i]=s[nb-1-i]; // copie
  return res;
}
```

```
string * GrayCode(int dim)
{ string * res;
  int i, card=1<<(dim-1);

  if (dim==1)
  { res=new string[2]; res[0]="0"; res[1]="1";
  } else
  {
    string *GC=GrayCode(dim-1);
    string * GCreflected=Mirror(GC, card);
    res=new string[2*card];

    // prefixe
    for (i=0; i<card; i++)
    { res[i]="0"+GC[i];
      res[i+card]="1"+GCreflected[i];
    }
  }
  return res;
}


void printCode(string * code, int nb)
{
  int i;
  for (i=0; i<nb; i++)
  {
    cout<<code[i]<<endl;
  }
}


int main()
{
  int i, dim=4;
  string * GC=GrayCode(dim);
  printCode(GC, 1<<dim);
}
```

现在，我们给出一种更好的 C＋＋源码，该代码通过 STL（标准模板库）在任意维数 n 下生成一组格雷码，如下所示：

```
// filename: GraySTL.cpp
// C++ code using the STL class vector
class Gray {
public:
    vector<int> code(int n) {
        vector<int> v;
        v.push_back(0);

        for(int i = 0; i < n; i++) {
            int h = 1 << i;
            int len = v.size();
            for(int j = len - 1; j >= 0; j--) {
                v.push_back(h + v[j]);
            }
        }
        return v;
    }
};
```

我们接下来可以按如下方式使用这个类：

```
#include <iostream>
#include <vector>
#include <bitset>

using namespace std;

int main() {
    Gray g;
    vector<int> a = g.code(4);

    for(int i = 0; i < a.size(); i++)
            {cout << a[i] << "\t";}
        cout << endl;
```

```
         for(int i = 0; i < a.size(); i++)
              {cout << (bitset<8>) a[i] << "\t";}
    cout << endl;

         return 0;
}
```

编译后，运行该代码在输出控制台上生成下面的结果：

```
0           1           3           2           6           7           5           4
            12          13
15          14          10          11          9           8
00000000                00000001                00000011                00000010
            00000110
00000111                00000101                00000100                00001100
            00001101
00001111                00001110                00001010                00001011
            00001001
00001000
```

图 3-8 展示了在四维超立方体上的格雷码。

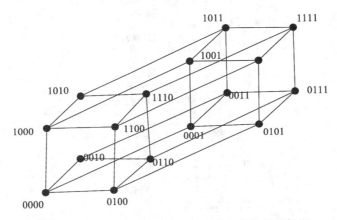

图 3-8　4 维超立方体由 $2^4 = 16$ 个节点的格雷码标识

3.5.4　格雷码和二进制码的相互转换

图 3-9 展示了格雷码与二进制码之间的转换规则。对于二进制编码，我们添加了另外一位并置为 0，作为二进制编码的最高有效位(Most Significant Bit，MSB)。格雷码的第 i 位 g_i 被置为 0 当且仅当其相应的邻居的二进制位匹配。这一实验可以通过使用一个异或(XOR)逻辑门实现。

它遵循的规则为：当一个二进制编码转换为一个格雷码时，可以同时并行计算位 g_i (例如，在 CREW PRAM 模型上)。当从格雷码转换到二进制码时，我们由计算最高有效位开始，之后执行一个级联的转换过程直到最终达到最低有效位(Least Significant Bit，LSB)。

图 3-9 和图 3-10 阐述了一些转换实例。

3.5.5　图的笛卡儿乘积

笛卡儿图乘积适用二元运算符 $\otimes$ 表示。令 $G_1 = (V_1, E_1)$ 以及 $G_2 = (V_2, E_2)$ 为两

个连通图。它们的笛卡儿乘积 $G=G_1 \otimes G_2 = (V, E)$ 可以按如下定义：

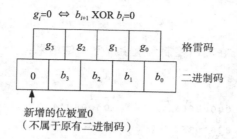

图 3-9　将格雷码转换为等价的二进制码的步骤，反之亦然

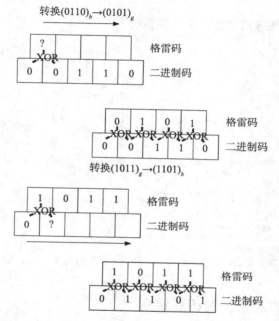

图 3-10　两个格雷码与二进制码相互转换的实例：将二进制编码 $(0110)_b$ 转换为其等价的格雷码 $(0101)_g$，以及将格雷码 $(1011)_g$ 转换为其等价的二进制编码 $(1101)_b$

- 顶点集合 V：$V = V_1 \times V_2 = \{(u_1, u_2), u_1 \in V_1, u_2 \in V_2\}$。
- 边集合 E：

$$((u_1, u_2), (v_1, v_2)) \in E \Leftrightarrow \begin{cases} u_1 = v_1, (u_2, v_2) \in E_2 \\ u_2 = v_2, (u_1, v_1) \in E_1 \end{cases}$$

图 3-11 展示了一个图的笛卡儿积的示例（其逆运算或许可以理解为图的分解操作）。

两条边的乘积是一个 4 顶点的环：$K_2 \otimes K_2 = C_4$，其中 K_2 表示有两个节点的圈：一条边！ K_2 和一条路径的乘积称为梯形图。两条（线性）路径的乘积得到一个网格等。

现在，d 维的超立方体可以由 d 次一维边的笛卡儿图乘积得到：

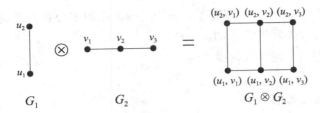

图 3-11　关于图的笛卡儿积的示例

$$\underbrace{K_2 \otimes \cdots \otimes K_2}_{d \, 次} = \text{Hypercube}_d (d \text{ 次笛卡儿积})$$

因此我们可以通过图的笛卡儿积推导出下列超立方体的闭包性质：

$$\text{Hypercube}_{d1} \otimes \text{Hypercube}_{d2} = \text{Hypercube}_{d1+d2}$$

3.6　一些拓扑结构上的通信算法

让我们考虑有 P 个节点的环形拓扑结构：P_0，…，P_{p-1}。假设其链路是单向的，因此环是有向的（假定是按顺时针方向，CW）。我们回顾一下两个常用的 MPI 函数：Comm_size() 返回了 P 的值，即节点数量；Comm_rank() 给出了进程号，索引值从 0 到 $P-1$。

让我们假设环上采用 SPDM（单程序多数据）的计算模式：所有处理器执行相同的代码，所有的计算在它们进程的本地内存空间上执行。我们给出两种基本的通信原始操作：发送（send）和接收（receive）使得进程 P_i 能够按如下方式进行通信。

- send(address,length)：按地址 address 向 $P_{(i+1)\bmod P}$ 发送一条存储于本地内存空间的消息（长度为 length 字节）。
- receive(address,length)：按地址 address 从 $P_{(i-1)\bmod P}$ 接收一条消息并将其存储于本地内存空间中

相比于 MPI[⊖]，我们这里不考虑消息中的 tag 属性，并且所有节点从属于相同的通信组（同样的"通信域"）。

通信原语 send 和 receive 是同步且阻塞的，因此我们可能遇到非期望的死锁。我们也可以选择性地考虑非阻塞 Isend() 与阻塞 receive() 的方法，或者是非阻塞 Isend() 与非阻塞 Ireceive() 的方法。

为了衡量通信成本，让我们使用 l 来表示一条消息的长度。发送或接受消息的操作可以被建模成所谓的 $\alpha-\tau$ 模型，可以按如下表示为一个线性函数 $\alpha + \tau l$：

- α：不能被压缩以及产生延迟的通信的初始化开销。
- τ：传输率。

⊖　MPI 语法提供了许多选项。参考 http://www.mcs.anl.gov/research/projects/mpi/sendmode.html。

因此在距离为 $d \leqslant P-1$ 的情况下，一个当前调用的进程在发送或者接收一条长度为 l 的消息时，简单认为开销是 $d(\alpha + \tau l)$。

(有向)环上的四个基本通信操作为：

- 广播。
- 个性化广播或者散播。
- 收集。
- 传播(多对多、全交换)。

这一列表中的原语并不完全，因为在 MPI 标准中存在更多的通信模式，例如个性化全交换等。

3.6.1 有向环上的通信原语

不失一般性，我们假设进程 P_0(根进程)向有向环中其他所有进程 P_1，…，P_{p-1} 逐步地发送一条长度为 l 的消息，如图 3-12 所示。

这一广播操作需要 $P-1$ 步，将消息迭代地发送给 P_1，…，P_{p-1}。显然，对于一条需要从 P_a 发送到 P_b 的消息，我们需要 $b-a+1$ 步。因此 (α, τ) 模型中的广播开销为 $(P-1)(\alpha + \tau l)$。我们可以根据消息的长度观测出参数 α 和 τ 的相对权重。

下面给出基于阻塞通信的实现过程的伪代码。

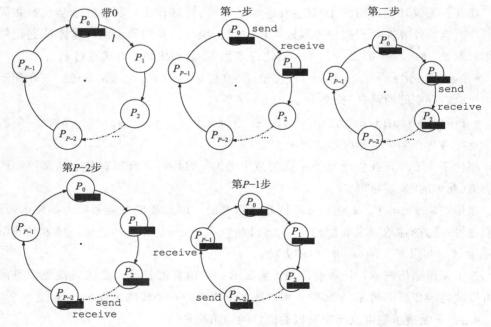

图 3-12 有向环上的广播操作

我们使用轮询调度技术在环上循环发送消息。

下面给出完整的 MPI 实现过程：

```
WWW source code: MPIBroadcastRing.cpp
```

```cpp
// filename: MPIBroadcastRing.cpp
// Broadcasting on the oriented ring
# include <mpi.h>
# include <cstdio>
# include <cstdlib>
using namespace std;

int next()
{
  int rank,size;
  MPI_Comm_rank ( MPI_COMM_WORLD , &rank );
  MPI_Comm_size ( MPI_COMM_WORLD , &size ) ;
  return ((rank + 1) % size);
}

int previous()
{
int rank,size;
  MPI_Comm_rank ( MPI_COMM_WORLD , &rank );
  MPI_Comm_size ( MPI_COMM_WORLD , &size ) ;
  return ((size + rank - 1) % size);
}

int main ( int argc , char * argv []) {
  int rank , value , size ;
  if (argc == 2)
    value = atoi(argv[1]);
  else
    value = rand % 1001;
  MPI_Status status ;
  MPI_Init (& argc , & argv ) ;
  MPI_Comm_rank ( MPI_COMM_WORLD , &rank ) ;
  MPI_Comm_size ( MPI_COMM_WORLD , &size ) ;
  if ( rank == 0) {
    /* Master Node sends out the value */
    MPI_Send ( &value , 1 , MPI_INT , next() , 0 ,
      MPI_COMM_WORLD) ;
  }
  else {
    /* Slave Nodes block on receive then send on the value
       */
    MPI_Recv ( &value , 1 , MPI_INT , previous() , 0 ,
      MPI_COMM_WORLD , &status ) ;
    if ( rank < size - 1 ) {
      MPI_Send ( &value , 1 , MPI_INT , next() , 0 ,
        MPI_COMM_WORLD ) ;
    }
    printf ( "process %d received %d \n" , rank , value ) ;
  }
  MPI_Finalize();
  return 0;
}
```

1. 散播：个性化广播

散播是一种个性化的广播操作，主要在于向环上的各个进程发送一个个性化消息。让我们假设 P_0 是当前调用进程，并且 P_0 想要向进程 P_i 发送消息 M_i。所有的消息都存储于 P_0 的本地内存。使用 address 表示一个消息指针的数组，address[i] 表示 Mi 的指针。我们将使用非阻塞的通信原语 Isend() 以及阻塞的原语 receive() 进行消息传递。我们选择阻塞的 receive() 目的在于保证消息可以按正确的顺序接收。我们介绍一种高效的技术，使用了不同通信之间的重叠！图 3-13 展示了散播操作。

环上散播通信原语的实现过程可以写成如下的伪代码：

第0步，时间0　　　　　　　第1步，时间$\alpha+\tau l$　　　　　　第i步，时间$i(\alpha+\tau l)$

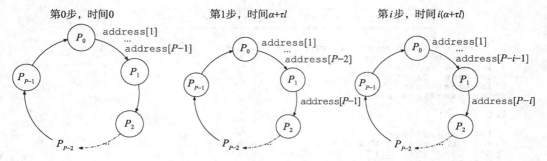

图 3-13　环上散播操作的图示（自顶向下，从左到右）

```
// Scattering operation on the ring (personalized messages) :
// - initial calling process Pk
// - length of message l
// - individual messages are stored in an array 'address'
scatter(k, address, l)
{
        q = Comm_rank();
        p = Comm_size();

        if (q == k)
            {
            // I am the calling process Pk
            // I send using a non-blocking operation

                        for (i=1;i<p;i=i+1)
                                {Isend(address[k-i mod
                                    p],i);}
            }
        else
        {
        receive(address,l);

        for (i=1;i<k-q mod p;i = i+1)
                {Isend(address,l);
                receive(temp,l);
                address = temp; }
        }
}
```

　　从而我们可以估计环上散播操作的复杂度为$(P-1)(\alpha+\tau l)$。因此，由于使用了重叠策略，其通信复杂度与广播操作开销是相同的。

WWW source code: MPIScatteringRing.cpp

```
// filename: MPIScatteringRing.cpp
// Scattering on the oriented ring
# include <mpi.h>
# include <cstdio>
# include <cstdlib>
using namespace std;

int main ( int argc , char * argv []) {
  int rank , size ;
  MPI_Status status ;
  MPI_Init (& argc , & argv ) ;
  MPI_Comm_rank ( MPI_COMM_WORLD , &rank ) ;
  MPI_Comm_size ( MPI_COMM_WORLD , &size ) ;
  MPI_Request request;

  if (rank == 0){
    int values[size-1];
    for(int i=0;i<size;i++){
      values[i]=i*i;
    }
```

```
    for (int i =1; i < size; i++){
        printf("process 0 is sending value %d to process %d
            intended for process %d\n",values[size-1-i],1,
            size-i);
        MPI_Isend(&values[size-1-i],1,MPI_INT,1,0,
            MPI_COMM_WORLD,&request);
    }
}
else{
    int my_received_val;
    int val_to_transfer;
    for (int i = rank; i < size-1; i++){
        MPI_Recv(&val_to_transfer,1,MPI_INT,rank-1,0,
            MPI_COMM_WORLD,&status);
        printf("process %d received value %d for process %d
            which it now transfers to process %d\n",rank,
            val_to_transfer,size-1-i+rank,rank+1);
        MPI_Isend(&val_to_transfer,1,MPI_INT,rank+1,0,
            MPI_COMM_WORLD, &request);
    }
    MPI_Recv(&my_received_val,1,MPI_INT,rank-1,0,
        MPI_COMM_WORLD,&status);
    printf("process %d received value %d from process %d\n",
        rank,my_received_val,rank-1);
}
MPI_Finalize();
return  0;
}
```

2. 全交换（传播或多对多通信）

全交换也称作传播，是一个所有进程向其他进程发送个性化消息的通信过程。最初，每个进程 P_i 拥有其本身的消息 $M_{i,j}$（其中 $1 \leqslant j \leqslant P$）并本地存储在数组 myAddress 中。在传播调用结束时，所有的进程拥有一个数组 address[]，这样 address[j] 包含了进程 P_j 发送的消息。

环上的全交换（all-to-all）通信原语的实现按照下面的代码给出：

```
// Total exchange collective communication
all-to-all(myAddress,adr,l)
{
    q = Comm_rank();
    p = Comm_size();

    address[q] = myAddress;

    for (i=1;i<p;i++) {
        send(address[q-i+1 mod p],l);
        Ireceive(address[q-i mod p],l);
    }
}
```

因此环上的多对多全交换的开销为 $(P-1)(\alpha+\tau l)$。如果当我们考虑个性化全交换时其开销是相同的。

3. 用于减少通信次数的流水线广播

由于简易的广播算法与散播算法（使用流水线操作）拥有相同的开销（即 $(P-1)(\alpha+\tau l)$），我们可以按如下方式降低广播操作的复杂度：

- 我们将消息 M 切分为 r 部分（让我们假设 $l \bmod r=0$，即 l 可以被 r 整除）。
- 为实现流水操作，当前调用进程需要成功发送消息的 p 个块。

使用 address[0],$\cdots$,address[r- 1] 表示消息的 r 块的地址。有向环上流水线广播操作原语的实现方法已按照如下的伪代码形式给出：

```
broadcast(k, address, 1)
{
  q = Comm_rank();
  p = Comm_size();

  if (q == k)
  {
    for (i=0; i<r; i++) send(address[i], 1/r);
  } else
    if (q == k-1 mod p)
    {
      for (i=0; i<r; i++) Ireceive(address[i], 1/r);
    } else {
      Ireceive(address[0], 1/r);

      for (i=0; i<r-1; i++) {
        send(address[i], 1/r);
        receive(address[i+1], 1/r);
      }
    }
}
```

现在，让我们考虑一下流水线广播操作的通信复杂度：消息的第一片 M_0 在时刻 $(P-1)\left(\alpha+\tau\dfrac{l}{r}\right)$ 时被最后一个进程 P_{P-1} 接收，之后剩余的 $r-1$ 块依次到达。因此我们增加 $(r-1)\left(\alpha+\tau\dfrac{l}{r}\right)$ 的时间。总体来讲，整体的开销为：

$$f(r) = (P-2+r)\left(\alpha+\tau\frac{l}{r}\right)$$

为了得到最优的复杂度，我们需要选择每一块的最佳尺寸 r。容易计算得到：

$$r^* = \sqrt{\frac{l(P-2)\tau}{\alpha}}$$

由此得到流水线广播的开销为：

$$(\sqrt{(P-2)\alpha} + \sqrt{\tau l})^2$$

我们注意到当消息的长度 l 变得足够大（或渐近地当 $l\to\infty$），流水线广播的开销变成了 τl。从而这一开销不依赖于 P，因为 P 作为固定值可以被忽略。

在本章中，我们已经叙述了基本的环上通信算法。去考虑其他的拓扑结构，并且了解拓扑结构是如何影响这些通信算法的也很有趣。例如，相比于环形拓扑结构，星形拓扑结构上的通信操作有什么不同？在星形图上，最大的距离是 2 但是我们需要考虑缓冲区操作（并且要注意潜在的缓冲区溢出）。类似地，当我们不考虑环而是考虑含有双向链路的带弦环时又会发生什么呢？我们将要简洁地综述一下超立方体上的广播算法，并在这一拓扑结构上展示树状通信。

3.6.2　超立方体上的广播：树状通信

在超立方体的两个任意节点 P 和 Q 之间，我们有精确的 $\mathrm{Hamming}(P, Q)!$（！表示阶乘符号）种不同路径。例如，$\mathrm{Hamming}(00,11)=2!=2$，并且这里存在两条不同的路径：$00\to10\to11$ 和 $00\to01\to11$。

$$00 \leftrightarrow 01$$
$$\updownarrow \qquad \updownarrow$$
$$10 \leftrightarrow 11$$

让我们考虑广播原语：一份消息由一个根进程发送到所有其他的进程。首先一份消息可以使用通信链路从根节点发往所有的邻居（距离为 1），并且之后所有距离为 1 的进程可以发送给它们的直接邻居（即，与根进程之间的距离为 2），以此类推！然而这会产生低效的算法因为我们在链路上发送的通信消息会产生冗余。

一种更有效的路由算法主要是从最低有效位（Least Significant Bit，LSB）开始，并且通过将节点 P 的二进制表示转换为节点 Q 来发送消息，这种转换是通过翻转位来完成，这些位的位置就是 P XOR Q 结果中为 1 的位位置。例如，从 $P=1011$ 到 $Q=1101$ 进行通信，我们首先计算 P XOR $Q=0110$。我们可以推论出 P 在轴链路 1 上向 $P'=1001$ 发送了一份消息，并且之后 P' 在链路 2 上向 $P''=1101=P$ 发送了一份消息，以此类推。

我们现在准备考虑超立方体上的广播算法。从调用节点进程 $P_0=(0\cdots0)_2$ 开始，我们通过添加额外的一位将其更名为 $(10\cdots0)_2$，我们继续按如下方式进行：进程在与它们第一位 1 相一致的链路上接收消息，并在这个位 1 出现的轴的链路上发送消息。因此共需要 $d=\log_2 P$ 步，其中 P 表示进程的数量。

图 3-14 图示了那些不同的通信步骤。这里存在立方体上更有效的广播算法，但为了简洁我们在本书中自动省略。

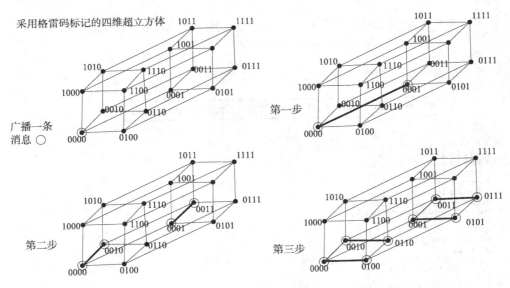

图 3-14　超立方体上的广播操作：不同通信步骤的可视化表示

⊖　或者，我们也可以考虑最高有效位（Most Significant Bit，MSB）。

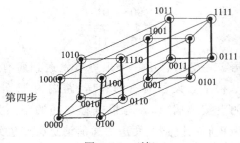

图 3-14 （续）

从广播算法中得到的广播树称为超立方体的二项覆盖树，图 3-15 展示了这样一个二项树。

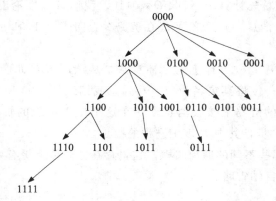

图 3-15 覆盖超立方体的二项树（这里，维度为 4 并含有 16 个节点）。注意在一个特定的高度上，被置为 1 的位数是恒定的

下面给出完整的 MPI 实现：

WWW source code: MPIBroadcastHypercube.cpp

```cpp
// filename: MPIBroadcastHypercube.cpp
// Broadcasting on the hypercube
#include <mpi.h>
#include <iostream>
#include <vector>
#include <bitset>
#include <cstdio>
#include <cstdlib>
using namespace std;


class Gray{
public:
  vector <int> code(int n){
    vector <int> v;
    v.push_back(0);
    for(int i=0; i < n; i++){
      int h = 1 << i; // 100000 with i zeros
      int len = v.size();
      for(int j = len-1;j>=0;j--){
        v.push_back(h+v[j]);
      }
    }
    return v;
```

```
    }
};
int lowest_non_zero_bit(int order, int code){
// we take the convention from the course, that the lowest nonzero bit
    of 0 is 1 « i where i == "order of the gray code"

    if(code == 0)
        return order;
    else{
        int temp = code;
        int i=0;
        while(temp % 2 == 0){
            i++;
            temp = temp / 2;
        }
        return i;
    }
}

vector<int> neighbours(int order, int code){
    vector<int> res;
    int lnz = lowest_non_zero_bit(order,code);
    if (lnz==0)
        return res;
    else{
        for(int i=0;i<lnz;i++){
            res.push_back(code + (1 << (lnz-1-i)));
        }
        return res;
    }
}
vector<int> reverse_lookup(vector<int> * graycode){
    int n = graycode->size();
    vector<int> res(n);
    for(int i=0;i<n;i++){
        res[(*graycode)[i]]=i;
    }
    return res;
}
int main(int argc, char * argv[]){
    int rank,size,order;
    MPI_Status status ;
    MPI_Init (& argc , & argv ) ;
    MPI_Comm_rank ( MPI_COMM_WORLD , &rank ) ;
    MPI_Comm_size ( MPI_COMM_WORLD , &size ) ;

    order=0;
    while((1 << order) < size){
        order++;
    }
    Gray g;
    vector<int> toGray = g.code(order);
    vector<int> fromGray = reverse_lookup(&toGray);
    // we build a reverse lookup table from the Gray codes of all nodes
        so as to be able to retrieve their actual rank in constant time


    if (rank==0){
        int value = rand() % 1001;
        printf("I am process 0 and am now sending out the value
            %d\n",value);
        vector<int> rootNeighbors = neighbours(order,0);
        for(int i=0;i< rootNeighbors.size();i++){
            int neighbRank = fromGray[rootNeighbors[i]];
    // we retrieve the actual rank of the current neighbour from
        its Gray code
    if (neighbRank<size){
    // remember we "rounded up" to the smallest hypercube
        containing all nodes, so we need to check this is an actual
            neighbor
    printf("process %d: my current neighbor is %d\n",rank,
        neighbRank);
    MPI_Send(&value,1,MPI_INT,neighbRank,0,MPI_COMM_WORLD);
        }
    }
```

```
        }
    else{
        int grayRank = toGray[rank];
        int lnb = lowest_non_zero_bit(order,grayRank);
        int grayPredecessor = (grayRank - (1 << lnb));
        int predecessor = fromGray[grayPredecessor];
        cout << "I am process " << rank << " of gray code " <<
            (bitset<8>) grayRank << " and I am waiting for a
            message from my predecessor in the binomial tree "
            << predecessor << endl;
        int received_value;
        MPI_Recv(&received_value,1,MPI_INT,predecessor,0,
            MPI_COMM_WORLD,&status);
        vector<int> rootNeighbors = neighbours(order,grayRank);
        if (rootNeighbors.size() == 0){
            cout << "I am process " << rank << " of gray code "
                << (bitset<8>) grayRank << " and I have no
                descendants, so I will stop here!" << endl;
        }
        else{

            cout << "I am process " << rank << " of gray code "
                << (bitset<8>) grayRank << " and am now sending
                out the value " << received_value << " to my
                neighbors "<< endl;
            for(int i=0;i< rootNeighbors.size();i++){
        int neighbRank = fromGray[rootNeighbors[i]]; // we
            retrieve the actual rank of the current neighbour from its
            Gray code
        if (neighbRank<size){
            // remember we "rounded up" to the smallest hypercube
            containing all nodes, so we need to check this is an actual
            neighbor
            MPI_Send(&received_value,1,MPI_INT,neighbRank,0,
                MPI_COMM_WORLD);
        }
        }
    }
    }
    MPI_Finalize();
    return 0;
}
```

超立方体是一个著名的拓扑结构，因为它是一个可以按比例扩展的规则拓扑结构，并且能够在实际中模拟（仿真）环形和环面拓扑结构。事实上，规模为 $2^r \times 2^s$ 的环形拓扑结构可以通过使用格雷码（$Gray_r$，$Gray_s$）标记节点的方式，被嵌入到一个（$d = r + s$）超立方体中。我们将在下一节中进一步讨论那些拓扑嵌入。

3.7 将（逻辑）拓扑结构嵌入到其他（物理）拓扑结构中

在本章的开始，我们已经说明了依赖于硬件特性的物理网络和由设计者考虑用来实现并行算法的逻辑网络（又称为虚拟网络）之间的不同。当这些物理和逻辑网络相一致时，我们便得到了最优的性能，否则我们需要通过一种指定的物理节点和逻辑节点之间的对应关系的嵌入操作，来实现在物理网络上模拟逻辑网络。当将一种拓扑结构嵌入到另一种当中时，这里有两个基本的参数需要进行优化：首先是膨胀度，定义为逻辑网络中两个任意邻居节点在物理网络中的最大距离；其次是扩展度，遵循如下的比率进行定义：

$$\text{扩展度} = \frac{\# \text{物理网络中的节点}}{\# \text{逻辑网络中的节点}}$$

一个好的嵌入力求获得一个为 1 的膨胀度以及为 1 的扩展度，目的在于避免通信性能降低(当扩展度大于 1 时必然会发生性能下降)。将拥有 $P = 2^d$ 个节点的环嵌入到超立方体 $H_d = \{0, 1\}^d$ 上是非常容易的：这一方案如图 3-16 所示。然而，这第一个方案并非最优因为它在链接环中的两个邻居时会产生高膨胀度：实际上，通过这一方案得到的膨胀度与超立方体的维数相匹配(这里为 3)。

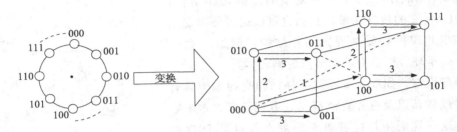

图 3-16   嵌入具有 8 个节点的环到维数为 3 的立方体上的示例(最优扩展度)。在超立方体上需要 3(超立方体的维数)条物理链路的环上的逻辑边以虚线形式展示。因此膨胀度为 3

幸运的是，我们可以通过将环中的节点 A_i 嵌入到超立方体中的节点 $H_{G(i,d)}$，从而获得膨胀度和扩展度因子均为 1 的最优嵌入，其中 $G(i, d)$ 为 d 位格雷码中的第 i 位码字。我们从而利用格雷码的循环特性实现了超立方体上的环循环。图 3-17 展示了这一最优的网络变换。

我们也可以最优地在超立方体上嵌入 2D 网格(其中边界节点度数为 2，或者内部节点度数为 4)以及二叉树。

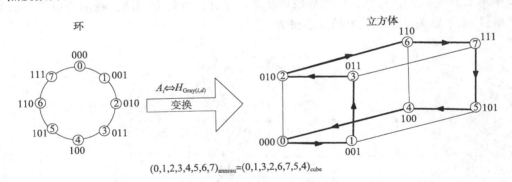

$(0,1,2,3,4,5,6,7)_{anneau} = (0,1,3,2,6,7,5,4)_{cube}$

图 3-17   将逻辑环网络嵌入到物理超立方体网络上的最优方案：每个环中的节点 A_i 对应一个超立方体中的节点 $H_{G(i,d)}$，其中 $G(i, d)$ 是 d 位格雷码中的第 i 位码字

3.8   复杂规则拓扑结构

回顾一下通过定义得到，一个规则拓扑结构中的每个节点都起相同的作用：因此所有的节点都有相同的度。令 $N(d, D) = P$ 表示度为 d 且直径为 D 的规则图中的点

的最大数量。我们在如下情况下得到 $N(d, D) = P$：

- $d=2$ 并且 $D = \left\lfloor \dfrac{P}{2} \right\rfloor$ 的环。

- $d = P - 1$ 且 $D = 1$ 的完全图。

- $d = \log_2 P$ 且 $d = \log_2 P$ 的超立方体。

图 3-18 展示了一个更为复杂的规则拓扑结构：$d=3$ 且 $D=2$ 的彼得森图。我们也可以通过使用规则图的笛卡儿积得到复杂规则拓扑结构：例如，$K_3 \otimes C_5$（C_5 表示环，即含有 5 个节点的循环）等。

一般而言，如果一个规则拓扑结构受约束于具有（规则）度数 d 以及有界直径 D 时，我们定义摩尔不等式来为这一规则拓扑能够具有的最大节点数 P 提供上界。

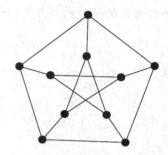

图 3-18　复杂规则拓扑结构示例：彼得森图（其中 $d=3$，$D=2$ 且 $P=10$）

- $N(2, D) \leqslant 2D + 1$

- $N(d, D) \leqslant \dfrac{d(d-1)^D - 2}{d - 2}, \ d > 2$

- $N(d, D) = 12\ 951\ 451\ 931$

对于彼得森图，我们发现摩尔上界 $N(3, 2)$ 为 $\dfrac{3 \times 2^2 - 2}{1} = 10$。因此它是最优的，因为彼得森图有 10 个节点。一般而言，摩尔上界都不是紧界。例如，X_8 与 K_3 的笛卡儿图乘积得到了一个 $P=24$ 个节点，$d=5$ 且 $D=2$ 的规则拓扑结构（见图 3-19）。但是摩尔上界等于 26。找到更好的界限依然是一个开放性研究问题。我们希望读者参考文献[1]来了解关于摩尔上界的最新研究。

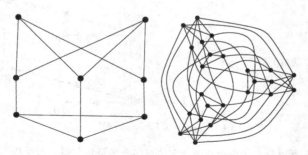

图 3-19　$K_3 \otimes X_8$ 产生的规则拓扑（X_8 画在左侧）：$P=24$ 个度为 $d=5$ 的顶点，直径为 $D=2$

3.9　芯片上的互联网络

现代处理器都是多核的：多为四核或八核，但有时在专门的架构上处理器具有大量的多核处理器。例如，因特尔至强（Intel Xeon Phi）⊖是一款 x86 处理器，使用 72 核达到了 3TFlops 的性能。这是集成众核（Many Integrated Core，MIC）架构的一个例子。芯片使用光刻工艺制造（对于至强处理器，使用 14 纳米），并且超级计算机通过将这些芯片聚集到机架模块上构建而成。现今，我们的目标在于建造具有每秒万亿次浮点运算（TFlops）性能的超级计算机。

为了最小化那些需要访问内存来加载和存储变量的计算所带来的延迟，我们在实际中要处理层次式存储类型（以及高速缓存）：寄存器、高速缓存、动态 RAM 等。使用动态随机存储器（DRAM）大约需要×100 的时钟周期来访问那些变量的值！我们也需要一个核间互联网络让它们之间进行通信。也就是说我们需要在芯片上互联网络。利用处理器的优点，我们将 CPU 的设计由运算为中心的芯片转换为通信为中心的芯片。

图 3-20 展示了使用一条共享总线的通信过程：一个单一节点每次在总线上发送一条消息，可以被其他所有处理器接收（并发读取，简称 CR）。当两个处理器试图在同一时间占用总线时，便会发生冲突！因此广播在总线上高效但并不是一种聚合原语！为了避免竞争，每个处理器可以利用令牌来使用通信协议。我们通过需要拥有一个特殊的令牌来保证每个处理器的唯一性，从而确保在发送消息时没有冲突发生。

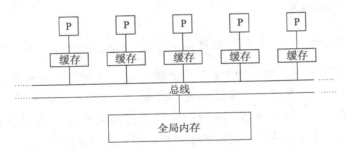

图 3-20　共享总线上的通信以及竞争：当两个处理器（或核）试图在同一时间在总线上　　　　进行通信时，我们会得到一个冲突。冲突可以通过使用单一的软件令牌来解　　　　决，这对于发送消息是必需的

当创建通信开关时需要一定的启动时间，但是一旦其被创建，其构造为消除冲突提供了保证（因此我们不需要任何仲裁）。当我们使用互斥的开关时，多个信息传输成为了可能。

路由也可以通过电路交换和分组交换完成：

- 电路交换。首先，为出发点与目标点之间的连接预留链路。之后发送消息。例如，电话网络就是一个使用电路交换的例子。
- 分组交换：每个分组分别路由。链路只有在数据传输时被占用。例如，网际协议便是这样一个分组交换的例子。

⊖　http://en.wikipedia.org/wiki/Xeon_Phi。

交叉开关网络如图 3-21 所示，允许每对处理器以较小的延迟进行通信。交叉开关网络的缺点在于其较高的硬件复杂性：事实上，它需要平方级数量的开关，即 $O(P^2)$（见图 3-22）。

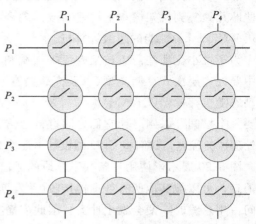

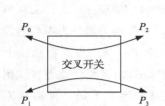

图 3-21　在处理器 P_1 和 P_3、P_2 和　　　　　图 3-22　交叉开关网络
P_4 之间初始化通信的 4×4
交叉开关网络

为了实现按比例扩展，我们可以使用 omega 网络。一个 omega 网络有 $\frac{P}{2} \log P$ 个开关，即 2×2 交叉开关，并分为 $\log P$ 个等级。与交叉开关网络相比，omega 网络的每条链路需要更少的复杂度，但是延迟为 $O(\log P)$。图 3-23 图示了 omega 网络，并且展示了在处理器 000 和处理器 110 之间发送消息时的路由示例。路由算法很简单，但是由于我们不能同时无冲突地发送多条消息，所以网络是阻塞的。

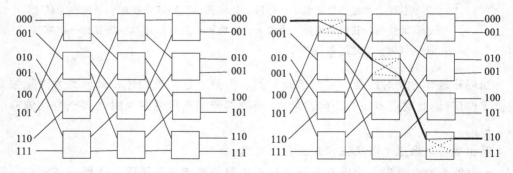

图 3-23　动态多级 omega 网络：展示了处理器 000 和处理器 110 之间的通信。消息往返于
2×2 开关之间

3.10　注解和参考

研究并行算法的经典教材[2-3]描述了多种拓扑结构以及它们在并行算法中的应

用。Hennessy 和 Paterson 的书[4]中对不同的计算机架构（拓扑结构的节点）进行了性能评价。限定给定度数 d 和直径 D 的规则拓扑结构中最大节点数目的上界依然是一个开放性研究问题：参考文献[1]来获得这一方向的最新进展。

3.11　总结

计算机互联网络在数学上可以建模为图，其中顶点表示计算机节点，边描述了那些节点之间的通信链路。我们区分了物理网络和被并行算法用来执行通信的逻辑网络。当一个逻辑网络与底层物理网络不同时，我们需要将逻辑网络转换或嵌入到物理网络上。那样的话，我们需要寻找同时最小化膨胀度（定义为逻辑网络中的邻居节点在物理网络中对应的两节点之间的最大距离）以及扩展度（定义为物理网络中的节点数目与逻辑网络中的节点数目之比）的最优变换（或嵌入）。网络拓扑结构是对依赖于节点数目的图形簇特征的研究。实际当中常用的拓扑结构包括环（有向的或无向的）、星形、网格及环面、树和超立方体，这里只列举一些。在一个规则拓扑结构中，图中所有的顶点起相同的作用（即，我们不能根据节点的入/出边集合进行区分，意味着存在顶点对称性），这使得实现并行算法更为便捷，因为我们不需要考虑节点的类型：它们在规则拓扑结构中是相同的。超立方体拥有一个 $P=2^d$ 顶点的度为 d 的规则拓扑结构并且常用于应用中，因为它允许较容易地实现不同的基本通信原语，例如通过使用高效的格雷码来标记节点实现广播原语。超立方体也可以模拟其他常用的拓扑结构，例如环、树和网格。但是这里还有很多在并行计算中使用的其他图形簇如 De Bruijn 图，也称作混洗交换图等。

参考文献

1. Miller, M., Siran, J.: Moore graphs and beyond: a survey of the degree/diameter problem. Electron. J. Comb. **61**(DS14), 1–61 (2005)
2. Hwang, K.: Advanced Computer Architecture: Parallelism, Scalability, Programmability, 1st edn. McGraw-Hill Higher Education, New York (1992)
3. Casanova, H., Legrand, A., Robert, Y.: Parallel Algorithms. Chapman & Hall/CRC Numerical Analysis and Scientific Computing. CRC Press, Boca Raton (2009)
4. Hennessy, J.L., Patterson, D.A.: Computer Architecture: A Quantitative Approach, 5th edn. Morgan Kaufmann Publishers Inc., San Francisco (2011)

## 第 4 章

并 行 排 序

4.1 串行排序快速回顾

令 $X=\{x_1, \cdots, x_n\}$ 表示一组存储在数组 $X[0]$，$\cdots$，$X[n-1]$ 中的 n 个实数。注意，下标 i 偏移了一位，即 $X[i]=x_{i+1}$，i 从 0 到 $n-1$。我们以递增排序为例，即生成一个序列 $(x_{(1)}, \cdots, x_{(n)})$ 且满足 $x_{(1)} \leqslant \cdots \leqslant x_{(n)}$。排序相当于在索引 $(1, \cdots, n)$ 中找一个置换 σ 使得 $x_{\sigma(1)} \leqslant \cdots \leqslant x_{\sigma(n)}$（通常在顺序统计学中，我们使用缩写形式 $\sigma(i)=(i)$）。因为存在着 $n!$（n 的阶乘）个不同的置换，因此，也就有 $n!$ 种不同方式打乱（混洗）一个有序序列，例如 $(1, \cdots, n)$。

我们假设在一个分布式内存并行架构上，使用 P 个进程进行排序，且待排序的数据已经分配到了 P 进程中，用 X_0，$\cdots$，X_{P-1} 表示。在并行排序的最后阶段，X_i 中的所有元素都已按照递增顺序排好，并且小于等于 X_{i+1} 中的所有元素，$0 \leqslant i \leqslant P-2$。

接下来我们详细地回顾一下那些常见的串行排序算法。

4.1.1 主要的串行排序算法

（1）冒泡排序（Bubble Sort）。冒泡排序过程是增量的，并且使用传播机制：让输入数组的最大元素向上移动直到找到它自身的位置，并为第二大的元素重复这个过程，直到最小的元素找到自己的位置为止。这种排序算法的名称来自水下气泡升到水面的现象。图 4-1 阐述了冒泡排序的一个例子。这个算法很简单，也很容易编程。对于 n 个待排序元素，该算法的最坏情况的复杂度是平方级别，即 $O(n^2)$。

（2）快速排序（QuickSort）。快速排序是一种随机递归算法，它随机选择一个元素作为主元，其平均时间复杂度为 $\tilde{O}(n\log n)$。在调用快速排序之前，我们首先在线性时间内对输入数组随机排列。然后快速排序会选择第一个元素 $X[0]$ 作为主元，并把 X 分成三个子数组：数组 $X_<$ 中的所有元素都严格小于主元，数组 $X_>$ 中的所有元素都严格大于主元，数组 $X_=$ 中的所有元素都等于主元（如果数组中的所有元素都不同，则此数组的大小为 1）。快速排序最后对更小规模的数组 $X_<$ 和 $X_>$ 不断递归调用本身，然后将这些子数组连接在一起，最终返回一个有序数组：

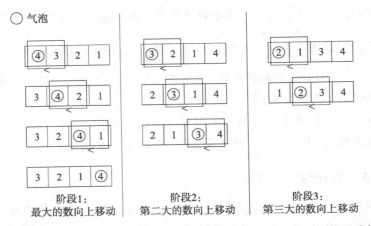

○ 气泡

阶段1：
最大的数向上移动

阶段2：
第二大的数向上移动

阶段3：
第三大的数向上移动

图 4-1　冒泡排序的例子。这个例子需要平方时间才能排好序：我们比较了连续元素对。
在阶段 1 完成后，最大的元素达到数组的最后一个位置。然后我们迭代地进行第
二大元素的移动，如此类推

$$\text{QuickSort}(X) = (\text{QuickSort}(X_<),\ X_=,\ \text{QuickSort}(X_>))$$

需要注意的是，如果没有随机选择主元，那么你需要首先用一个随机排列来保证平均
时间复杂度为 $\tilde{O}(n\log n)$。否则，如果输入一个有序数组，快速排序可能需要平方时间
才能完成。一个更严谨的分析证明了快速排序需要 $\tilde{O}(n + n\log p)$ 时间，其中 p 是数组
中不同元素的个数。因此，当所有元素均相同时，我们预期可以在线性时间内排好序。

（3）归并排序（MergeSort）。归并排序算法递归地进行，过程如下：首先，我们
将数据分成两个列表，并一直递归地拆分子列表，直到列表中只有一个元素（根据归并
排序的定义，这是递归的最终情况）。然后我们将这些排好序的列表两两合并，直到我
们得到所有元素都排好序的列表。图 4-2 展示了归并排序的过程。主要原则在于将两
个排好序的列表合并成一个排好序的列表：合并过程可以在线性时间内轻松完成，因
此归并排序的总时间复杂度为 $O(n\log n)$。

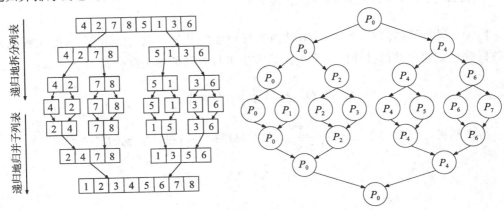

图 4-2　阐述了并行归并算法（细粒度并行）

（4）基数排序（RadixSort）。基数排序算法依赖于数字的 b 位的二进制形式：$x_i = \sum_{j=0}^{b-1} x_i^{(j)} 2^j$。首先，根据元素的二进制值（1 或 0）把它们分成两组，从最低有效位（Least Significant Bit，LSB）开始到最高有效位（Most Significant Bit，MSB）。基数排序的时间复杂度是 $O(bn)$。需要注意的是，如果用 b 位表示一个整数，那么最多可以有 $n = 2^b$ 个不同的数字。即，需要 $b \geqslant \log_2 n$ 才能保证所有的元素均不同。在这种情况下，基数排序的时间复杂度是 $O(n\log n)$，与归并排序的时间复杂度相同。

4.1.2　排序的复杂性：下界

为了获得对 n 个不同元素使用小于关系（<）排序时的复杂度的下界，首先考虑一个单独的小于比较关系（<）将置换空间分成了两部分。这样，为了找到能够把所有元素排好序的正确置换，从恒等置换开始，通过比较操作，不断地拆分置换空间，直到得到一个单一置换集合：排序的置换解决方案。也就是说，需要计算出根据置换集合构造的决策树的深度。对于一个有 n 个节点的二叉树，树的深度至少是 $\lfloor \log_2 n \rfloor$（用符号 $\lfloor \rfloor$ 表示向下取整函数），又因为有 $n!$ 个可能的置换，因此可以推断出决策树的最小深度是 $\lfloor \log_2 n! \rfloor$。用 Stirling 公式来逼近 $n!$：$n! \sim \sqrt{2\pi n} \left(\dfrac{n}{e} \right)^n$，推断出 $\log_2 n! = O(n\log n)$。这证明了串行排序需要 $\Omega(n\log n)$ 次基本比较操作。需要强调的是，下界仅适用于慎重考虑过的可计算模型中。我们通常假设实数随机存取机（real-RAM）模型，在这种模型中，实数的基本算术运算可以在常数时间内完成并且不需要考虑数值精度的问题。在其他可计算模型中，我们可以利用整数排序技术，使用线性内存空间[1]在 $O(n\log\log n)$ 时间内完成稳定排序。同时针对部分有序的序列，还可以使用已经经过验证、可以更快排序的自适应算法[2]。

4.2　通过合并列表实现并行排序

图 4-2 展示了如何对归并排序算法进行细粒度的并行。我们使用 $P = n$ 个进程来分割数据并递归地合并已排序的子列表。该算法串行时间的复杂度分析如下所示：

$$t_{\text{seq}} = O\left(\sum_{i=1}^{\log n} 2^i \frac{n}{2^i} \right) = O(n \log n)$$

与之相反，因为 $\sum_{k=0}^{n} q^k = \dfrac{1 - q^{n+1}}{1 - q}$，归并排序的并行排序实现的复杂度是：

$$t_{\text{par}} = O\left(2 \sum_{i=0}^{\log n} \frac{n}{2^i} \right) = O(n)$$

这个方法是低效的，因为该方法所获得的加速比是 $\dfrac{t_{\text{seq}}}{t_{\text{par}}} = O(\log n)$。理想情况下，

我们的目标是最优线性加速比 $O(P)=O(n)$。如图 4-2 所示，当我们归并子列表时，一些进程可能会没有工作任务。

4.3 利用秩实现并行排序

一个重要的问题是，并行排序是否可以在 $O(\log n)$ 时间内完成？我们可以看到，通过设计一个简单的基于计算元素秩的并行算法，完全可以实现这一目标。然而，这个秩排序(RankSort)算法并不会产生最优加速比。

对每个元素 $X[i]$，我们使用如下定义来计算它的秩：

$$R[i] = |\{X[j] \in X \mid X[j] < X[i]\}|$$

即，$X[i]$ 的秩 $R[i]$ 表示严格小于 $X[i]$ 的数组元素的个数。最小元素的秩是 0，最大元素的秩是 $n-1$。然后，我们将元素放入一个新的辅助数组 Y 中，该数组会按照如下方式排好序：$Y[R[i]]=X[i] \forall i$。这里，我们假设所有元素都是不同的，以避免出现相同的秩(并且获得所有元素的排序关系)。

我们可以很容易地将计算秩的过程并行化，并将其扩展到 $P=n$ 个节点上，具体过程如下所示：对于一个给定的元素 $X[i]$，我们判断逻辑语句 $X[j]<X[i]$，$\forall j \in \{1, \cdots, n\}$，并且当逻辑语句为假时计数 0，当逻辑语句为真时计数 1。然后将所有计数累加到一起。也就是说，我们有：

$$R[i] = \sum_{j=0}^{n-1} \underbrace{1_{[X[j]<X[i]]}}_{\text{逻辑语句值转化为0(假)或1(真)}}$$

使用双重循环实现的串行秩排序代码如下所示：

```
for (i = 0; i < n; i++)
    { // for each element
    rang = 0;
    for (j = 0; j < n; j++)
        {// we count the number of elements smaller than
            itself
        if (a[i] > a[j])
                        {rang++;}
        }
        // then we copy the element at its right position
            into new array b[]
    b[rang] = a[i];
    }
```

串行秩排序的时间复杂度为平方级，$t_{seq}=O(n^2)$，因为它需要线性时间来计算单个元素的秩。但它的并行实现使用了 $P=n$ 个处理器，因此并行实现是线性的，$t_{par}=O(P)=O(n)$。

现在，我们考虑用 $P=n^2$ 个进程并行化秩排序算法。在实际中，对于较小的 n，可以使用 GPU 来完成并行化，GPU 一般含有上千个图形单元。

为了计算一个元素的秩，我们需要使用 n 个进程来计算逻辑语句的值，并用一个归约操作(前缀和，MPI_Reduce / MPI_Sum)来汇总结果。因此我们用 $P^2=n^2$ 个进程来计算所有元素的秩。进程 $P_{i,j}$ 计算布尔语句 $1_{[x[j]<x[i]]}$，然后通过汇集进程 $P_{i,*}$ 布尔语句的结果来计算 $X[i]$ 的秩，其中 $P_{i,*}$ 代表由进程 $P_{i,j}(1\leqslant j\leqslant P)$ 组成的集合，见图 4-3。

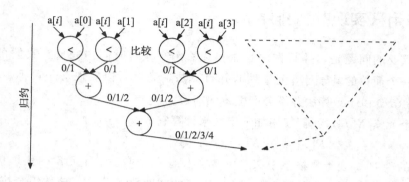

图 4-3　在秩排序中，通过汇集所有布尔语句 $1_{[x[j]<x[i]]}$ 的值来计算元素的秩，当布尔语句为真时计数 1：这是一个协同归约操作

总的来说，使用平方个进程完成并行秩排序所需的时间可以看作协同归约操作所需的时间。而归约操作的时间取决于互联网络的拓扑结构。对于 $\log n$ 维度的超立方体拓扑结构，归约操作可以在对数时间内完成，但是对于环形拓扑结构，则需要线性时间才能完成。因此，通过在超立方体拓扑上使用 $P=n^2$ 个进程，我们得到：

$$t_{par} = O(\log n)$$

当我们选择完全连通图（团）作为拓扑结构时，归约操作可以在常数时间内完成（假设我们可以同时接收来自 $P-1$ 个邻居的数据），并且使用 $P=n^2$ 个进程的秩排序算法只需要常数时间 $O(1)$。

4.4　并行快速排序

回顾一下之前的内容，对于一个主元 x，我们把数据分成两个数组 $X_{\leqslant}$ 和 $X_{>}$。此处为了简洁起见，我们把数组 $X_{<}$ 和数组 $X_{=}$ 合并。然后递归地对子数组 $X_{\leqslant x}$ ← QuickSort($X_{\leqslant x}$) 和 $X_{>x}$ ← QuickSort($X_{>x}$) 排序，最终通过如下连接方式获得有序数组：

$$\text{QuickSort}(X) = (\text{QuickSort}(X_{\leqslant x}), \text{QuickSort}(X_{>x}))$$

如果我们随机选择 $x \in X$，可以得到一个预期时间复杂度为 $\tilde{O}(n\log n)$ 的随机算法。否则，如果采用确定的方式选择主元，我们可以计算中位数（一个可以在线性时间内完成的顺序统计操作）来平衡两个子数组的大小，然后我们可以得到一个时间复杂度为 $O(n \log n)$ 的确定算法。

在 C++ 中用标准模板库（STL）实现的快速排序的代码可以在下列文件中找到：

WWW source code: SequentialQuickSort.cpp

```cpp
// filename: SequentialQuickSort.cpp
# include <vector.h>
# include <iostream.h>
# include <multiset.h>
# include <algo.h>

// pivot
template <class T>
void quickSort(vector<T>&v, unsigned int low,
    unsigned int high)
{
  if (low >= high) return;
  // select median element for the pivot
  unsigned int pivotIndex = (low + high) / 2;
  // partition
  pivotIndex = pivot (v, low, high, pivotIndex);
  // sort recursively
  if (low < pivotIndex) quickSort(v, low, pivotIndex
      );
  if (pivotIndex < high)  quickSort(v, pivotIndex +
      1, high);
}

template <class T> void quickSort(vector<T> & v)
{
  unsigned int numberElements = v.size ();
  if (numberElements > 1)
    quickSort(v, 0, numberElements - 1);
}


template <class T>
unsigned int pivot (vector<T> & v, unsigned int
    start,
unsigned int stop, unsigned int position)
{ //swap pivot with initial position
  swap (v[start], v[position]);
  // partition values
  unsigned int low = start + 1;
  unsigned int high = stop;
  while (low < high)
    if (v[low] < v[start])
      low++;
    else if (v[--high] < v[start])
      swap (v[low], v[high]);
  // swap again pivot with initial element
  swap (v[start], v[--low]);
  return low;
}

  void main() {
    vector<int> v(100);
    for (int i = 0; i < 100; i++)
      v[i] = rand();
    quickSort(v);
    vector<int>::iterator itr = v.begin();
    while (itr != v.end ()) {
      cout << *itr << " ";
      itr++;
    }
    cout << "\n";
  }
```

对于有 $n = 2m + 1$ 个元素的数组，其中位数是排序后数组的中间元素，即位于$m = \frac{n-1}{2}$的位置。如果数组有偶数个元素，我们选择位置$\left\lfloor \frac{n}{2} \right\rfloor$的元素。算法 1 回顾了用来计算中位数的经典线性时间递归算法（或者其他任何使用基于剪枝的分治方法得到的排序元素）。这些选择算法称为顺序统计。

Data: S a set of $n = |S|$ number, $k \in \mathbb{N}$
Result: Return the k-th element of S
if $n \le 5$ **then**
  // Terminal case of recursion
  Sort S and return the k-th element of S;
else
  Partition S in $\lceil \frac{n}{5} \rceil$ groups;
  // The last group has 5 (complete) or n mod 5 elements (incomplete)
  Compute recursively the group medians $M = \{m_1, ..., m_{\lceil \frac{n}{5} \rceil}\}$;
  // Calculate the pivot x as the median
  $x \leftarrow \text{SELECT}(M, \lceil \frac{n}{5} \rceil, \lfloor \frac{\lceil \frac{n}{5} \rceil + 1}{2} \rfloor)$;
  Partition S into two sub-sets $L = \{y \in S : y \le x\}$ and $R = \{y \in S : y > x\}$;
  if $k \le |L|$ **then**
    return $\text{SELECT}(L, |L|, k)$;
  else
    return $\text{SELECT}(R, n - |L|, k - |L|)$;
  end
end

算法 1　用递归算法 SELECT（确定性的）在线性时间内计算第 k 个元素（当 $k = \left\lfloor \dfrac{n}{2} \right\rfloor$ 时为中位数）

现在我们对快速排序进行并行化：现有 P 台计算机，每台运行一个进程，且待排序的数据已经发送到了每台计算机 $P_0, \cdots, P_{P-1}$ 的本地内存中。我们要对每台计算机上的数据排序，最终生成 P 个排好序的子集 $X_0, \cdots, X_{P-1}$，每个子集的大小为 $\dfrac{n}{P}$。不失一般性地，我们假设 n 可以被 P 整除：$n \bmod P = 0$。

当且仅当 $\forall x_i \in X_i$，$\forall x_j \in X_j$，$x_i \le x_j$ 时，才有 $X_i \le X_j$。初始时，所有子集 $X_0, \cdots, X_{P-1}$ 都是无序的。快速排序并行化的第一步的关键思想是通过交换消息来拆分各进程上的数据使得在拆分结束时，我们有 $X_0 \le \cdots \le X_{P-1}$。一个直观的实现方式是，首先随机选择主元 x，并将其发送到所有其他进程中。然后每个进程 P_p 使用该主元将本进程上的数组分成两个子数组 $X_p^{\le}$ 和 $X_p^{>}$。下一步，位于进程集合上半部分的进程将其数组 $X_p^{\le}$ 发送到与其对应的进程 $p' = p - P/2 \le P/2$ 中，并且接收数组 $X_{p'}^{>}$，反之亦然。然后将进程分成两个集合，并在每个集合上递归地调用并行快速排序算法。图 4-4 中展示了该算法，用 Quicksort// 表示，这是并行快速排序的简写。

要注意的是，具有 $\log P$ 层递归调用的串行 Quicksort 算法会生成一个调用函数树，可以通过打印函数堆栈来显示该树结构。串行快速排序算法拆分数据：$X_0 \le X_1 \le \cdots \le X_{P-1}$ 的期望时间为 $\tilde{O}(n \log P)$（随机算法），虽然数组 X_i 尚未排序，但是对于所

有的 $i \leqslant j$，我们都有 $X_i \leqslant X_j$。

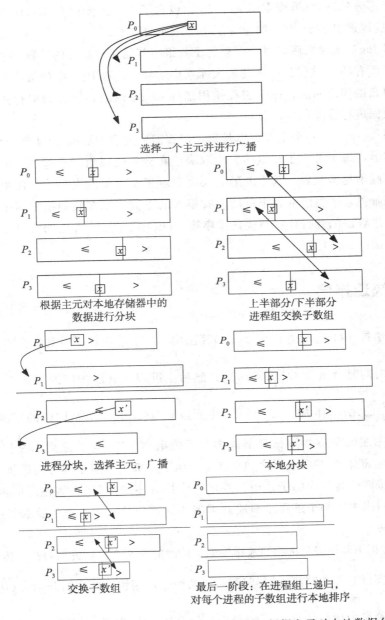

图 4-4 并行快速排序过程示意：选择一个主元并广播，根据主元对本地数据分块，然后对应的进程之间交换子数组，接着执行递归操作。需要注意的是，由于主元的选择不同，可能会造成分块后子数组的大小严重不平衡

然后剩下的就是在每个进程内部使用一个合适的串行排序算法对本地数据排序，例如串行快速排序或者串行归并排序。

以下是我们对并行快速排序算法的一些总结：

- 上半部分的进程（进程索引大于 $P/2$）包含了大于主元的数据，而下半部分的进程（进程索引小于 $P/2$）则包含了小于主元的数据。
- 经过 $\log P$ 次递归后，每个进程的子数组与其他所有进程的子数组都不相交。
- 对于所有的 i，进程 P_i 中的最大元素小于等于进程 P_{i+1} 中的最小元素。
- 在递归语句返回后，每个进程使用诸如 QuickSort 之类的串行排序算法对本地数据进行排序。

Quicksort// 的一个主要缺点是每个进程需要处理的数据量（子数组的大小）可能不同。事实上，每个进程子数组的大小取决于在分割进程组时选择的主元。图 4-4 展示了这一负载不均衡现象，其中图形的长度表示了子数组的大小。从图中可以看出在排序的不同阶段，子数组的大小可能会有很大的不同。现在我们研究两个以负载均衡为核心的排序算法的并行化：超快速排序算法（HyperQuickSort）和基于正则采样的并行排序算法（PSRS）。

4.5　超快速排序

在超快速排序（HyperQuickSort）算法中，P 个进程首先对其 $\frac{n}{P}$ 个本地数据进行串行排序，时间复杂度为 $O\left(\frac{n}{P}\log\frac{n}{P}\right)$。然后主进程从其已排序的子数组中选择中位数（索引为 $\frac{n}{2P}$ 的元素）作为主元。这个"主元进程"将主元广播给同组的所有其他进程。其他进程根据主元将本地数据分割成两个子数组 $X_\leqslant$ 和 $X_>$。之后的过程与 Quicksort// 类似：进程与关联进程之间交换子数组上半部分和下半部分的数据，并且在每个进程中，将两个排好序的子数组合并成一个排好序的数组（在线性时间内完成）。最后，我们对同组中的每个进程递归地调用超快速排序算法。图 4-5 展示了这个递归超快速排序算法。

我们通过以下假设来分析超快速排序的平均时间复杂度：假设列表是大致平衡的，通信时间由传输时间（即忽略延迟时间）决定。初始时调用快速排序的开销是 $\tilde{O}\left(\frac{n}{P}\log\frac{n}{P}\right)$，$\log P$ 次归并阶段中比较操作的开销是 $\tilde{O}\left(\frac{n}{P}\log P\right)$，$\log P$ 次子列表交换的通信开销是 $\tilde{O}\left(\frac{n}{P}\log P\right)$。这样可以得到总的并行时间为 $\tilde{O}\left(\frac{n}{P}\log(P+n)\right)$。因此，我们得到的最优加速比是 $\tilde{O}(P)$（在无延迟和子列表平衡的假设下）。

在之前的分析中，我们假设了每个进程子列表的大小是大致平衡的。但是在真实程序中，很难保证子列表大小的平衡！因此我们介绍最后一种并行排序算法。该算法

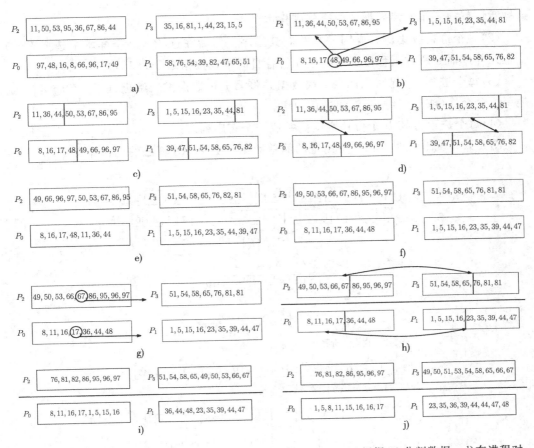

图 4-5 超快速排序算法示例：a)初始化；b)选择主元 48；c)根据 48 分割数据；d)在进程对间进行子列表交换；e)列表交换完成；f)归并列表；g)递归调用并使用新主元 67 和 17；h)分割数据并交换；i)列表交换完成；j)归并有序的子列表

可以选择更合适的主元，使得实际应用程序能够获得一个良好的负载均衡。算法的名字是正则采样并行排序(PSRS)。

4.6 正则采样并行排序

正则采样并行排序(Parallel Sort Regular Sampliing，PSRS)算法有四个步骤。在这里，我们不再假设进程数是 2 的幂次方，P 可以取任意自然数。接下来介绍 PSRS 的四个步骤：

(1)每个进程 P_i 用一个串行排序算法(比如快速排序)将其本地数据进行排序，然后从本地数据中选择下列 P 个规则位置的元素作为采样元素：

$$0, \frac{n}{P^2}, \frac{2n}{P^2}, \cdots, \frac{(P-1)n}{P^2}$$

这样我们就得到了有序数据的一个规则样本。

（2）一个进程收集所有规则样本并对其排序，然后在这 $P \times P$ 个样本中选择 $P-1$ 个主元并广播。所有进程根据这些主元将各自的本地数据划分为 P 块。

（3）每个进程 P_i 保留它的第 i 块数据并将第 j 块数据发送给进程 P_j，$\forall j \neq i$。这是一个全交换（或者多对多）汇集通信原语。

（4）每个进程将其 P 个分块数据归并成一个有序列表。

图 4-6 系统地说明了在一个给定的简单数据集上 PSRS 算法的工作流程。

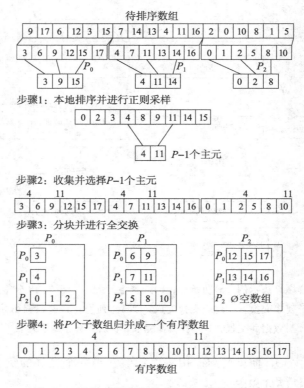

图 4-6　正则采样并行排序（PSRS）的执行示例

接下来我们分析该排序算法的复杂性：每个进程大约归并 $\dfrac{n}{P}$ 个元素，并且这也是在实际中通过实验观察到的经验值！我们假设这些进程的互联网络具有 P 并发通信的能力。因此，PSRS 不同阶段的开销如下所示。

- 本地计算开销：

  - 快速排序耗时：$\widetilde{O}\left(\dfrac{n}{P} \log \dfrac{n}{P}\right)$。

  - 对正则样本排序：$O(P^2 \log P)$。

  - 归并子列表：$O\left(\dfrac{n}{P} \log P\right)$。

- 通信开销：
  - 收集样本，广播主元。
  - 全交换：$O\left(\dfrac{n}{P}\right)$。

4.7 基于网格的排序：ShearSort

在这里，我们介绍一种非常适合网格拓扑的简单并行排序算法：ShearSort 并行算法。在最后阶段，排好序的序列可以在网格上逐行排序，也可以按图 4-7 所示的蛇形模式排序。令 $P=\sqrt{P}\sqrt{P}=n$ 表示网格中处理器的数量。

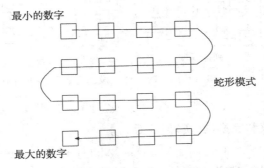

图 4-7 在 ShearSort 并行排序结束后，有序元素以蛇形模式存储

在进程网格上排序时，我们可以交替地对行和列进行排序，直到经过 $\log n$ 个阶段之后得到一个有序序列。对于蛇形模式，我们只需要在行上交替排序方向（以递增顺序或递减顺序）即可。

现在我们分析一下 ShearSort 在一个大小为 $P=\sqrt{n}\times\sqrt{n}=n$ 的二维网格上的复杂性。对 $\sqrt{n}$ 个元素并行排序的时间为 $O(\sqrt{n})$，由此我们可以得到并行时间是 $t_{\text{par}}=O((\log n)\times\sqrt{n})=O(\sqrt{n}\log n)$。串行排序算法的开销是 $t_{\text{seq}}=O(n\log n)$。因此我们得到的加速比是 $\dfrac{T_{\text{seq}}}{T_{\text{par}}}=O(\sqrt{n})=O(\sqrt{P})$，这个加速比并不是最优的！

图 4-8 展示了对于给定的输入序列，ShearSort 算法的不同阶段。

4.8 使用比较网络排序：奇偶排序

我们现在考虑通过比较成对元素来进行排序。首先引入一个排序网络，称为奇偶换位（或奇偶排序）排序网络。其主要原理依赖于冒泡排序算法的思想。该算法在每次迭代中需要执行两个阶段，分别是

- 奇数阶段：比较和互换（交换）奇数对元素

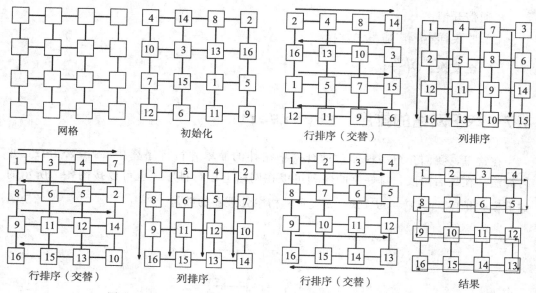

网格　　　　初始化　　　　行排序（交替）　　　　列排序

行排序（交替）　　　　列排序　　　　行排序（交替）　　　　结果

图 4-8　ShearSort 算法的各个阶段：需要 $\log n$ 步完成排序

$$(X[0]，X[1])，(X[2]，X[3])，\cdots$$

- 偶数阶段：比较和互换（交换）偶数对元素：

$$(X[1]，X[2])，(X[3]，X[4])，\cdots$$

　　为了对 n 个元素进行排序，该算法需要 n 次奇数阶段和偶数阶段迭代。图 4-9 描述了比较网络排序算法的运行过程。

　　该算法可以用 C/C++ 编程语言实现，代码如下：

WWW source code: OddEvenSort.cpp

```cpp
// filename: OddEvenSort.cpp
void OddEvenSort(int a[], int n)
{
  int phase, i;
  for (phase = 0; phase < n; phase++)
    if (phase % 2 == 0)
      {// even stage
      for (i = 1; i < n; i += 2)
      {if (a[i-1] > a[i])
        swap(&a[i], &a[i-1]);}
        }
    else
     {// odd stage
            for (i = 1; i < n-1; i += 2)
      {if (a[i] > a[i+1])
        swap(&a[i], &a[i+1]);}
      }
}
```

　　我们可以通过考虑成对的元素组而不是成对的单个元素来一般化该算法。每个进程中的本地数据为一组，首先对 n/P 个组内元素进行排序（可以使用你喜欢的串行排序算法，如串行快速排序），然后各相邻进程对中的进程发送和接收相应的元素。进程对中序号较小的进程保留一半的较小元素，序号较大的进程保留一半的较大元素。我们将这个基于组的奇偶迭代过程重复 P 次。这样就可以通过改变 P 的取值来调整并行粒度，其取值范围是从 $P=n$（细粒度并行度）到 $P=2$（粗粒度并行度）。请注意，该算法可以很容易地实现。图 4-10 说明了该算法的不同步骤。

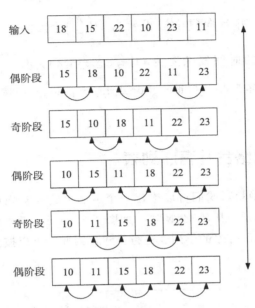

图 4-9　通过奇偶交换进行排序：它需要 n 次奇偶迭代来生成一个有序序列

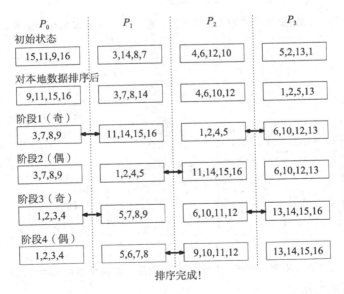

图 4-10　将奇偶对排序算法推广到奇偶组排序。并行粒度取决于存储在进程本地内存中的数据的大小

现在我们分析一下这个基于组的奇偶排序算法的复杂性：初始时的串行排序需要 $O\left(\dfrac{n}{P}\log\dfrac{n}{P}\right)$ 来排序 $\dfrac{n}{P}$ 个组内元素。然后，执行 P 次迭代，在每次迭代中通过排序将较小值和较大值区分开，每次迭代的时间为 $O\left(\dfrac{n}{P}\right)$（通过归并列表并为每个进程保留右半部分），并且向每个进程发送 $O\left(\dfrac{n}{P}\right)$ 个元素。在忽略通信的延迟之后，我们可以得到总的时间复杂度为 $O\left(\dfrac{n}{P}\log\dfrac{n}{P}+n\right)$。有一点非常值得思考，当把该算法应用到双向环形拓扑（bidirectional ring topology）通信网络上时，其复杂度又会是怎样的。

4.9   使用比较网络合并有序列表

根据一个比较-交换块，我们可以构建一个定制电路来实现排序算法。图 4-11 描述了这些电路的基本元素：比较-交换块。如图 4-12 所示，我们可以用一个基于硬件实现的比较网络对两个已排序的子列表进行排序。因此，可以按图 4-12 所示递归地构建一个物理比较网络。

图 4-11　比较-交换块的输入为两个数，输出是输入元素的最大值和最小值

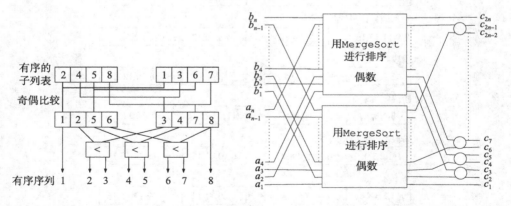

图 4-12　用于归并两个有序子列表（顶部）的比较网络，该网络是由基本的比较-交换块（底部）
　　　　　递归地建立

4.10　双调归并排序

最后，为了总结本章的并行排序，我们介绍由 Ken Batcher[⊖] 首先提出的双调归并排序算法。如果一个序列是单峰序列（即具有唯一的极值点），通过考虑循环序列让它成为最小值或最大值，从而成为双调序列。现在，我们可以有效地在一个双调序列中在对数时间内用一个二分搜索算法搜索一个元素。为了获得一个双调划分，我们需要经过以下处理：

- 将列表上半部分的每一个元素与列表下半部分的元素相关联：$xi \leftrightarrow xi + \frac{n}{2}$。

- 比较这些元素对并对它们进行排序，因此它们按照（最小，最大）顺序进行排序。

- 因此，上半部分列表的每个元素都通过构造来保证小于下半部分列表的所有元素。

- 分离之后的两个列表都是长度为 $\frac{n}{2}$ 的双调序列。

- 需要注意的是，该比较序列在语义上不依赖于数据。该属性对于归并排序算法而言是非常重要的，它的行为取决于数据的语义。

因此，我们得到一个二分划分，并获得两个双调序列 B_1 和 B_2 作为输出，使得 B_1 的元素都小于 B_2 的元素。递归的极端情况是当我们有一个单个元素的序列：在这种情况下，它是一个有序的双调列表！图 4-13 显示了该算法的工作流程。在图 4-14 中展示了双调排序的示例。

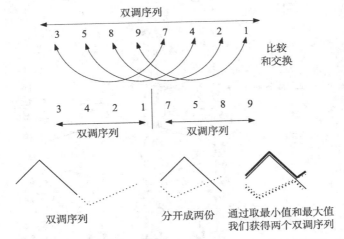

图 4-13　顶部使用比较-交换块比较元素 x_i 和 $x_{i+n/2}$ 将一个双调序列拆分成两个双调序列。底部是一个直观的视觉证明，通过对这两个子序列取最小值和最大值，我们确实获得了两个双调序列

⊖　http://en.wikipedia.org/wiki/Ken_Batcher。

我们分析双调归并排序的复杂性：(1)每个双调划分进行 $\frac{n}{2}$ 次比较；(2)我们进行 $\log n$ 次递归的双调序列分裂；(3)进行 $\log n$ 次双调序列归并。因此，比较交换基本操作的总数为 $O(n \log^2 n)$。图 4-15 显示了使用比较网络实现的双调排序算法。

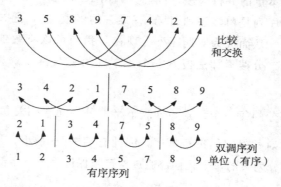

图 4-14　将双调序列分割为子序列的递归调用

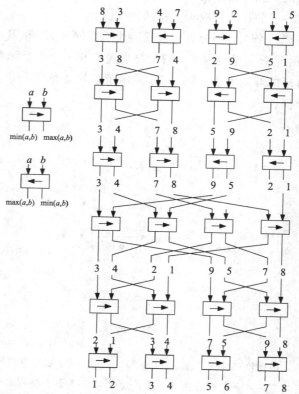

图 4-15　对于双调排序的比较网络：网络是静止的而且不依赖于输入数据。无论是排列
　　　　　一个有序序列还是一个反序序列，可以得到相同的运行时间

4.11　注释和参考

文献[3]中介绍了著名的并行排序算法。针对超立方体的复杂度为 $O(\log n (\log \log n)^2)$ 的排序方法在文献[4]中得到深入研究。即使在 real－RAM 模型上的排序有一个著名的下界 $\Omega(n \log n)$，我们观察到在实践中几乎已经很容易地去排列部分有序的序列：因此，我们宁愿寻找自适应算法[2]进行排序，把其他输入参数考虑在其中，以便在实际情况中更有竞争力，并且在最差的情况下产生 $O(n \log n)$ 的非自适应复杂度（unadaptive complexity）。

排序中的基本原语是给定一对元素产生有序对作为输出的比较操作：

$$(a,\ b) \xrightarrow{\text{比较}<} (\min(a,\ b),\ \max(a,\ b))$$

可以通过将 A 和 B 作为元素群组来选择并行性的粒度，而不再是单个元素。那么操作 $A < B$ 意味着对 $A \cup B$ 进行排序，并返回元素对 $(A',\ B')$，其中 A' 为有序元素的前半部分，而 B' 为有序元素的后半部分。因此，我们可以为并行算法构建排序网络，通过调整基本排序比较-交换原语的群组大小来控制并行粒度。

4.12　总结

存在大量的串行算法可以对 n 个数进行排序，并达到 $\Theta(n \log n)$ 的最优时间复杂度。通过考虑本地排序的粒度，我们可以在分布式内存的并行架构上进行排序。快速排序算法随机选择其主元，并且可以直接并行化，但是进程会产生不平衡的工作负载（即不具有很好的平衡属性）。为了克服这个不足，超快速排序算法在选择主元之前对本地数据进行排序。正则采样并行排序（PSRS）算法甚至更好，在两个阶段同时选择多个主元以便在所有进程中获得公平的工作负载。排序也可以使用比较网络在硬件中执行，我们可以在评估比较操作时通过采用一组数据而不是单个数据元素在并行计算机上进行模拟。这允许我们调整并行粒度。

4.13　练习

练习 1（组内 ShearSort）　通过考虑每个节点上包含 $\dfrac{n}{p}$ 个元素组，在网格上推广 ShearSort 算法。这个算法的复杂度是多少，加速比是多少？提供算法的 MPI 实现。

练习 2（用 MPI 对超快速排序编程）　用伪代码写出超快速排序的算法。当我们假设 n 个元素中只有 k 个不同的元素时会发生什么，其中 $k \ll n$？

参考文献

1. Han, Y.: Deterministic sorting in $O(n \log \log n)$ time and linear space. J. Algorithms **50**(1), 96–105 (2004)
2. Barbay, J., Navarro, G.: On compressing permutations and adaptive sorting. Theor. Comput. Sci. **513**, 109–123 (2013)
3. Casanova, H., Legrand, A., Robert, Y.: Parallel Algorithms. Chapman & Hall/CRC Numerical Analysis and Scientific Computing. CRC Press, Boca Raton (2009)
4. Cypher, R., Greg Plaxton, C.: Deterministic sorting in nearly logarithmic time on the hypercube and related computers. J. Comput. Syst. Sci. **47**(3), 501–548 (1993)

并行线性代数

5.1 分布式线性代数

5.1.1 数据科学中的线性代数

在算法领域，有多种多样的算法是与线性代数相关的。在计算机科学中，我们普遍使用数值线性代数算法来进行计算，但我们并不需要实现这些算法，因为通常都会有专门的软件库来实现这些算法，这些软件库能够隐藏算法实现和优化的烦琐细节（主要是矩阵算术运算和矩阵分解操作）。这些矩阵软件库包含了常见的乘积运算、各种矩阵分解方法（如奇异值分解等）以及矩阵分解库，如 LU 分解或 Cholesky$L^{\mathrm{T}}L$ 因式分解等。我们在大多数科学领域都可以找到这些核心线性代数技术。数据科学（DS）领域也不例外，并且在很大程度上依赖于如下三大类线性代数原语的有效实现：

- 聚类。我们在数据集中寻找同构的数据——在数据探索中，这是一个类别发现的过程，也称为无监督分类。
- 分类。给定一个训练集，且其中的数据都已标注好所属的类别。我们尝试使用分类器来对未标注的数据进行标注。即，我们需要预测一个离散类变量的值。
- 回归。给定一个数据集和定义在该数据集上的一个函数，我们想要得到一个可以解释该数据集的最佳函数模型，从而可以利用该函数模型通过插值或预测的方法计算新的数据。一般来说，回归是一种可以研究变量与另一个变量之间关系的机制。

图 5-1 展示了这三个基本问题。

现在我们简要地回顾一些数学知识，巩固一下线性回归建模的概念：我们需要预测函数 $f(x) = \hat{\beta}_0 + \sum_{i=1}^{d} \hat{\beta}_i x_i$ 在 x 处对应的值 $\hat{y} = f(x)$，这是一个线性（仿射）函数（几何上表示为超平面）。首先，我们通过增加一个额外坐标 $x_0 = 1$ 来提升数据的维度，然后

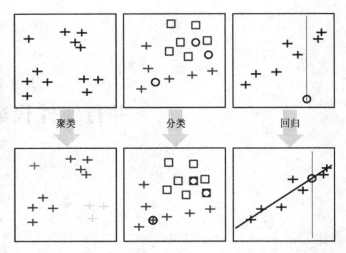

图 5-1　数据科学中学习的三大支柱：聚类（平面或层次）、分类和回归

将求解函数系数的过程统一为一个点积（dot product），即 $x \leftarrow (x, 1)$，且 $f(x) = \sum_{i=0}^{d} \hat{\beta}_i x_i = x_i^\top \beta$（需要计算 $d+1$ 个系数）。给定一个由观测点构成的集合 $\{(x_1, y_1), \cdots, (x_n, y_n)\} \in \mathbb{R}^d$，我们需要通过最小化残差平方和（Residual Sum of Squares，RSS）的方法来拟合一个最佳函数模型

$$\hat{\beta} = \min_{\beta} \sum_{i=1}^{n} (y_i - x_i^\top \beta)^2$$

一般情况下，普通线性回归通过三个参数（一个 $n \times (d+1)$ 的数据矩阵 X、一个 n 维的列向量 y 和超平面参数向量 β）来估计 $d+1$ 维（见图 5-2）。我们给出残差平方和公式：

$$\mathrm{RSS}(\beta) = \sum_{i=1}^{n} (y_i - x_i^\top \beta)^2 = (y - X\beta)^\top (y - X\beta)$$

通过计算梯度 $\nabla_\beta \mathrm{RSS}(\beta)$（偏导数向量），我们得到一个正规方程（normal equation）：

$$\boxed{X^\top (y - X\beta) = 0}$$

当 $X^\top X$ 非奇异时，我们可以通过计算 Penrose-Moore 伪逆矩阵来获得 β 的最小二乘法估计 $\hat{\beta}$：

$$\boxed{\hat{\beta} = (X^\top X)^{-1} X^\top y = X^\dagger y}$$

其中 $X^\dagger = (X^\top X)^{-1} X^\top$。

我们用开源软件 SciLab[⊖]进行数值计算，可以很容易地展示对噪声观测集进行线性回归拟合的过程：

⊖　可以在 http://www.scilab.org/ 上免费获取。

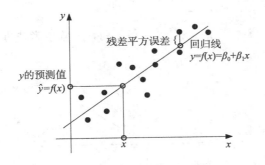

图 5-2　使用线性回归拟合出一个线性模型，即通过最小化残差平方和的方法，为数据
集构造一个仿射方程（仿射方程表示一个超平面，在 2D 中，表示一条线）

图 5-3 显示了该 SciLab 代码片段生成的输出。

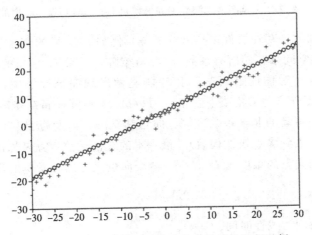

图 5-3　由噪音观测集计算出的普通线性回归示例

那么如何测量观测数据到模型的误差呢？在普通的最小二乘法拟合中，我们考虑
了垂直投影误差，可以看到最小化会生成一个闭合公式（closed-form formula），该公
式包含了矩阵运算$(X^\top X)^{-1}X^\top$和一个矩阵-向量乘积 $X^\dagger y$。另一个测量误差的方法是
计算观测数据与预测值之间的正交投影距离的平方：这种方法称为全回归（total re-
gression）或全局最小二乘法（total least squares method）。图 5-4 说明了线性回归拟
合中垂直投影与正交投影之间的差异。全局最小二乘法的计算相对来说更为复杂，因
为还没有一个能够直接求解的简单闭合解。

回归同样也可以用于分类，但这部分内容超出了本书的范围。

5.1.2　经典线性代数

传统的线性代数考虑的是列向量（不是行向量，行向量是转置后的向量）：

$$v = \begin{bmatrix} v_1 \\ \vdots \\ v_l \end{bmatrix} \text{和矩阵} M = \begin{bmatrix} m_{1,1} & \cdots & m_{1,c} \\ \vdots & \ddots & \vdots \\ m_{l,1} & \cdots & m_{l,c} \end{bmatrix}, \; l \text{行} c \text{列，方阵或者非方阵。}$$

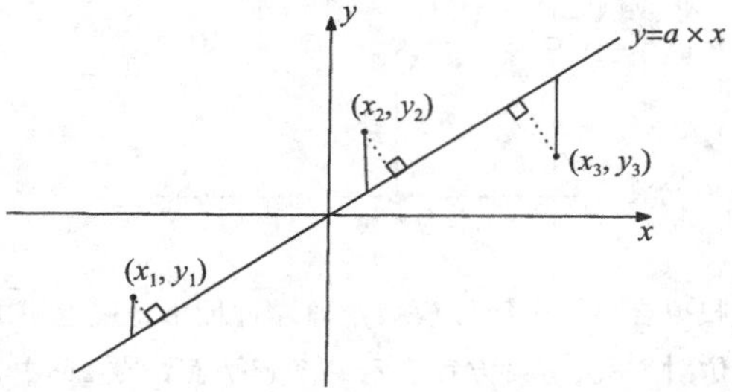

图 5-4　展示了普通回归和全回归之间的差异：全回归（全局最小二乘法）的目标是
将观测数据到模型超平面的正交投影距离的平方最小化，而普通回归（普通
最小二乘法）是试图将观测数据到模型超平面的垂直投影距离的平方最小化

在线性代数领域，存在着许多类型的矩阵，例如 $l \times c$ 维的稠密矩阵（这种矩阵需要 $O(lc)$ 的内存空间来存储所有系数）、对角矩阵（需要 $O(l)$ 的内存空间）、三对角矩阵、对称矩阵、对称正定矩阵⊖（该矩阵经常出现在统计学中，作为协方差或精度⊜矩阵）、三角矩阵（上三角或下三角）、Toeplitz⊕矩阵、稀疏矩阵（需要 $o(lc)$ 的内存空间来存储一些新的非零系数）等。向量和矩阵（以及标量）都是张量的特殊情况（将线性代数扩展到多重线性代数）。最基本的线性代数运算是加法和乘法。现在我们考虑令方阵和列向量的维度为 $l = c = d$。两个向量之间的标量积的定义如下：

$$\langle u, v \rangle = \sum_{i=1}^{d} u^{(i)} v^{(i)} = u^{\top} \times v$$

标量积的时间复杂度为线性时间 $O(d)$。

矩阵-向量的积 $y = Ax$ 需要平方时间 $O(d^2)$。

矩阵-矩阵的积（或简称矩阵乘积）$M = M_1 \times M_2$ 需要三次方时间 $O(d^3)$。

到目前为止，人们还没有找到矩阵乘积的最优复杂度！这一直是理论计算机科学领域最古老且最难解决的问题之一。例如，早期算法之一的 Strassen 算法击败了三次方复杂度的简单算法，将复杂度缩减到了 $O(d^{\log_2 7}) = O(n^{2.807\,354\,922\,1})$ 次乘法计算。该算法依赖于矩阵块分解和乘法次数最小化（加法操作能够快速执行，因此，相对于最小化加法次数，最小化乘法次数更有实际意义）。迄今为止最好的矩阵乘积算法是 Coppersmith and Winograd[1] 算法。其复杂度为 $O(n^{2.372\,863\,9})$[2]。

许多矩阵分解算法，包括 LU（Lower Upper）分解，都已经在最著名的线性代数

⊖　一个矩阵是正定当且仅当 $\forall x \neq 0$，$x^{\top} Mx > 0$。正定矩阵的特征值都为正。

⊜　用术语解释，精度矩阵是协方差矩阵的逆矩阵。

⊕　如果在一个矩阵中，每条对角线中的元素是相同的，则称该矩阵为 Toeplitz 矩阵。

库中实现了：BLAS⊖代表了基本线性代数子程序（Basic Linear Algebra Subroutines）。根据程序的复杂性，BLAS 将原语组织成了几个层次。在 C++ 中，我们可以用 boost ublas⊖库来高效地处理矩阵。

接下来，我们要介绍几个在环形拓扑或环面拓扑上实现的乘法原语经典算法。

5.1.3　矩阵-向量乘法：$y = Ax$

矩阵-向量乘法的计算形式是 $y = A \times x$，其中 A 是 $d \times d$ 维的矩阵，x 是 d 维列向量。列向量 y 可以按如下方式计算：

$$y_i = \sum_{k=1}^{d} a_{i,k} x_k$$

每个 y_i 独立于其他 y_i，且仅依赖于向量 x 和矩阵 A 中的一行。因此，所有 y_i 可以同时独立地计算。根据这一重要的观察，我们可为矩阵乘法设计多种并行方法，称之为独立标量乘法：

$$y_i = \langle a_i, x \rangle$$

其中 a_i 表示矩阵 A 中的第 i 行。

在分布式内存架构上，我们使用 P 个进程对矩阵-向量乘法并行化。首先为每个进程分配矩阵 A 的 $\frac{n}{P}$ 行，这样我们便对问题进行了划分（使用 MPI 广播原语），然后每个进程在本地计算 $\frac{n}{P}$ 个标量积（每个进程都包含向量 x 的数据），最后我们将这些结果合并（使用 MPI 归约操作）得到向量 y。在环形拓扑上，不久将会出现另外一种方法，该方法首先将 x 的数据分块，然后沿着有向环循环地处理每块数据。

向量-矩阵乘法非常适用于图形处理器单元（GPU）架构（使用通用 GPU 编程，或简称 GPGPU）。GPU 可用于高性能计算，但必须注意是否支持 IEEE 754 浮点运算，以确保数值计算在各种机器上的一致性。我们希望 GPU 代码运行得更快，并且其数值结果与较慢的 CPU 实现的数值结果相同。

在开始介绍几种基于拓扑的矩阵乘法之前，我们首先介绍在处理器的本地内存中几种重要的矩阵数据划分方法。

5.1.4　并行数据模式

HPC 的一个主要优势是可以将大量的数据通过划分分配到每个机器的本地内存中。那么我们感兴趣的是一些特定类型的算法，这些算法让每个节点对本地数据进行计算，并且使得处理器之间的数据通信开销最小。我们可以将数据分块和传输划分为几个不同的模式。

例如，我们有列块模式（block-column pattern）或循环列块模式（cyclic block-col-

⊖　http://www.netlib.org/blas/。

⊖　http://www.boost.org/doc/libs/1_57_0/libs/numeric/ublas/doc/。

umn pattern），并用 b 表示块的宽度，通常为 $\frac{n}{P}$。图 5-5 展示这种数据模式，该模式通常用于环形拓扑的线性代数计算中。类似地，当考虑矩阵转置时，我们有行块模式（row-block pattern)和循环行块模式（cyclic row-block pattern)，与之前的列块模式和循环列块模式相对应。

在二维网格或环面拓扑中，我们更喜欢棋盘模式（checkerboard pattern)：我们有二维块模式（2D block pattern)或循环二维块模式（cyclic 2D clock pattern)，如图 5-5 所示。

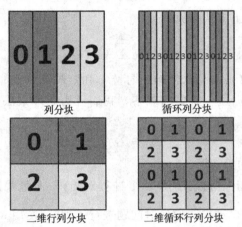

列分块　　　　　　循环列分块

二维行列分块　　　二维循环行列分块

图 5-5　几种数据分块方式，用于将数据分配到处理器的本地内存中。可以根据底层
拓扑结构来选择不同的分块方式：一维列分块适用于环形拓扑，二维棋盘分
块适用于二维网格或环面拓扑

对于使用一维列块模式的稠密矩阵，我们重新考虑它的矩阵-向量乘法。BLAS 中的一个基本操作是矩阵-向量积的累加和：

$$y \leftarrow y + Ax$$

令 $A(i)$ 表示大小为 $\frac{n}{p} \times n$ 的行块矩阵，初始时存储在处理器 P_i 中。为了执行乘法操作 $y = Ax$，我们首先广播 x(一种 MPI 散播操作)，使得每个处理器接收到自己的子向量 $x(i)$，然后每个处理器执行本地计算：$y(i) = A(i) \times x(i)$。最后，通过利用汇集通信调用将 y 的所有子向量聚集成一个完整的向量 y。

矩阵乘积并行算法的选择依赖于多个因素，包括所选择的模式、底层互联网络的拓扑结构和汇集通信的类型。

我们首先考虑环形拓扑上的向量-矩阵乘积，然后介绍几个经典的环面拓扑上的矩阵-矩阵乘积。

5.2　有向环拓扑上的矩阵-向量乘积

令 A 表示一个维度为 (n, n) 的矩阵，x 表示一个有 n 个系数（索引从 0 到 $n-1$)的列向量：

$$x = \begin{bmatrix} x_0 \\ \vdots \\ x_{n-1} \end{bmatrix}$$

我们想用 P 个处理器在环形拓扑上计算矩阵-向量乘积 $y = A \times x$，其中 $\frac{n}{P} = r \in \mathbb{N}$。如前所述，矩阵-向量相乘可以转换为 n 个标量积。因此，我们可以使用两层嵌套循环在平方时间内完成矩阵-向量相乘：

```
for (i=0; i<n; i++) {
  for (j=0; j<n; j++) {
    y[i] = y[i]+a[i][j]*x[j];
    // we can also write as
    // y[i] += a[i][j]*x[j]
  }
}
```

在获得了一个复杂度为 $O(n^2)$ 的算法之后。我们可以用单指令多数据（SIMD）范式对该算法进行并行化：

$$y = a[i,]^\top x$$

在现代处理器上（例如，通过使用 Intel SSE®指令集）我们可以很容易地对该操作进行优化。我们可以将 Ax 的计算分解成 n 个标量积，然后广播到 P 个进程上进行计算：每个进程 P_i 在内存中保存了矩阵 A 的 $r = n/P$ 行。处理器 P_i 包含了矩阵的第 ir 行到 $(i+1)r - 1$ 行，以及向量 x 和 y 中相应的部分。因此，所有输入数据和结果均匀地分布在了环节点的本地存储器中。我们使用矩阵 A 的行块模式来进行数据分块。现在我们用一个 $P = 2$ 个节点的简单环来说明计算过程：我们选择 $r = 1$，然后对 $n = rP = 2$ 维矩阵/向量进行局部计算。矩阵向量积 $y = Ax$ 按如下方式计算：

$$\begin{bmatrix} y_1 \\ y_2 \end{bmatrix} = \begin{bmatrix} a_{1,1} & a_{1,2} \\ a_{2,1} & a_{2,2} \end{bmatrix} \times \begin{bmatrix} x_1 \\ x_2 \end{bmatrix}$$

$$\begin{bmatrix} y_1 \\ y_2 \end{bmatrix} = \begin{bmatrix} a_{1,1}x_1 + a_{1,2}x_2 \\ a_{2,1}x_1 + a_{2,2}x_2 \end{bmatrix}$$

在这种情况下，我们需要考虑如何让数据在环上反向传递（即按顺时针方向，CW）以便能按如下步骤进行本地计算。

- 第一步，x_i 在 P_i 上，我们计算：

$$\begin{bmatrix} y_1 \\ y_2 \end{bmatrix} = \begin{bmatrix} \boxed{a_{1,1}\ x_1} + a_{1,2}\ x_2 \\ a_{2,1}\ x_1 + \boxed{a_{2,2}\ x_2} \end{bmatrix}$$

- 第二步，x_i 在 $P_{(i+1)\bmod P}$ 上，我们计算：

$$\begin{bmatrix} y_1 \\ y_2 \end{bmatrix} = \begin{bmatrix} a_{1,1}\ x_1 + \boxed{a_{1,2}\ x_2} \\ \boxed{a_{2,1}\ x_1} + a_{2,2}\ x_2 \end{bmatrix}$$

一般情况下，我们让 x 的子向量$\left(\text{大小为}\dfrac{n}{P}=r\right)$在环上传递，然后在本地计算乘积，并将计算结果累加到向量 y 上。乘积采用如下方式进行块分解（块大小为 $\dfrac{n}{P}=r$）：

$$\begin{bmatrix} y_1 \\ \vdots \\ y_P \end{bmatrix} = \begin{bmatrix} A_1 \\ \vdots \\ A_P \end{bmatrix} \times \begin{bmatrix} x_1 \\ \vdots \\ x_P \end{bmatrix}$$

我们用 X 表示块向量：$X = \begin{bmatrix} x_1 \\ \vdots \\ x_P \end{bmatrix}$。

在第 0 步，我们首先初始化 $y \leftarrow 0$，然后重复 P 次子矩阵（大小为 $r \times r$）与 x 的子向量相乘，并将结果累加到 y 的对应子向量上。图 5-6 展示了这一过程。为了阐明该算法，我们选择 $n=8$，$P=4$，$r=\dfrac{n}{P}=2$。

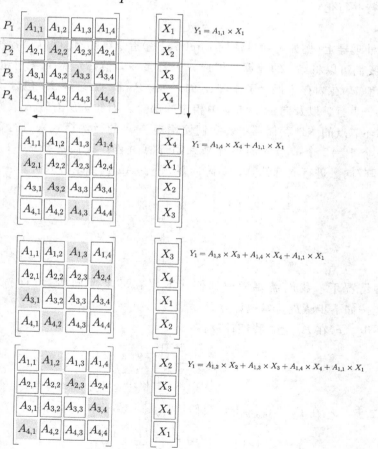

图 5-6　在有向环拓扑上通过块划分计算矩阵-向量积 $Y = A \times X$ 的过程

首先将 y 初始化为零向量，并将矩阵 A 和向量 x 中的数据按如下方式分配到各进程中：

$$
\begin{array}{c}
P_0 \\[1.2em] \hline
P_1 \\[1.2em] \hline
P_2 \\[1.2em] \hline
P_3
\end{array}
\left[
\begin{array}{cccccccc}
a_{0,0} & a_{0,1} & a_{0,2} & a_{0,3} & a_{0,4} & a_{0,5} & a_{0,6} & a_{0,7} \\
a_{1,0} & a_{1,1} & a_{1,2} & a_{1,3} & a_{1,4} & a_{1,5} & a_{1,6} & a_{1,7} \\
a_{2,0} & a_{2,1} & a_{2,2} & a_{2,3} & a_{2,4} & a_{2,5} & a_{2,6} & a_{2,7} \\
a_{3,0} & a_{3,1} & a_{3,2} & a_{3,3} & a_{3,4} & a_{3,5} & a_{3,6} & a_{3,7} \\
a_{4,0} & a_{4,1} & a_{4,2} & a_{4,3} & a_{4,4} & a_{4,5} & a_{4,6} & a_{4,7} \\
a_{5,0} & a_{5,1} & a_{5,2} & a_{5,3} & a_{5,4} & a_{5,5} & a_{5,6} & a_{5,7} \\
a_{6,0} & a_{6,1} & a_{6,2} & a_{6,3} & a_{6,4} & a_{6,5} & a_{6,6} & a_{6,7} \\
a_{7,0} & a_{7,1} & a_{7,2} & a_{7,3} & a_{7,4} & a_{7,5} & a_{7,6} & a_{7,7}
\end{array}
\right]
\left[
\begin{array}{c}
x_0 \\ x_1 \\ x_2 \\ x_3 \\ x_4 \\ x_5 \\ x_6 \\ x_7
\end{array}
\right]
$$

在每个阶段开始时，我们让 x 的子向量在环上轮转，然后每个进程计算它的本地块矩阵–向量乘积，然后将结果加到对应的 y 的子向量上。

- 步骤 1，计算本地矩阵×块向量：

$$
\begin{array}{c}
P_0 \\ P_1 \\ P_2 \\ P_3
\end{array}
\left[
\begin{array}{cccccccc}
\mathbf{a}_{0,0} & \mathbf{a}_{0,1} & a_{0,2} & a_{0,3} & a_{0,4} & a_{0,5} & a_{0,6} & a_{0,7} \\
\mathbf{a}_{1,0} & \mathbf{a}_{1,1} & a_{1,2} & a_{1,3} & a_{1,4} & a_{1,5} & a_{1,6} & a_{1,7} \\
a_{2,0} & a_{2,1} & \mathbf{a}_{2,2} & \mathbf{a}_{2,3} & a_{2,4} & a_{2,5} & a_{2,6} & a_{2,7} \\
a_{3,0} & a_{3,1} & \mathbf{a}_{3,2} & \mathbf{a}_{3,3} & a_{3,4} & a_{3,5} & a_{3,6} & a_{3,7} \\
a_{4,0} & a_{4,1} & a_{4,2} & a_{4,3} & \mathbf{a}_{4,4} & \mathbf{a}_{4,5} & a_{4,6} & a_{4,7} \\
a_{5,0} & a_{5,1} & a_{5,2} & a_{5,3} & \mathbf{a}_{5,4} & \mathbf{a}_{5,5} & a_{5,6} & a_{5,7} \\
a_{6,0} & a_{6,1} & a_{6,2} & a_{6,3} & a_{6,4} & a_{6,5} & \mathbf{a}_{6,6} & \mathbf{a}_{6,7} \\
a_{7,0} & a_{7,1} & a_{7,2} & a_{7,3} & a_{7,4} & a_{7,5} & \mathbf{a}_{7,6} & \mathbf{a}_{7,7}
\end{array}
\right]
\left[
\begin{array}{c}
x_0 \\ x_1 \\ x_2 \\ x_3 \\ x_4 \\ x_5 \\ x_6 \\ x_7
\end{array}
\right]
$$

- 步骤 1'，我们让 x 的子向量按方向 $\downarrow$ 轮转：

$$
\begin{array}{c}
P_0 \\ P_1 \\ P_2 \\ P_3
\end{array}
\left[
\begin{array}{cccccccc}
a_{0,0} & a_{0,1} & a_{0,2} & a_{0,3} & a_{0,4} & a_{0,5} & a_{0,6} & a_{0,7} \\
a_{1,0} & a_{1,1} & a_{1,2} & a_{1,3} & a_{1,4} & a_{1,5} & a_{1,6} & a_{1,7} \\
a_{2,0} & a_{2,1} & a_{2,2} & a_{2,3} & a_{2,4} & a_{2,5} & a_{2,6} & a_{2,7} \\
a_{3,0} & a_{3,1} & a_{3,2} & a_{3,3} & a_{3,4} & a_{3,5} & a_{3,6} & a_{3,7} \\
a_{4,0} & a_{4,1} & a_{4,2} & a_{4,3} & a_{4,4} & a_{4,5} & a_{4,6} & a_{4,7} \\
a_{5,0} & a_{5,1} & a_{5,2} & a_{5,3} & a_{5,4} & a_{5,5} & a_{5,6} & a_{5,7} \\
a_{6,0} & a_{6,1} & a_{6,2} & a_{6,3} & a_{6,4} & a_{6,5} & a_{6,6} & a_{6,7} \\
a_{7,0} & a_{7,1} & a_{7,2} & a_{7,3} & a_{7,4} & a_{7,5} & a_{7,6} & a_{7,7}
\end{array}
\right]
\left[
\begin{array}{c}
x_6 \\ x_7 \\ x_0 \\ x_1 \\ x_2 \\ x_3 \\ x_4 \\ x_5
\end{array}
\right]
$$

- 步骤 2，计算本地乘积：

$$P_0 \begin{bmatrix} a_{0,0} & a_{0,1} & a_{0,2} & a_{0,3} & a_{0,4} & a_{0,5} & \mathbf{a}_{0,6} & \mathbf{a}_{0,7} \\ a_{1,0} & a_{1,1} & a_{1,2} & a_{1,3} & a_{1,4} & a_{1,5} & \mathbf{a}_{1,6} & \mathbf{a}_{1,7} \end{bmatrix} \begin{bmatrix} x_6 \\ x_7 \end{bmatrix}$$

$$P_1 \begin{bmatrix} \mathbf{a}_{2,0} & \mathbf{a}_{2,1} & a_{2,2} & a_{2,3} & a_{2,4} & a_{2,5} & a_{2,6} & a_{2,7} \\ \mathbf{a}_{3,0} & \mathbf{a}_{3,1} & a_{3,2} & a_{3,3} & a_{3,4} & a_{3,5} & a_{3,6} & a_{3,7} \end{bmatrix} \begin{bmatrix} x_0 \\ x_1 \end{bmatrix}$$

$$P_2 \begin{bmatrix} a_{4,0} & a_{4,1} & \mathbf{a}_{4,2} & \mathbf{a}_{4,3} & a_{4,4} & a_{4,5} & a_{4,6} & a_{4,7} \\ a_{5,0} & a_{5,1} & \mathbf{a}_{5,2} & \mathbf{a}_{5,3} & a_{5,4} & a_{5,5} & a_{5,6} & a_{5,7} \end{bmatrix} \begin{bmatrix} x_2 \\ x_3 \end{bmatrix}$$

$$P_3 \begin{bmatrix} a_{6,0} & a_{6,1} & a_{6,2} & a_{6,3} & \mathbf{a}_{6,4} & \mathbf{a}_{6,5} & a_{6,6} & a_{6,7} \\ a_{7,0} & a_{7,1} & a_{7,2} & a_{7,3} & \mathbf{a}_{7,4} & \mathbf{a}_{7,5} & a_{7,6} & a_{7,7} \end{bmatrix} \begin{bmatrix} x_4 \\ x_5 \end{bmatrix}$$

- 步骤 2'，我们让 x 的子向量在环上按顺时针方向轮转：

$$P_0 \begin{bmatrix} a_{0,0} & a_{0,1} & a_{0,2} & a_{0,3} & a_{0,4} & a_{0,5} & a_{0,6} & a_{0,7} \\ a_{1,0} & a_{1,1} & a_{1,2} & a_{1,3} & a_{1,4} & a_{1,5} & a_{1,6} & a_{1,7} \end{bmatrix} \begin{bmatrix} x_4 \\ x_5 \end{bmatrix}$$

$$P_1 \begin{bmatrix} a_{2,0} & a_{2,1} & a_{2,2} & a_{2,3} & a_{2,4} & a_{2,5} & a_{2,6} & a_{2,7} \\ a_{3,0} & a_{3,1} & a_{3,2} & a_{3,3} & a_{3,4} & a_{3,5} & a_{3,6} & a_{3,7} \end{bmatrix} \begin{bmatrix} x_6 \\ x_7 \end{bmatrix}$$

$$P_2 \begin{bmatrix} a_{4,0} & a_{4,1} & a_{4,2} & a_{4,3} & a_{4,4} & a_{4,5} & a_{4,6} & a_{4,7} \\ a_{5,0} & a_{5,1} & a_{5,2} & a_{5,3} & a_{5,4} & a_{5,5} & a_{5,6} & a_{5,7} \end{bmatrix} \begin{bmatrix} x_0 \\ x_1 \end{bmatrix}$$

$$P_3 \begin{bmatrix} a_{6,0} & a_{6,1} & a_{6,2} & a_{6,3} & a_{6,4} & a_{6,5} & a_{6,6} & a_{6,7} \\ a_{7,0} & a_{7,1} & a_{7,2} & a_{7,3} & a_{7,4} & a_{7,5} & a_{7,6} & a_{7,7} \end{bmatrix} \begin{bmatrix} x_2 \\ x_3 \end{bmatrix}$$

- 步骤 3，计算本地矩阵×向量乘积：

$$P_0 \begin{bmatrix} a_{0,0} & a_{0,1} & a_{0,2} & a_{0,3} & \mathbf{a}_{0,4} & \mathbf{a}_{0,5} & a_{0,6} & a_{0,7} \\ a_{1,0} & a_{1,1} & a_{1,2} & a_{1,3} & \mathbf{a}_{1,4} & \mathbf{a}_{1,5} & a_{1,6} & a_{1,7} \end{bmatrix} \begin{bmatrix} x_4 \\ x_5 \end{bmatrix}$$

$$P_1 \begin{bmatrix} a_{2,0} & a_{2,1} & a_{2,2} & a_{2,3} & a_{2,4} & a_{2,5} & \mathbf{a}_{2,6} & \mathbf{a}_{2,7} \\ a_{3,0} & a_{3,1} & a_{3,2} & a_{3,3} & a_{3,4} & a_{3,5} & \mathbf{a}_{3,6} & \mathbf{a}_{3,7} \end{bmatrix} \begin{bmatrix} x_6 \\ x_7 \end{bmatrix}$$

$$P_2 \begin{bmatrix} \mathbf{a}_{4,0} & \mathbf{a}_{4,1} & a_{4,2} & a_{4,3} & a_{4,4} & a_{4,5} & a_{4,6} & a_{4,7} \\ \mathbf{a}_{5,0} & \mathbf{a}_{5,1} & a_{5,2} & a_{5,3} & a_{5,4} & a_{5,5} & a_{5,6} & a_{5,7} \end{bmatrix} \begin{bmatrix} x_0 \\ x_1 \end{bmatrix}$$

$$P_3 \begin{bmatrix} a_{6,0} & a_{6,1} & \mathbf{a}_{6,2} & \mathbf{a}_{6,3} & a_{6,4} & a_{6,5} & a_{6,6} & a_{6,7} \\ a_{7,0} & a_{7,1} & \mathbf{a}_{7,2} & \mathbf{a}_{7,3} & a_{7,4} & a_{7,5} & a_{7,6} & a_{7,7} \end{bmatrix} \begin{bmatrix} x_2 \\ x_3 \end{bmatrix}$$

- 步骤 3',我们让 x 的子向量在环上继续轮转:

$$P_0 \begin{bmatrix} a_{0,0} & a_{0,1} & a_{0,2} & a_{0,3} & a_{0,4} & a_{0,5} & a_{0,6} & a_{0,7} \\ a_{1,0} & a_{1,1} & a_{1,2} & a_{1,3} & a_{1,4} & a_{1,5} & a_{1,6} & a_{1,7} \end{bmatrix} \begin{bmatrix} x_2 \\ x_3 \end{bmatrix}$$

$$P_1 \begin{bmatrix} a_{2,0} & a_{2,1} & a_{2,2} & a_{2,3} & a_{2,4} & a_{2,5} & a_{2,6} & a_{2,7} \\ a_{3,0} & a_{3,1} & a_{3,2} & a_{3,3} & a_{3,4} & a_{3,5} & a_{3,6} & a_{3,7} \end{bmatrix} \begin{bmatrix} x_4 \\ x_5 \end{bmatrix}$$

$$P_2 \begin{bmatrix} a_{4,0} & a_{4,1} & a_{4,2} & a_{4,3} & a_{4,4} & a_{4,5} & a_{4,6} & a_{4,7} \\ a_{5,0} & a_{5,1} & a_{5,2} & a_{5,3} & a_{5,4} & a_{5,5} & a_{5,6} & a_{5,7} \end{bmatrix} \begin{bmatrix} x_6 \\ x_7 \end{bmatrix}$$

$$P_3 \begin{bmatrix} a_{6,0} & a_{6,1} & a_{6,2} & a_{6,3} & a_{6,4} & a_{6,5} & a_{6,6} & a_{6,7} \\ a_{7,0} & a_{7,1} & a_{7,2} & a_{7,3} & a_{7,4} & a_{7,5} & a_{7,6} & a_{7,7} \end{bmatrix} \begin{bmatrix} x_0 \\ x_1 \end{bmatrix}$$

- 步骤 4,计算本地矩阵×向量乘积:

$$P_0 \begin{bmatrix} a_{0,0} & a_{0,1} & \mathbf{\underline{a}}_{0,2} & \mathbf{\underline{a}}_{0,3} & a_{0,4} & a_{0,5} & a_{0,6} & a_{0,7} \\ a_{1,0} & a_{1,1} & \mathbf{\underline{a}}_{1,2} & \mathbf{\underline{a}}_{1,3} & a_{1,4} & a_{1,5} & a_{1,6} & a_{1,7} \end{bmatrix} \begin{bmatrix} x_2 \\ x_3 \end{bmatrix}$$

$$P_1 \begin{bmatrix} a_{2,0} & a_{2,1} & a_{2,2} & a_{2,3} & \mathbf{\underline{a}}_{2,4} & \mathbf{\underline{a}}_{2,5} & a_{2,6} & a_{2,7} \\ a_{3,0} & a_{3,1} & a_{3,2} & a_{3,3} & \mathbf{\underline{a}}_{3,4} & \mathbf{\underline{a}}_{3,5} & a_{3,6} & a_{3,7} \end{bmatrix} \begin{bmatrix} x_4 \\ x_5 \end{bmatrix}$$

$$P_2 \begin{bmatrix} a_{4,0} & a_{4,1} & a_{4,2} & a_{4,3} & a_{4,4} & a_{4,5} & \mathbf{\underline{a}}_{4,6} & \mathbf{\underline{a}}_{4,7} \\ a_{5,0} & a_{5,1} & a_{5,2} & a_{5,3} & a_{5,4} & a_{5,5} & \mathbf{\underline{a}}_{5,6} & \mathbf{\underline{a}}_{5,7} \end{bmatrix} \begin{bmatrix} x_6 \\ x_7 \end{bmatrix}$$

$$P_3 \begin{bmatrix} \mathbf{\underline{a}}_{6,0} & \mathbf{\underline{a}}_{6,1} & a_{6,2} & a_{6,3} & a_{6,4} & a_{6,5} & a_{6,6} & a_{6,7} \\ \mathbf{\underline{a}}_{7,0} & \mathbf{\underline{a}}_{7,1} & a_{7,2} & a_{7,3} & a_{7,4} & a_{7,5} & a_{7,6} & a_{7,7} \end{bmatrix} \begin{bmatrix} x_0 \\ x_1 \end{bmatrix}$$

因此矩阵-向量相乘算法可以用如下的伪代码表示:

```
matrixVector(A, x, y) {
  q = Comm_rank();
  p = Comm_size();

  for (step=0; step<p; step++) {
    send(x, r);
    // local computations
    for (i=0; i<r; i++) {
      for (j=0; j<r; j++) {
        y[i] = y[i]+a[i, (q-step mod p)r+j]*x[
          j];
      }
    }
    receive(temp, r);
    x = temp;
  }
}
```

现在我们分析该算法的复杂性。令 u 表示基本计算，τ 表示环形网络中通信链路的传输速率。我们将这些步骤重复 P 次，每一步需要的时间最多为：

(1)本地计算矩阵-向量积需要 r^2u 时间。

(2)使用 $\alpha+\tau r$ 模型计算发送/接收 x 子向量的时间为：$\max(r^2u, \alpha+\tau r)$。

对于大型矩阵(n 非常大)，我们有 $r^2u \gg \alpha+\tau r$，由此可得全局复杂度为 $\dfrac{n^2}{P}u$。并行化的效率趋向于 1 因为加速比趋向于 P。

总而言之，通过同时使用 P 个处理器，我们可以将矩阵 A 按行划分为 P 个分片：这证实了 HPC 不仅能够更快地处理数据，而且还能解决规模更大的问题。通过将输入数据均匀地分配到集群中各机器的本地内存中，集群可以处理大量数据。（在理想的情况下，将一个进程分配给一个处理器。）

5.3　网格上的矩阵乘法：外积算法

我们介绍一个简单的计算 $C=A\times B$ 的算法，该算法运行在一个由处理器组成的二维网格上。所有矩阵的维度是固定的，均为 $n\times n$。假设 $P=n\times n$，且标量元素 $a_{i,j}$、$b_{i,j}$ 以及矩阵中的元素 $c_{i,j}$ 已经存储在处理器 $P_{i,j}$ 的本地内存中。我们的目标是计算 $c_{i,j}=\sum_{k=1}^{n}a_{i,k}\times b_{k,j}$。但是计算之前，我们首先需要将其初始化为零：$c_{i,j}=0$。

在阶段 $k(k\in\{1,\cdots,P\})$，我们使用两种通信原语——水平广播和垂直广播通信原语，如下所示。

- 水平广播：$\forall i\in\{1,\cdots,P\}$，处理器 $P_{i,k}$ 将第 i 行的数据 $a_{i,k}$ 水平广播给所有处理器 $P_{i,*}$（所有处理器 $P_{i,j}$ 且 $j\in\{1,\cdots,n\}$）。
- 垂直广播：$\forall j\in\{1,\cdots,P\}$，处理器 $P_{k,j}$ 将第 k 行的数据 $b_{k,j}$ 垂直广播给所有处理器 $P_{*,j}$（所有处理器 $P_{i,j}$ 且 $i\in\{1,\cdots,n\}$）。
- 本地独立相乘：每个处理器 $P_{i,j}$ 更新其数据 $c_{i,j}$，如下所示 $c_{i,j}\leftarrow c_{i,j}+a_{i,k}\times b_{k,j}$。

当然，我们也可以用本地矩阵块相乘来取代标量相乘。该算法已经在软件库 Sca-LAPACK[⊖]中实现，其名称为：外积算法。

5.4　二维环面拓扑上的矩阵乘积

现在我们考虑二维环面拓扑结构和矩阵乘积 $M=M_1\times M_2$。令 $\sqrt{P}\in\mathbb{N}$ 表示环面的宽度，因此我们有 $\sqrt{P}\times\sqrt{P}=P$ 个处理器。每个处理器 P_i 可以与四个邻居进行通信

　　⊖　http://www.netlib.org/scalapack/。

（常规拓扑），如图 5-7 所示：我们将四个邻居分别称为北、南、东、西。

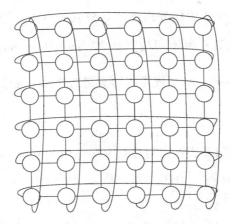

图 5-7　二维环面的拓扑结构是规则的：每个处理器可以与四个邻居进行通信，表
　　　　示为北、南、东、西

在操作矩阵时，我们经常需要用到两个非常有用的乘法——Hadamard 积和 Krönecker 积，定义如下。

- Hadamard 积（或标量-标量积）：

$$A \circ B = [A \circ B]_{i,j} = [a_{i,j} \times b_{i,j}]_{i,j}$$

$$\begin{bmatrix} a_{11} & a_{12} & a_{13} \\ a_{21} & a_{22} & a_{23} \\ a_{31} & a_{32} & a_{33} \end{bmatrix} \circ \begin{bmatrix} b_{11} & b_{12} & b_{13} \\ b_{21} & b_{22} & b_{23} \\ b_{31} & b_{32} & b_{33} \end{bmatrix} = \begin{bmatrix} a_{11}b_{11} & a_{12}b_{12} & a_{13}b_{13} \\ a_{21}b_{21} & a_{22}b_{22} & a_{23}b_{23} \\ a_{31}b_{31} & a_{32}b_{32} & a_{33}b_{33} \end{bmatrix}$$

- Krönecker 积（或标量块积）：

$$A \otimes B = \begin{bmatrix} a_{11}B & \cdots & a_{1n}B \\ \vdots & \ddots & \vdots \\ a_{m1}B & \cdots & a_{mn}B \end{bmatrix}$$

我们将看到三个用于计算环面上矩阵乘积的算法：

(1)Cannon 算法。

(2)Fox 算法。

(3)Snyder 算法。

数学上，矩阵乘积 $C = A \times B = [c_{i,j}]_{i,j}$ 的计算公式为

$$c_{i,j} = \sum_{k=1}^{n} a_{i,k} \times b_{k,j}, \ \forall 1 \leqslant i,j \leqslant n$$

我们可以使用标量积重写这个公式，如下所示：

$$c_{i,j} = \langle a_{i,\cdot}, b_{\cdot,j} \rangle$$

其中，$a_{i,\cdot}$ 是矩阵 A 的第 i 行，$b_{\cdot,j}$ 是矩阵 B 的第 j 列。

为了在处理器本地进行计算，我们需要在执行乘法之前将数据 $a_{i,k}$ 和 $b_{k,j}$ 存储在 $P_{i,j}$ 中。初始时，矩阵 A 和 B 中的数据已经划分成大小为 $\sqrt{\dfrac{n}{P}} \times \sqrt{\dfrac{n}{P}}$ 的块，并且已经分布到各个处理器中。在这三种不同的算法（Cannon/Fox/Snyder）中，处理器 $P_{i,j}$ 负责计算 $C_{i,j} = \displaystyle\sum_{k=1}^{\sqrt{P}} A_{i,k} \times B_{k,j}$。这三种算法的不同之处在于通信策略和通信原语。

5.4.1　Cannon 算法

为了说明这个矩阵乘积算法，我们首先考虑一个大小为 4×4 的二维环面：

$$
\begin{bmatrix} c_{0,0} & c_{0,1} & c_{0,2} & c_{0,3} \\ c_{1,0} & c_{1,1} & c_{1,2} & c_{1,3} \\ c_{2,0} & c_{2,1} & c_{2,2} & c_{2,3} \\ c_{3,0} & c_{3,1} & c_{3,2} & c_{3,3} \end{bmatrix}
\leftarrow
\begin{bmatrix} a_{0,0} & a_{0,1} & a_{0,2} & a_{0,3} \\ a_{1,0} & a_{1,1} & a_{1,2} & a_{1,3} \\ a_{2,0} & a_{2,1} & a_{2,2} & a_{2,3} \\ a_{3,0} & a_{3,1} & a_{3,2} & a_{3,3} \end{bmatrix}
\times
\begin{bmatrix} b_{0,0} & b_{0,1} & b_{0,2} & b_{0,3} \\ b_{1,0} & b_{1,1} & b_{1,2} & b_{1,3} \\ b_{2,0} & b_{2,1} & b_{2,2} & b_{2,3} \\ b_{3,0} & b_{3,1} & b_{3,2} & b_{3,3} \end{bmatrix}
$$

Cannon 算法需要预处理和后处理，分别是前偏移和后偏移（与前偏移相反）原语。算法使用水平和垂直循环移位发送 A 和 B 的矩阵块。循环移位操作只是简单的行移位或列移位（使用一维环面拓扑的属性进行了封装）。

首先，我们通过水平和垂直前偏移来对矩阵 A 和 B 其进行预处理：

- 矩阵 A：我们将每行元素左移使得对角线元素出现在最左边（前偏移），$A \overset{\text{skew}}{\leftarrow}$

$$
\begin{bmatrix} a_{0,0} & a_{0,1} & a_{0,2} & a_{0,3} \\ a_{1,1} & a_{1,2} & a_{1,3} & a_{1,0} \\ a_{2,2} & a_{2,3} & a_{2,0} & a_{2,1} \\ a_{3,3} & a_{3,0} & a_{3,1} & a_{3,2} \end{bmatrix}
$$

- 矩阵 B：我们将每列元素上移使得对角线元素出现在最上边（前偏移），$B \overset{\text{skew}}{\uparrow}$

$$
\begin{bmatrix} b_{0,0} & b_{1,1} & b_{2,2} & b_{3,3} \\ b_{1,0} & b_{2,1} & b_{3,2} & b_{0,3} \\ b_{2,0} & b_{3,1} & b_{0,2} & b_{1,3} \\ b_{3,0} & b_{0,1} & b_{1,2} & b_{2,3} \end{bmatrix}
$$

这样，经过预处理之后，环面上初始情况如下所示：

$$
\begin{bmatrix} c_{0,0} & c_{0,1} & c_{0,2} & c_{0,3} \\ c_{1,0} & c_{1,1} & c_{1,2} & c_{1,3} \\ c_{2,0} & c_{2,1} & c_{2,2} & c_{2,3} \\ c_{3,0} & c_{3,1} & c_{3,2} & c_{3,3} \end{bmatrix}
=
\begin{bmatrix} a_{0,0} & a_{0,1} & a_{0,2} & a_{0,3} \\ a_{1,1} & a_{1,2} & a_{1,3} & a_{1,0} \\ a_{2,2} & a_{2,3} & a_{2,0} & a_{2,1} \\ a_{3,3} & a_{3,0} & a_{3,1} & a_{3,2} \end{bmatrix}
\times
\begin{bmatrix} b_{0,0} & b_{1,1} & b_{2,2} & b_{3,3} \\ b_{1,0} & b_{2,1} & b_{3,2} & b_{0,3} \\ b_{2,0} & b_{3,1} & b_{0,2} & b_{1,3} \\ b_{3,0} & b_{0,1} & b_{1,2} & b_{2,3} \end{bmatrix}
$$

因此，我们可以在本地计算矩阵块相乘，并将结果累加到矩阵 C 对应的块中：$c_{i,j} \leftarrow c_{i,j} + a_{i,l} \times b_{l,j}$。然后对 A 进行一维循环移位（将行上移），对 B 进行一维循环移位（将列左移），进而得到下列公式：

$$\begin{bmatrix} c_{0,0} & c_{0,1} & c_{0,2} & c_{0,3} \\ c_{1,0} & c_{1,1} & c_{1,2} & c_{1,3} \\ c_{2,0} & c_{2,1} & c_{2,2} & c_{2,3} \\ c_{3,0} & c_{3,1} & c_{3,2} & c_{3,3} \end{bmatrix} = \begin{bmatrix} a_{0,1} & a_{0,2} & a_{0,3} & a_{0,0} \\ a_{1,2} & a_{1,3} & a_{1,0} & a_{1,1} \\ a_{2,3} & a_{2,0} & a_{2,1} & a_{2,2} \\ a_{3,0} & a_{3,1} & a_{3,2} & a_{3,3} \end{bmatrix} \times \begin{bmatrix} b_{1,0} & b_{2,1} & b_{3,2} & b_{0,3} \\ b_{2,0} & b_{3,1} & b_{0,2} & b_{1,3} \\ b_{3,0} & b_{0,1} & b_{1,2} & b_{2,3} \\ b_{0,0} & b_{1,1} & b_{2,2} & b_{3,3} \end{bmatrix}$$

我们再次计算本地矩阵块乘积并将其结果累加到矩阵 C 对应的块中。总的来说，我们重复这个循环移位-计算步骤 $\sqrt{P}$ 次。完成矩阵乘法计算之后，我们需要通过后偏移来重新排列矩阵 A 和 B。算法 2 用伪代码描述了 Cannon 算法：

```
Data: P processors on the torus: P = √P × √P. Matrix A, B stored locally by block on
      the processors.
Result: Return the matrix product C = A × B
// Pre-processing of matrices A eand B
// Preskew ← : diagonal elements of A aligned vertically on
      the first column
HorizontalPreskew(A);
// Preskew ↑ : diagonal elements of B aligned horizontall on
      the first column
VerticalPreskew(B);
// Initialize blocks of C to 0
C = 0;
for k = 1 to √P do
    C ← C+LocalProduct(A,B);
    // Horizontal shift ←
    HorizontalRotation(A);
    // Vertical shift ↑
    VerticalRotation(B);
end
// Post-processing of matrices A and B : reciprocal inverse
      of pre-processing
// Preskew →
HorizontalPostskew(A);
// Preskew ↓
VerticalPostskew(B);
```

算法 2　在环面拓扑上计算矩阵乘法 $C = A \times B$ 的 Cannon 算法

图 5-8 说明了 Cannon 算法在 3×3 环面上计算时的不同步骤。注意，环面拓扑上的 Cannon 算法只需要在邻居之间进行直接的点对点通信。矩阵 C 的块总是保持固定的位置。为了优化代码，我们观察到本地矩阵乘积可以与通信原语重叠（为发送/接收矩阵块设置缓冲区）。为了检验 Cannon 算法确实是正确的，我们只需要验证是否所有本地矩阵乘积都已经被计算了：

$$C_{i,j} = \sum_{k=1}^{\sqrt{P}} A_{i,k} \times B_{k,j}, \ \forall\, 1 \leqslant i,j \leqslant \sqrt{P}$$

5.4.2　Fox 算法：广播-相乘-循环移位矩阵乘积

Fox 算法不需要任何预处理或后处理。也就是说，初始时 A 和 B 的矩阵块不需要移动。Fox 算法的基本原理是将 A 的对角线元素进行水平广播（逐步右移），将 B 的元素进行垂直向上的循环移位。图 5-9 展示了一个 3×3 方阵 A 的三条对角线。

图 5-8   Cannon 算法示例：前偏移，本地矩阵乘积和循环移位通信组成的循环，以及后偏移

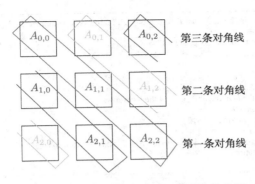

图 5-9 一个方形矩阵的对角线（矩阵的维度是 3×3）

现在我们考虑 4×4 矩阵。各矩阵的初始化如下所示：

$$\begin{bmatrix} c_{0,0} & c_{0,1} & c_{0,2} & c_{0,3} \\ c_{1,0} & c_{1,1} & c_{1,2} & c_{1,3} \\ c_{2,0} & c_{2,1} & c_{2,2} & c_{2,3} \\ c_{3,0} & c_{3,1} & c_{3,2} & c_{3,3} \end{bmatrix} \leftarrow \begin{bmatrix} a_{0,0} & a_{0,1} & a_{0,2} & a_{0,3} \\ a_{1,0} & a_{1,1} & a_{1,2} & a_{1,3} \\ a_{2,0} & a_{2,1} & a_{2,2} & a_{2,3} \\ a_{3,0} & a_{3,1} & a_{3,2} & a_{3,3} \end{bmatrix} \times \begin{bmatrix} b_{0,0} & b_{0,1} & b_{0,2} & b_{0,3} \\ b_{1,0} & b_{1,1} & b_{1,2} & b_{1,3} \\ b_{2,0} & b_{2,1} & b_{2,2} & b_{2,3} \\ b_{3,0} & b_{3,1} & b_{3,2} & b_{3,3} \end{bmatrix}$$

我们首先广播 A 的第一条对角线（注意，我们为 A 设置一个工作缓冲区且 A 的块始终存储在初始处理器上）：

$$\begin{bmatrix} c_{0,0} & c_{0,1} & c_{0,2} & c_{0,3} \\ c_{1,0} & c_{1,1} & c_{1,2} & c_{1,3} \\ c_{2,0} & c_{2,1} & c_{2,2} & c_{2,3} \\ c_{3,0} & c_{3,1} & c_{3,2} & c_{3,3} \end{bmatrix} \leftarrow \begin{bmatrix} a_{0,0} & a_{0,0} & a_{0,0} & a_{0,0} \\ a_{1,1} & a_{1,1} & a_{1,1} & a_{1,1} \\ a_{2,2} & a_{2,2} & a_{2,2} & a_{2,2} \\ a_{3,3} & a_{3,3} & a_{3,3} & a_{3,3} \end{bmatrix} \times \begin{bmatrix} b_{0,0} & b_{0,1} & b_{0,2} & b_{0,3} \\ b_{1,0} & b_{1,1} & b_{1,2} & b_{1,3} \\ b_{2,0} & b_{2,1} & b_{2,2} & b_{2,3} \\ b_{3,0} & b_{3,1} & b_{3,2} & b_{3,3} \end{bmatrix}$$

由于索引匹配，我们可以执行本地计算：即，a 的第二个索引与 b 的第一个索引相对应。然后我们对 B 进行垂直循环移位（逐步上移），并且将 A 的第二条对角线进行广播，之后我们可以得到下列公式：

$$\begin{bmatrix} c_{0,0} & c_{0,1} & c_{0,2} & c_{0,3} \\ c_{1,0} & c_{1,1} & c_{1,2} & c_{1,3} \\ c_{2,0} & c_{2,1} & c_{2,2} & c_{2,3} \\ c_{3,0} & c_{3,1} & c_{3,2} & c_{3,3} \end{bmatrix} \mathrel{+}= \begin{bmatrix} a_{0,1} & a_{0,1} & a_{0,1} & a_{0,1} \\ a_{1,2} & a_{1,2} & a_{1,2} & a_{1,2} \\ a_{2,3} & a_{2,3} & a_{2,3} & a_{2,3} \\ a_{3,0} & a_{3,0} & a_{3,0} & a_{3,0} \end{bmatrix} \times \begin{bmatrix} b_{1,0} & b_{1,1} & b_{1,2} & b_{1,3} \\ b_{2,0} & b_{2,1} & b_{2,2} & b_{2,3} \\ b_{3,0} & b_{3,1} & b_{3,2} & b_{3,3} \\ b_{0,0} & b_{0,1} & b_{0,2} & b_{0,3} \end{bmatrix}$$

A 和 B 的矩阵块索引相对应，因此我们可以执行本地计算，然后将结果存储在矩阵 C 对应的块中。这些步骤总共需要重复 $\sqrt{P}$ 次（环面的宽度）。算法 3 用伪代码的形式阐述了 Fox 算法。

图 5-10 展示了在 3×3 环面拓扑上 Fox 算法的运行过程。历史上，该算法是为 Caltech(US) 的超立方体拓扑架构而设计的，但是正如第 3 章中介绍的，我们可以将逻辑环面拓扑映射到超立方体拓扑上。这个算法在文献中通常被称为广播-相乘-循环移位算法。

Data: P processes on the torus: $P = \sqrt{P} \times \sqrt{P}$. Matrix A, B stored locally by block on
processes.
Result: Compute the matrix product $C = A \times B$
```
// Initialize blocks of C to 0
```
$C = 0$;
for $i = 1$ to $\sqrt{P}$ do
    // Broadcast
    Broadcast the i-th diagonal of A on the torus rows;
    // Multiply
    $C \leftarrow C + \text{LocalProduct}(A, B)$;
    // Roll
    // Vertical rotation: vertical shift upward ↑
    VerticalRotation(B);
end

算法 3　在环面拓扑结构上计算矩阵乘积的 Fox 算法

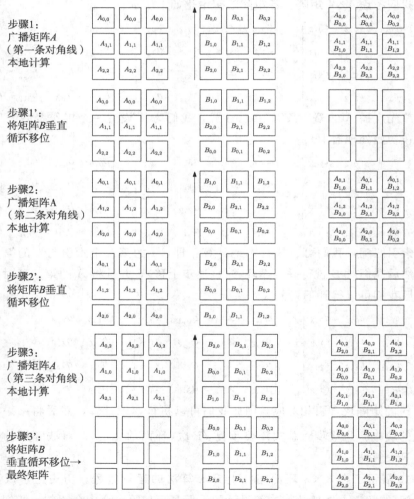

图 5-10　广播-相乘-循环移位矩阵乘积算法示例，也称为 Fox 算法：该算法不需要预处理
    或后处理操作。在阶段 i，我们广播矩阵 A 的第 i 条对角线，计算本地块矩阵乘
    积，并对矩阵 B 进行垂直循环移位

5.4.3　Snyder 算法：在对角线上进行本地乘积累加

在 Snyder 算法中，我们首先通过转置来对矩阵 B 进行预处理：$B \leftarrow B^\top$。然后计算 A、B 对应行中矩阵块的内积，并将结果累加到矩阵 C 的第一条对角线上。接着我们将矩阵 B 垂直循环上移，并重复 $\sqrt{P}$ 次。算法 4 给出了伪码形式的 Snyder 算法，该算法在 3×3 环面上的执行过程如图 5-11 所示。

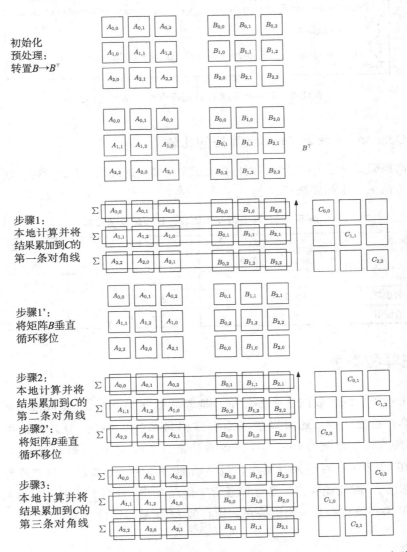

图 5-11　用 Snyder 算法计算矩阵乘积 $C = A \times B$ 示例：首先将矩阵 B 转置。在阶段 i，我们计算 A、B 对应行中矩阵块的内积，并将结果累加到矩阵 C 的第 i 条对角线上。然后将矩阵 B 上移。完成矩阵乘积后，我们再次将矩阵 B 转置

```
Data: A, B, C matrices array[0..d − 1, 0..d − 1]
Result: Matrix product C = A × B
// Preskewing
Transpose B;
// Computation stages
for k = 1 to √P do
    // Row-wise inner product of A and B
    Local matrix block computation: C = A × B;
    // We compute the definitive C block matrix for the k-th
        diagonal
    // Global sum (reduce)
    Parallel prefix with ∑ on C on the processor rows to get the k-th diagonal block element
    of C;
    Vertical shift of B;
end
// We transpose B to get back its original layout
Transpose B;
```

算法 4　Snyder 算法计算矩阵乘积的伪代码形式

5.4.4　Cannon、Fox 和 Snyder 算法的比较

我们已经简要介绍了在二维环面拓扑上三个主要的矩阵乘积算法。现在我们在表 5-1 中对这些方法做一个简要概括。

表 5-1　在环面拓扑上比较三种矩阵乘积算法

算法	Cannon	Fox	Snyder
预处理	对 A、B 前偏移	无	转置 $B \leftarrow B^{\top}$
矩阵乘积	本地	本地	对所有行求和
在 A 上的通信	从左到右	水平广播	无
在 B 上的通信	自底至上	自底至上	自底至上

5.5　注释和参考

关于矩阵和线性代数的著名参考书，推荐阅读"Golub"[1]。矩阵演算扩展了向量和标量演算，更进一步，还可以扩展到多维张量演算（这是微分几何的核心部分）。Cannon 算法[3]可以追溯到 1969 年，Fox 算法来自 1987 年的一篇文章[4]，Snyder 算法[5]出现在 1992 年。对于并行算法，包括前面提到的三个算法，我们推荐 Casanova 等人的著作[6]。高性能并行科学计算通常采用混合编程模式，包括基于多核共享内存的 OpenMP 编程语言和基于集群分布式内存的 MPI 编程语言。

5.6　总结

在线性代数中，基本原语包括：向量的标量积、矩阵-向量积及矩阵-矩阵积。向量-矩阵积和矩阵-矩阵积可以容易地用标量积表示。对于基于分布式内存的并行算法，

我们假设初始时矩阵数据已经分布在不同的计算节点上了，我们的目标是在执行本地计算的同时将通信开销降到最低。根据所选的拓扑架构，可以选择矩阵的列块分解（例如，对于有向环拓扑）或者棋盘矩阵块分解（例如，对于环面拓扑）。虽然矩阵乘积是许多算法的基础之一，但是该问题的复杂性仍然没有解决，通常情况下，人们更倾向于使用简单的立方时间算法或者并行实现，而不是使用更复杂的算法，例如 Winograd-Coppersmith 算法[2]。

5.7 练习

练习 1 对称矩阵乘积

如何优化对称矩阵在环面拓扑上的乘法？

练习 2 环形拓扑上的矩阵乘积

设计一个环形拓扑上的矩阵乘积并行算法。

参考文献

1. Golub, G.H., Van Loan, C.F.: Matrix Computations. Johns Hopkins University Press, Baltimore (1996)
2. Le, F.-G.: Powers of tensors and fast matrix multiplication. arXiv preprint arXiv:1401.7714 (2014)
3. Elliot, L.C.: A cellular computer to implement the Kalman filter algorithm. Ph.D. thesis, Montana State University, Bozeman (1969) AAI7010025
4. Fox, G.C., Otto, S.W., Hey, A.J.G.: Matrix algorithms on a hypercube I: Matrix multiplication. Parallel Comput. **4**(1), 17–31 (1987)
5. Calvin, L., Lawrence, S.: A matrix product algorithm and its comparative performance on hypercubes. In: Proceedings of the Scalable High Performance Computing Conference, SHPCC-92, IEEE, pp. 190–194 (1992)
6. Casanova, H., Legrand, A., Robert, Y.: Parallel Algorithms. Chapman & Hall/CRC Numerical Analysis and Scientific Computing. CRC Press, Boca Raton (2009)

第 6 章

MapReduce 范式

6.1　快速处理大数据的挑战

　　MapReduce(或 Java 的等价开源架构 Hadoop)系统提供了一个简单的框架,用于并行化执行基于海量数据集的并行算法,这些海量数据集通常称为大数据(其数据规模从 GB 到 TB 不等,甚至达到了 PB)。这种面向数据密集型并行编程所专用的 MapReduce 范式最早是由 Google 公司在 2003 年开发出来的。MapReduce 是并行编程的一个抽象模型,用于在计算机集群上处理海量数据集,也是一个执行和监测作业的平台。MapReduce 可以很容易使用和扩展,但是也容易出现硬件和软件错误⊖。

　　追溯到 2007 年,Google 每天处理 20PB 的数据,并且这个数字每年都呈指数级增长。如果你现在的笔记本电脑硬盘容量是 1TB,你能想象如何在你的机器上每天处理相当于你磁盘容量 20 000 倍的数据量吗? 这确实是一个挑战。此外,在许多科学领域,数据集通常来自高通量的科学仪器,那么处理这些海量数据集将会越来越具有挑战性。这种情况在粒子物理、天文学、基因组分析等方面都比较常见。人/机器每天也会生成大量数据集,这些数据集是 Web 应用程序在互联网上需要被精细地分析的日志文件。例如,我们希望细分网站的用户点击,以发现用户在会话期间浏览了哪些网页。了解用户的行为可以让我们为不同的用户定制网站,如在网站中增加广告面板等! 在点击流不断地被记录到日志文件期间,点击流分析可以进一步通过并行算法来输出有效的信息。搜索引擎还需要以更快的速度索引所有可从网上访问的文档,即使用爬虫程序检索页面内容。世界上各种机构对个人数字化活动进行筛选的例子就更多了。

　　如今,关键的挑战之一就是如何批量处理这些大数据。我们不断挑战可处理数据容量的极限。这是一个需要努力追求的目标。此外,我们甚至需要实时地(而不仅仅是以批处理模式)在线分析这些数据流(如社交网络中的新闻提要、推文和其他信息)。因

⊖　当使用数以百计的便宜机器进行互连时,在实际应用中故障经常发生,而且这些问题需要解决。

此，许多全球知名的公司致力于开发相应的工具和平台来满足这些需求。例如，我们可以利用 Apache storm⊖，或者 Apache Spark⊖ 来处理数据流，或者使用 Hive⊜ 来为海量数据库量身定制类 SQL 语言等。

这些大数据到底有多大呢？1PB 可以存储大约 100 亿张照片（Facebook、Flickr、Instagram 等）或 13 年的高清视频（YouTube、DailyMotion 等）。在普通 PC 上线性处理 20 PB 的数据将需要 7 年以上的时间。因此，必须开发有效的具有亚线性运行时间复杂度的并行算法。MapReduce 是一个能够轻松执行这些计算任务的框架：专业（和非专业）开发人员都可以轻松地在小型计算机集群上处理数 TB 数据。这对于中小型企业来说是非常有用的。

6.2　MapReduce 的基本原理

6.2.1　map 和 reduce 过程

虽然 MapReduce 是一个非常简单的并行编程模型，但它提供了非常灵活的方式来编写高度通用的应用程序。事实上，许多问题都可以通过两个基本步骤来解决：

（1）步骤 1 映射（map）：通过一个函数对一系列数据进行评估，从而产生与键值有关的新元素；

（2）步骤 2 归约（reduce）：我们聚合那些具有相同键值的新元素，并用另一个用户自定义函数来归约它们。

例如，为了计算大量文档（通常称为文本语料库）中的单词数，我们用键值对 $w_i \mapsto (k_i, v_i)$ 将文本的每个单词 w_i 相关联，其中 $k_i = k(w_i) = w_i$ 表示对于数据元素 w_i 的键值，$v_i = v(w_i) = 1$ 是相应评估函数的值（每个单词一个值）。然后我们考虑具有相同键值 k 的词组 $G(k) = \{w_i \mid k(w_i) = k\}$，计算其相应的累积和来对这些键值对进行归约。我们注意到，通过将数据合理地分布到计算机集群上，map 函数能够在集群上使用大量相互独立的进程来进行并行计算。然而，reduce 过程会将 map 过程的输出结果作为输入，二者并不是独立的。map 过程将输入数据转换为（键，值）对这样的中间数据。

由于我们处理的是大规模数据集，map 和 reduce 函数都将在计算机集群上进行并行实现。因此，MapReduce 针对的是细粒度并行，其中本地计算是基本运算操作。实现用户自定义 map 函数的过程称为映射器（mapper），实现 reduce 函数的过程称为归约器（reducer）。

⊖　https://storm.apache.org/。

⊖　https://spark.apache.org/streaming/。

⊜　https://hive.apache.org/。

6.2.2 历史视角：函数式编程语言中的 **map** 和 **reduce**

对于熟悉函数式编程的读者来说，map 和 reduce 这两个基本概念已经是函数式编程语言语言的一部分。例如，在 Lisp(Common Lisp / Scheme)或 OCaml⊖ 中，我们可以实现这两个基本操作：

- map

$$(x_1, \cdots, x_n) \xrightarrow{\ f\ } (f(x_1), \cdots, f(x_n))$$

- reduce

$$(x_1, \cdots, x_n) \xrightarrow{\ r(\sum)\ } \sum_{i=1}^{n} x_i$$

对于 reduce 原语，我们需要一个可交换的二元运算符，就像求和（sum）一样，也可以不是（如矩阵的乘积或标量除法）。

在 Lisp⊖ 中，这两个函数可以这样使用：

- map

```
CL-USER > (mapcar #'sqrt '(3 4 5 6 7))
(1.7320508 2.0 2.236068 2.4494899 2.6457513)
```

- reduce

```
CL-USER > (reduce #'+ '(1 2 3 4 5))
15
```

在 OCaml 中，我们将映射实现为一元运算符（即运算符采用单个参数）：

```
# let square x=x*x;;
val square : int -> int = <fun>
# let maplist = List.map square;;
val maplist : int list -> int list = <fun>
# maplist [4;4;2];;
- : int list = [16; 16; 4]
#
```

类似地，OCaml 中的 reduce 实现为二元运算符 f（即采用两个参数的操作），其调用语法如下：

```
fold_right f [e1;e2; ... ;en] a = (f e1 (f e2  (f en a))
fold_left f a [e1;e2; ... ;en]=(f .. (f (f a e1) e2) ... en)
```

例如：

```
List.fold_left ( + ) 0 [1;2;3;4] ;;
List.fold_right ( + )   [1;2;3;4] 0 ;;
```

⊖ http://caml. inria. fr/ocaml/。
⊖ 可以从如下网址下载通用 Lisp：http://www. lispworks. com/。

　　由于在函数式编程中，我们不使用传统的命令式语言（例如 C/C＋＋/Java）中的变量，这可以很容易地对这些操作进行并行化。此外，MapReduce 提供了监控工具来控制 MapReduce 作业。

6.3　数据类型和 MapReduce 机制

　　在 MapReduce 框架中，map 和 reduce 操作是语义类型的，其定义如下：
- 映射器：

$$\boxed{\text{map}(k_1, v_1) \to \text{list}(k_2, v_2)}$$

- 归约器：

$$\boxed{\text{reduce}(k_2, \text{list}(v_2)) \to \text{list}(v_2)}$$

　　MapReduce 任务有三个不同的阶段。

　　(1) 映射器：将输入数据转化为一组组(key, value)对。

　　(2) 分类器：根据键值将键值对进行分组。

　　(3) 归约器：在分组后的的键值对上，我们将具有相同键值的数据执行并行前缀操作(归约或聚合)，这适用于所有不同键值的数据。

　　只有映射器和归约器阶段依赖于用户自定义的函数（User-Defined Function，UDF）。分类器阶段由 MapReduce 系统自动管理。MapReduce 算法是比较简单的，因为它在输入数据上应用映射器，将结果分组成键值对(key2, value2)列表，然后将该列表重新排列、分组，得到键值对列表(key2, value2 的列表)，最后在这些列表的每个元素上调用归约器，并获得聚合结果。

　　图 6-1 说明了 MapReduce 的三个基本阶段。

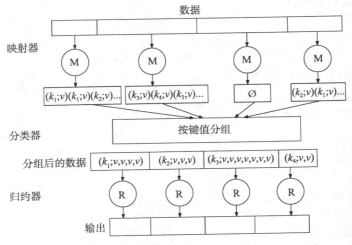

图 6-1　MapReduce 的执行模型分为三个阶段：映射器、分类器、归约器

现在让我们再给出另外两个使用 MapReduce 框架并行化程序的例子。

- 著名的 UNIX 命令 grep⊖可以进行并行化计算。在 UNIX 中，对于一个目录下的文件，我们利用给定的正则表达式对文件中的所有行进行匹配，并对匹配的结果按降序排序，实现该功能的命令行如下所示：

```
grep -Eh regularexpression repertoire/* | sort |
uniq -c | sort -nr
```

　　这对于分析网站的日志文件来说了解哪些页面与给定的正则表达式匹配最多是非常有用的。通过 MapReduce 形式化，我们可以轻松实现分布式的 grep 功能，如下所示。

- map：当一行与正则表达式匹配时，生成值"1"。
- reduce：累积求和函数（二元关联可交换运算符"＋"的前缀并行操作）。
- 网络上的反向引用列表。
　- map：在源页面中获取的每个 URL（Uniform Resource Location，统一资源定位符）的（target，source）对。
　- reduce：连接与给定 URL 相关联的所有 URL。

为了在处理（key，value）对时能具备普遍性，MapReduce 只考虑用字符串来存储值。因此，数字元素需要显式转换为字符串，反之则必须从这些字符串中检索数据。

6.4　MapReduce 在 C＋＋中的完整示例

我们将展现一个完整的工作示例，该示例是统计文档中单词的出现频率。首先，我们用伪代码来表示两个用户自定义的函数 map 和 reduce，都具有编码成字符串形式的函数的输入、值和输出：

用户自定义的 map 函数。

```
    map(String input_key, String input_value)
for each word w in input_value
                EmitIntermediate(w, "1");
```

用户自定义的 reduce 函数。

```
reduce(String output_key, Iterator
  intermediate_values)

int result = 0;

for each v in intermediate_values
        {result += ParseInt(v);}

Emit(AsString(result));
```

⊖　http://wiki.apache.org/hadoop/Grep。

为了能更清楚描述该示例，下面给出了相应的 C++ MapReduce 程序完整源代码。用于映射数据的函数 f 代码如下（map 过程）：

```cpp
#include "mapreduce/mapreduce.h"
// User Defined Function (UDF)

class WordCounter :
public Mapper {
public:
  virtual void Map(const MapInput& input) {
    const string& text = input.value();
    const int n = text.size();

    for (int i = 0; i < n; ) {
      // Skip past leading whitespace
      while ( (i < n) && isspace(text[i]))
        i++;

      // Find word end
      int start = i;
      while ( (i < n) && !isspace(text[i]))
        i++;
      if (start < i)
        EmitIntermediate(text.substr(start, i-start)
          , "1");
    }
  }
};

REGISTER_MAPPER(WordCounter);
```

归约器的代码片段是：

```cpp
// fonction utilisateur de réduction

class Adder :
public Reducer {
  virtual void Reduce(ReduceInput* input) {
    // Iterate over all entries with the
    // same key and add the values
    int64 value = 0;
    while (!input->done ()) {
      value += StringToInt(input->value());
      input->NextValue();
    }

    // Emit sum for input->key()
    Emit(IntToString(value));
  }
};

REGISTER_REDUCER(Adder);
```

然后，我们将这些用户自定义的函数应用到 MapReduce 程序中，如下所示：

```cpp
int main(int argc, char** argv) {
  ParseCommandLineFlags(argc, argv);
  MapReduceSpecification spec;
```

6.5　启动 MapReduce 作业和 MapReduce 架构概述

MapReduce 系统可以在大型计算机集群上运行，并且对运行 MapReduce 作业时可能出现的各种问题具有容错能力。实际上，当使用数千至数百万甚至数亿个计算核心时，会频繁地出现硬件故障（如突然失效的硬盘驱动器（HDD））或者机器之间的网络变得拥塞而使得通信速度很慢（也可能是由于网卡故障）等[⊖]。有些计算机由于过载，也可能变得非常缓慢：它们被称为落伍者（straggler）。MapReduce 采用了主从架构，并具有容错能力。可以利用超时机制（time-out mechanism）自动重启在规定时间内尚未完成的任务。图 6-2 说明了 MapReduce 的任务调度器，其可以决定在多台机器上执行相同的任务（通过复制来提供冗余），并在最快的任务完成时获取结果。

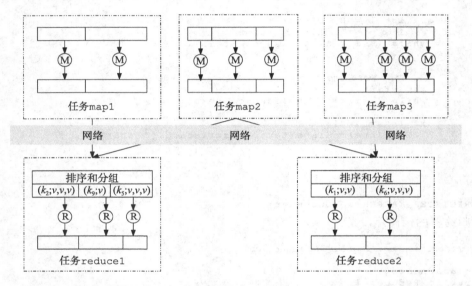

图 6-2　MapReduce 的执行模型：数据和 map 过程都是由 MapReduce 进行独立分配，并且优先为进程分配本地存储的数据。reduce 过程收集（key，value）对以进行归约操作

网络上的数据传输成本很高，因为延迟无法改善，并且带宽在实际应用中是有限制的。因此，任务调度器优先将任务分配给已经在本地存储数据的计算机。MapReduce 还提供了一个控制界面，可以显示已执行任务的各种统计信息，预测正在执行的任务的持续时间等。它是一个非常有用的监测工具，用于监测计算机集群上 MapReduce 任务的工作负载。

由于 MapReduce 依赖于主从架构，主机出现故障时整个系统也容易出现故障。因此，主节点定期将其所有数据结构和状态写入安全副本，以便在失败的情况下恢复 MapReduce 任务（恢复点）。数据存储在 Google 文件系统（GFS）上，该文件系统将文件分割成 64 MB 的块，并将这些片段的多个副本保存在不同的计算机上，以确保其鲁棒性和容错性。我们已经解释了 MapReduce 的基本原理。为了简洁起见，我们忽略了

　⊖　这些图通常是公司的商业秘密，因此从不公开发布。

MapReduce 的许多优化。例如，组合器（combiner）可以在本地将中间键相等的键值对组合在一起，通过缩小发送到归约器的数据规模以优化网络流量。有时，这意味着需要稍微修改 MapReduce 代码。例如，如果我们希望计算平均值，组合器不仅需要发送平均值，而且还需要发送产生该平均值的元素的数量。

　　MapReduce 成功的原因主要是由于它能够将两个简单的用户自定义函数进行自动并行化。MapReduce 可以完全处理传统上烦琐的数据分配、任务监控等。MapReduce 还负责发送数据传输命令并管理计算机的负载平衡。它提供了一个具有容错能力的并行编程框架（MPI 的情况并不是如此，人们需要手动地对所有细节进行处理）。其模型抽象简单但功能强大，足以实现一系列丰富的应用程序，如排序、并行机器学习算法、数据挖掘算法等。此外，MapReduce 还提供监控工具，允许集群管理员在必要时将分配的资源随时调整到各种正在进行的任务上。最后介绍的这个能力在行业中非常受欢迎。

6.6　基于 MR-MPI 库在 MPI 中使用 MapReduce

　　到目前为止，我们已经解释了 MapReduce 的计算模型。我们也可以使用 MPI 实现 MapReduce 算法。实际上，已经存在一个可用的软件库：MR-MPI[⊖]。MR-MPI 的文档[⊖]也可以在线获取。

　　例如，collate 函数可以在所有进程上聚合一个 KeyValue 类型的对象，并将其转换为对象 KeyMultiValue。此方法返回值为唯一（Key，Value）对的总数。

　　下面的程序显示如何计算文件集合中单词出现的频率。它的输出显示了 2015 年最频繁的词汇。

```c
#include "mpi.h"
#include "stdio.h"
#include "stdlib.h"
#include "string.h"
#include "sys/stat.h"
#include "mapreduce.h"
#include "keyvalue.h"

using namespace MAPREDUCE_NS;

void fileread(int, KeyValue *, void *);
void sum(char *, int, char *, int, int *, KeyValue*,
    void *);
int ncompare(char *, int, char *, int);
void output(int, char*, int, char *, int, KeyValue*,
    void *);

struct Count {int n, limit, flag;};

/* Syntax : wordfreq file1 file2  */

int main(int narg, char **args)
```

⊖　http://mapreduce. sandia. gov/。

⊖　http://mapreduce. sandia. gov/doc/Manual. html。

```
{
    MPI_Init(&narg, &args);
    int me, nprocs;

    MPI_Comm_rank(MPI_COMM_WORLD, &me);
    MPI_Comm_size(MPI_COMM_WORLD, &nprocs);

    MapReduce *mr = new MapReduce(MPI_COMM_WORLD);

    int nwords = mr->map(narg-1, &fileread, &args[1]);
    mr->collate(NULL);
    int nunique = mr->reduce(&sum, NULL);
    mr->sort_values(&ncompare);

    Count count;
    count.n = 0;
    count.limit = 2015;
    count.flag = 0;
    mr->map(mr->kv, &output, &count);
    mr->gather(1);
    mr->sort_values(&ncompare);

    count.n = 0;
    count.limit = 10;
    count.flag = 1;
    mr->map(mr->kv, &output, &count);

    delete mr;
    MPI_Finalize();
}

/* For each word, emit (key=word,valeur=NULL) */
void fileread(int itask, KeyValue *kv, void *ptr)
{
    char **files = (char **) ptr;

    struct stat stbuf;
    int flag = stat(files[itask], &stbuf);
    int filesize = stbuf.st_size;

    FILE *fp = fopen(files[itask], "r");
    char *text = new char[filesize+1];
    int nchar = fread(text, 1, filesize, fp);
    text[nchar] = '\0';
    fclose(fp);

    char *whitespace = " \t\n\f\r\0";
    char *word = strtok(text, whitespace);

    while (word) {
      kv->add(word, strlen(word)+1, NULL, 0);
      word = strtok(NULL, whitespace);
    }
    delete [] text;
}

/* emit ppairs (key=word, valeur=count) */
void sum(char *key, int keybytes, char *multivalue,
int nvalues, int *valuebytes, KeyValue *kv, void *
    ptr)
{
  kv->add(key, keybytes, (char *) &nvalues, sizeof(
      int));
}

/* for sorting, comparison function */
```

```
int ncompare(char *p1, int len1, char *p2, int len2)
{
  int i1 = *(int *) p1;
  int i2 = *(int *) p2;
  if (i1 > i2) return -1;
  else if (i1 < i2) return 1;
  else return 0;
}

/* output: display the selected words */

void output(int itask, char *key, int keybytes, char
    *value,
int valuebytes, KeyValue *kv, void *ptr)
{
  Count *count = (Count *) ptr;
  count->n++;
  if (count->n > count->limit) return;

  int n = *(int *) value;
  if (count->flag) printf("%d %s\n", n, key);
  else kv->add(key, keybytes, (char *) &n, sizeof(
    int));
}
```

6.7　注释和参考

可以使用虚拟机在自己的机器(单节点模式)上安装 MapReduce⊖。MapReduce 的实现取决于具体的系统环境,如具有共享内存的多核计算机,或非均匀内存访问(Non-Uniform Memory Access,NUMA)多处理器,或具有分布式内存和互联网络的体系结构等。例如,一种基于 MPI 的 MapReduce 的实现⊖已经可用了,其有效性可参见文献[1]。

文献[2]中讨论了基于 MPI 的图处理 MapReduce 应用程序。在大规模集群上启动它们之前,可以在自己的计算机上使用 Hadoop(无须访问计算机集群)来编译和调试程序。也就是说,可以使用各种学术或工业界云计算平台(Amazon EC2、Microsoft Azure、Google 等)定义和租用群集上的配置。核外处理(out-of-core processing)是需要外部访问的并行算法领域,其需要访问不能全部存储在 RAM 中的数据。类似地,核外可视化是处理不能存储在单个本地存储器上的海量数据集的计算机图形领域。处理大数据还需要可视化大信息(big information)。另一种计算范式是流式算法。流式算法[3]能够处理从流中读取的数据。数据最终将在一个或多个遍(pass)中进行处理。

6.8　总结

MapReduce 是一种用于在大规模集群中处理大数据的并行编程范式。MapReduce

⊖　http://www.thecloudavenue.com/2013/01/virtual-machine-for-learning-hadoop.html.

⊖　http://mapreduce.sandia.gov/.

程序包括两个用户自定义的函数（UDF），称为 map 和 reduce，用于计算（key，value）对。MapReduce 系统分三个阶段执行并行程序。

（1）映射器阶段：使用用户自定义的函数从数据中生成（key，value）对。

（2）分类器阶段：将（key，value）对按照键值进行分组。

（3）归约器阶段：使用用户定义的函数归约附加到同一个键的所有值。

MapReduce 系统依赖于主从架构，负责分配各种资源，分配数据，启动映射过程（所有独立进程），并根据当前资源工作负载（CPU、网络流量等）执行归约操作）。MapReduce 还提供各种用于控制任务的工具，并定期保存其状态以防主机节点崩溃（恢复点）。为了优化网络流量，MapReduce 还包含了被称为组合器的可选优化阶段，其允许在机器上本地执行归约操作，然后将这些结果发送到网络上以进一步进行节点间的归约。MapReduce 范式最初是 Google 公司利用 C＋＋开发的，并依赖于 Google 文件系统（GFS）。Java 中广泛流行的开源的替代 MapReduce 的实现称为 Hadoop。Hadoop 依赖于自己的并行文件系统：HDFS。

参考文献

1. Hoefler, T., Lumsdaine, A., Dongarra, J.: Towards efficient MapReduce using MPI. In: Ropo, M., Westerholm, J., Dongarra, J. (eds.) Recent Advances in Parallel Virtual Machine and Message Passing Interface. Lecture Notes in Computer Science, vol. 5759, pp. 240–249. Springer, Berlin (2009)
2. Plimpton, S.J., Devine, K.D.: Mapreduce in MPI for large-scale graph algorithms. Parallel Comput. **37**(9), 610–632 (2011)
3. Kaur, S., Bhatnagar, V., Chakravarthy, S.: Stream clustering algorithms: a primer. In: Ella Hassanien, A., Taher Azar, A., Snasael, V., Kacprzyk, J., Abawajy, J.H. (eds.) Big Data in Complex Systems. Studies in Big Data, vol. 9, pp. 105–145. Springer International Publishing, Switzerland (2015)

第二部分

面向数据科学的高性能计算

第 7 章　基于 k 均值的划分聚类

第 8 章　层次聚类

第 9 章　有监督学习：k-NN 规则分类的理论和实践

第 10 章　基于核心集的高维快速近似优化和快速降维

第 11 章　图并行算法

第 7 章
基于 k 均值的划分聚类

7.1 探索性数据分析与聚类

如今，大规模的数据集通常是公开可用的，对海量数据进行有效的处理进而发现有价值的结构(或称为"模式")变得越来越重要。探索性数据分析与在没有任何先验知识的情况下找到结构化的信息的挑战相关：在这种情况下，从没有先验知识的数据中学习的技术称为无监督机器学习(unsupervised machine learning)。

令 $X = \{x_1, \cdots, x_n\}$ 表示数据集，例如一组图像集(通常是静态的，在开始分析时即给出所有图片)，我们寻找其中数据的紧致子集，称为簇，来代表数据类别(例如，汽车图像的簇或猫图像的簇等)。每个数据 $x_i \in X(X$ 表示数据空间，通常为 $X \in \mathbb{R}^d)$ 被描述为属性向量 $x_i = (x_i^1, \cdots, x_i^d)$，称为特征向量。采用符号 x_i^j(表示 $x_i^{(j)})$ 来描述向量 x_i 的第 j 个坐标。向量属性可以是数字量或分类值(即定性属性)，如字典的固定字词集，或有序分类数据(如有序排名 A＜B＜C＜D＜E)，或上述不同数据类型的混合。

探索性分析不同于有监督分类(supervised classification)。在有监督分类的第一阶段，从已标记的训练数据集 $Z = \{(x_1, y_1), \cdots, (x_n, y_n)\}$ 中学习分类器函数 C(·)，其中 x_i 是属性，y_i 是类标签；在第二阶段对测试集中的新的未标记的观察值 x_j 进行分类：$\hat{y}_j = C(x_j)$。y_j 中的帽子符号表示估计的类别，这就是基于训练数据集的所谓的推理任务。

聚类是一组技术，包括检测被定义为群组或簇的数据子集。这些组应该可以理想地表示数据的语义类别：例如，从花卉图像数据库中按物种的类别所组成的花卉组。UCI 知识库[⊖]提供了这样一个著名的公开数据集，其文件名为 Iris[⊖]：它包含 $n = 150$ 个四维数值数据(以厘米为单位分别描述萼片和花瓣的长度、宽度属性)，可以分为

⊖ 可在 https://archive.ics.uci.edu/ml/datasets.html 上在线获得。

⊖ http://en.wikipedia.org/wiki/Iris_flower_data_set。

$k=3$ 个植物组：Setosa 鸢尾花、Virginica 鸢尾花和 Versicolor 鸢尾花。

总之，分类能够标记新的观察值，而聚类可以将这些类别聚合为簇（见图 7-1）。

图 7-1　探索性分析包括查找数据集中的内在结构，如称为簇的数据组。聚类是一组寻求
　　　　在数据集中找到同构簇的技术。在这个 2D 简单示例中，人眼可以感知到三个组
　　　　成了数字的结构良好的簇："4""4""2"。而在实际当中，数据集通常是高维的，
　　　　所以无法进行肉眼观察。因此，我们需要聚类算法来自动找到这些组

7.1.1　硬聚类：划分数据集

划分聚类（也称为基于划分的聚类）可以将数据 $X=(x_1, \cdots, x_n)$ 划分为 k 个同质
组 $G_1 \subset X, \cdots, G_k \subset X$（非重叠簇 G_i），使得我们有：

$$X=\bigcup_{i=1}^{k} G_i, \forall i \neq j, G_i \bigcap G_j = \varnothing$$

$$X := \biguplus_{i=1}^{k} G_i$$

符号 $a := b$ 表示应该通过定义来理解等号（也就是说，它不是由数学计算得出的等
式）。因此，将一个数据元素（数据）分配给唯一的群组 $G_{l(x_i)}$。划分聚类是一种硬聚类
技术，与其他软聚类技术不同，对所有 x_i 和 $G_{l(x_i)}$ 赋予了正的隶属度权重 $l_{i,j} > 0$，并

有 $\sum_{j=1}^{k} l_{i,j} = 1$（归一化约束）：当且仅当 $j=l(x_i)$ 时 $l_{i,j}=1$。我们用 $L=[l_{i,j}]$ 表示大小
为 $n \times k$ 的隶属度矩阵。

7.1.2　成本函数和模型聚类

找出数据 $X = \biguplus_{i=1}^{k} G_i$ 中的一个好的划分需要能够评估划分的聚类适应度
（fitness）。但是我们通常会反其道而行之！从给定的成本函数寻求一个有效的算法，
该算法通过最小化这个规定的成本函数来对 X 进行划分。一个通用成本函数 $e_k(\cdot;\cdot)$
（也称为能量函数、损失函数或目标函数）可以表示为每个群组成本的总和，具体形式
如下：

$$e_k(X; G_1, \cdots, G_k) = \sum_{i=1}^{k} e_1(G_i)$$

其中，$e_1(G)$ 是单个群组的成本函数。

还可以为每个群组 G_i 关联一个模型 c_i，它定义了相应簇的"中心"。中心 c_i 的集合称为原型（prototype），通过这些原型可以定义任何数据 $x \in X$ 和任何簇 G（相应的原型为 c）之间的距离如下：

$$D_M(x,G) = D(x,c)$$

函数 $D_M(x, G)$ 表示元素 x 和使用相应簇原型的簇之间的距离。函数 $D(p, q)$ 是根据数据集的性质定义的基本距离。也就是说，我们有 $D_M(x, G) = D(x, c)$，其中 c 是 G 的原型。

给定 k 个原型的集合 $C = \{c_1, \cdots, c_k\}$，可以通过以下形式定义划分聚类的总体成本：

$$e_k(X;C) = \sum_{i=1}^{n} \min_{j \in \{1,\cdots,k\}} D(x_j,c_j)$$

其中，单个簇的成本定义为 $e_1(G,c) = \sum_{x \in G} D(x,c)$。对于每个单中心簇，模型聚类（也称为基于模型的聚类）会引入对数据集 X 的划分：$G(C) = \biguplus_{j=1}^{k} G_j$，其中 $G_j = \{x_i \in X : D(x_i, c_j) \leqslant D(x_i, c_l), \forall l \in \{1, \cdots, k\}\}$。

存在许多聚类成本或损失函数，从而产生许多不同种类的划分。接下来，我们将介绍其中最著名的 k 均值函数，并解释为什么最小化这个损失函数可以在实际应用中提供很好的聚类划分。

7.2　k 均值目标函数

k 均值（k-means）成本函数要求最小化数据点到其最近原型中心的平方欧几里得距离之和：

$$e_k(X;C) = \sum_{i=1}^{n} \min_{j \in \{1,\cdots,k\}} \| x_j - c_j \|^2$$

虽然平方欧几里得距离 $D(x, c) = \| x-c \|^2$ 是对称不相似的，并且当且仅当 $x = c$ 时，它等于零，但是它并不是一个度量，因为它不能满足普通欧几里得距离的三角不等式：$\| x-c \|_2 = \sqrt{\sum_{j=1}^{d} (x^i - c^j)^2}$。事实上，选择平方欧几里得距离而不是普通欧几里得距离的原因是：当我们为簇原型选择质量中心 c 时，单个簇 $e_1(G) = e_1(G, c)$ 的成本是最小的，该质量中心称为质心（centroid）：

$$c(G) := \underset{c}{\arg\min} \sum_{x \in G} \| x - c \|^2 = \frac{1}{|G|} \sum_{x \in G} x$$

其中，$|G|$ 表示 G 的基数，也就是群组 G 中所包含的元素的数量。我们使用符号 $\arg\min_x f(x)$ 来表示在最小值是唯一的情况下产生最小值的参数⊖。

⊖　否则，我们可以根据 X 上的一些字典顺序，来选择能够产生最小值的"最小" x。

因此，最小成本为 $e_1(G, c) = \sum\limits_{x \in G} \| x - c(G) \|^2 := v(G)$，其中 $v(G)$ 是簇 G 的标准方差。实际上，X 的标准方差在统计学中被定义为：

$$v(X) = \frac{1}{n} \sum_{i=1}^{n} \| x_i - \bar{x} \|^2$$

其质心为 $\bar{x} = \frac{1}{n} \sum\limits_{i=1}^{n} x_i$。从技术上讲，我们经常在文献中遇到无偏方差公式 $v_{\text{unbiased}}(X) = \frac{1}{n-1} \sum\limits_{i=1}^{n} \| x_i - \bar{x} \|^2$，但对于固定的 n，有偏或无偏方差的最小值不变。

我们可以将 d 维点云 X 的方差改写为：

$$\boxed{v(X) = \left(\frac{1}{n} \sum_{i=1}^{n} x_i^2 \right) - \bar{x}^\top \bar{x}}$$

该公式在数学上与随机变量 X 的方差相同：

$$\mathbb{V}[X] = \mathbb{E}[(X - \mu(X))^2] = \mathbb{E}[X^2] - (\mathbb{E}[X])^2$$

其中，$\mu(X) = \mathbb{E}[X]$ 表示随机变量 X 的期望值。

我们可以为 X 中的每个元素 x_i 定义一个正的权重属性 $w_i = w(x_i) > 0$，使得 $\sum\limits_{i=1}^{n} w_i = 1$（数据权重归一化）。

以下定理将原型 c_1 表示为单个簇的中心（其中 $k = 1$，$X = G_1$）。

定理 3 假设 $X = \{(w_1, x_1), \cdots, (w_n, x_n)\} \subset \mathbb{R}^d$ 是一个加权数据集，其中 $w_i > 0$，$\sum\limits_{i=1}^{n} w_i = 1$。使加权方差 $v(X) = \sum\limits_{i=1}^{n} w_i \| x_i - c \|^2$ 的最小的中心 c 是唯一的重心：$c = \bar{x} = \sum\limits_{i=1}^{n} w_i x_i$。

证明 令 $\langle x, y \rangle$ 表示标量积：$\langle x, y \rangle = x^\top y = \sum\limits_{j=1}^{d} x^i y^i = \langle y, x \rangle$。标量积是对称的双线性形式：$\langle \lambda x + b, y \rangle = \lambda \langle x, y \rangle + \langle b, y \rangle$，$\lambda \in \mathbb{R}$。现在，平方欧几里得距离 $D(x, y) = \| x - y \|^2$ 可以使用标量积重写为 $D(x, y) = \langle x - y, x - y \rangle = \langle x, x \rangle - 2 \langle x, y \rangle + \langle y, y \rangle$。

我们的目的是最小化 $\min\limits_{c \in \mathbb{R}^d} \sum\limits_{i=1}^{n} w_i \langle x_i - c, x_i - c \rangle$。在数学上可如下表示该优化问题：

$$\min_{c \in \mathbb{R}^d} \sum_{i=1}^{n} w_i \langle x_i - c, x_i - c \rangle$$

$$\min_{c \in \mathbb{R}^d} \sum_{i=1}^{n} w_i (\langle x_i, x_i \rangle - 2 \langle x_i, c \rangle + \langle c, c \rangle)$$

$$\min_{c \in \mathbb{R}^d} \left(\sum_{i=1}^{n} w_i \langle x_i, x_i \rangle \right) - 2 \left\langle \sum_{i=1}^{n} w_i x_i, c \right\rangle + \langle c, c \rangle$$

我们可以从上述最小化公式中删除 $\sum\limits_{i=1}^{n} w_i\langle x_i, x_i\rangle$，因为其与 c 不相关。这样，最小化公式等价于：

$$\min_{c \in \mathbb{R}^d} E(c): = -2\left\langle \sum_{i=1}^{n} w_i x_i, c\right\rangle + \langle c, c\rangle$$

对于任意 $\alpha \in [0, 1]$，凸函数 $f(x)$ 满足 $f(\alpha x + (1-\alpha)y) \leqslant \alpha f(x) + (1-\alpha)f(y)$。它是一个严格的凸函数，当且仅当对于任意 $\alpha \in (0, 1)$，$f(\alpha x + (1-\alpha)y) < \alpha f(x) + (1-\alpha)f(y)$。图 7-2 是严格凸函数的示意图。需要注意的是，被定义为几何对象 $\mathscr{F} = \{(x, f(x)): x \in \mathbb{R}\}$ 的上镜图（epigraph）是一个几何凸对象。一个几何凸对象满足以下性质：连接对象中两点的任何线段都完全位于对象内部。

对于单变量凸函数，至多存在一个全局最小值 x^*（例如，$\exp(-x)$ 是严格凸函数，没有最小值），并且可以通过将导数置为零来求出：$f'(x^*) = 0$。对于多变量实值函数，我们用 $\nabla_x F(x)$ 表示其梯度（偏导数向量），$\nabla_x^2 F(x)$ 表示 Hessian 矩阵（二阶导数）。平滑函数 F 是严格凸函数，当且仅当 $\nabla^2 F \succ 0$，其中 $M \succ 0$ 表示矩阵 M 为正定：$\forall x \neq 0$，$x^\top M x > 0$。一个严格凸函数最多允许一个全局唯一的最小值 x^*，使得 $\nabla F(x^*) = 0$。

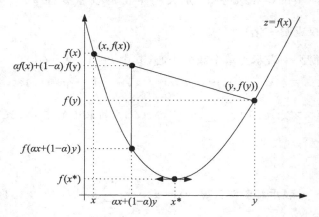

图 7-2   对于任何 $\alpha \in (0, 1)$，满足 $f(\alpha x + (1-\alpha)y) < \alpha f(x) + (1-\alpha)f(y)$ 的严格凸函数的示意图

我们设置以下 d 偏导数为零：

$$\frac{\mathrm{d}}{\mathrm{d}c^j} E(c) = -2\sum_{i=1}^{n} w_i x_i^j + 2c^j, \forall j \in \{1, \cdots, d\}$$

考虑 d^2 二阶导数（用于证明目标函数的凸性）为：

$$\frac{\mathrm{d}^2}{\mathrm{d}c^j c^l} E(c) = 2, \text{ 其中 } l = j, \forall j \in \{1, \cdots, d\}$$

成本函数 $E(c)$ 是严格凸函数，并有唯一的最小值。该最小值通过置零所有偏导数求得：

$$\frac{\mathrm{d}}{\mathrm{d}c^j}E(c) = 0 \Leftrightarrow c^j = \sum_{i=1}^{n} w_i x_i^j$$

因此，我们已经表明，中心到数据点的平方欧几里得距离加权和的最小值是唯一的重心：

$$c = \bar{x} = \sum_{i=1}^{n} w_i x_i$$

当 $w_i = \dfrac{1}{n}$ 时，质心也称为等重心(isobarycenter)。 □

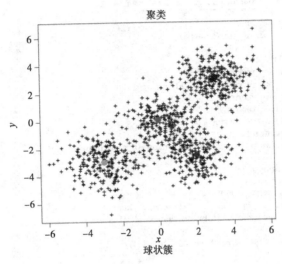

图 7-3 k 均值成本函数倾向于找到使簇方差加权和最小化的球状簇。k 均值聚类是一种模型聚类，其中每个簇与一个原型相关联，即质量中心或质心。在这里，我们为 k 均值选择了 $k=4$ 个群组，其中簇原型和质心在图中用圆盘表示

如果不选择平方欧几里得距离，而去选择普通欧几里得距离，就可以得到所谓的费马-韦伯点(Fermat-Weber point)，从而泛化了中位数的概念。中位数也称为几何中值(geometric median)$^\ominus$。虽然费马-特韦伯点是唯一的，并且经常用于设施置位问题的运筹学研究，但它不提供封闭式解决方案，不过可以进行任意精细的近似。k 中心聚类(k-median clustering)是通过最小化成本函数 $\min_c \sum_{i=1}^{n} \min_{j \in \{1, \cdots, k\}} \| x_i - c_j \|$ 而获得的聚类(可以观察到 k 均值的平方欧几里得距离已被普通的欧几里得距离所取代)。需要注意的是，通过 k 均值和 k 中位数两个不同的方法可以获得完全不同的划分。实际上，对每个簇而言，质心位置可能与其中位数不同。此外，通过添加一个异常点可以很容易地破坏质心。一个异常值 p_0 发散到无穷大，将导致质心发散到无穷大，那么

$\ominus$　http://en.wikipedia.org/wiki/Geometric_median。

我们就说质心的崩溃点为 0。但是可以证明中位数是更强大的,因为它需要 $\lfloor \frac{n}{2} \rfloor$ 个异常值(即大约 50% 的异常值)将质心引导至 ∞。因此,当数据集中有许多异常值时,k 中心聚类通常是首选的。

找到单个簇的中心是 $k=1$ 聚类的一个特例。利用平方欧几里得距离作为代价,我们发现簇中心是属性的平均值,因此其命名为:k 均值。图 7-3 显示给定数据集的聚类结果。这个图是用 R 语言[⊖]中的以下代码生成的:

WWW source code: Example-kMeans.R

```
# filename: Example-kMeans.R
# k-means clustering using the R language
N <- 100000
x <- matrix(0, N, 2)
x[seq(1,N,by = 4),]  <- rnorm(N/2)
x[seq(2,N,by = 4),]  <- rnorm(N/2, 3, 1)
x[seq(3,N,by = 4),]  <- rnorm(N/2, -3, 1)
x[seq(4,N,by = 4),1] <- rnorm(N/4, 2, 1)
x[seq(4,N,by   = 4),2] <- rnorm(N/4, -2.5, 1)
start.kmeans <- proc.time()[3]
ans.kmeans <- kmeans(x, 4, nstart=3, iter.max=10, algorithm="Lloyd")
ans.kmeans$centers
end.kmeans <- proc.time()[3]
end.kmeans - start.kmeans
these <- sample(1:nrow(x), 1000)
plot(x[these,1], x[these,2], pch="+", xlab="x", ylab="y")
title(main="Clustering", sub="(globular_shapes_of_clusters)", xlab="x",
    ylab="y")
points(ans.kmeans$centers, pch=19, cex=2, col=1:4)
```

7.2.1 重写 k 均值成本函数以对聚类效果进行双重解释:聚类簇内数据或分离簇间数据

k 均值成本函数寻求小方差的紧致球状簇。实际上,成本函数可以被重新解释为最小化簇方差的加权和,如下所示:

$$\min_{C=\{c_1,\cdots,c_k\}} \sum_{i=1}^{n} \min_{j\in\{1,\cdots,k\}} w_i \parallel x_i - c_j \parallel^2$$

$$\min_{C=\{c_1,\cdots,c_k\}} \sum_{j=1}^{k} \sum_{x\in G_j} w(x) \parallel x - c_j \parallel^2$$

$$\min_{C=\{c_1,\cdots,c_k\}} \sum_{j=1}^{k} W_j v(G_j)$$

其中,$W_j := \sum_{x\in G_j} w(x)$ 表示簇 G_j 中元素的累积权重(见 7.12 节)。

我们也可以证明,将聚类数据划分为同质群组相当于将 X 的数据分成多个群组:

⊖ 可在 https://www.r-project.org/上免费获得。

实际上，令 $A := \sum_{i=1}^{n} \sum_{j=i+1}^{n} \| x_i - x_j \|^2$ 表示为常数，即作为内点平方欧几里得距离之和（对于给定的数据集而言是固定的，并且与 k 无关）。对于给定的划分，我们可以将 A 分解为两个部分：同一簇内的距离之和以及两个不同簇之间的距离之和：

$$A = \sum_{i=1}^{l} \left(\sum_{x_i, x_j \in G_l} \| x_i - x_j \|^2 + \sum_{x_i \in G_l, x_j \notin G_l} \| x_i - x_j \|^2 \right)$$

因此，因为 A 是常数（对于给定的 X），最小化簇内平方欧几里得距离之和 $\sum_{i=1}^{l} \sum_{x_i, x_j \in G_l} \| x_i - x_j \|^2$，等价于最大化簇间平方欧几里得距离之和：

$$\min_C \sum_{i=1}^{l} \sum_{x_i, x_j \in G_l} \| x_i - x_j \|^2$$

$$= \min_C A - \sum_{i=1}^{l} \sum_{x_i \in G_l, x_j \notin G_l} \| x_i - x_j \|^2$$

$$= \min_C \sum_{i=1}^{l} \sum_{x_i \in G_l, x_j \notin G_l} \| x_i - x_j \|^2$$

因此，我们有一个双重描述来定义一个好的聚类：

- 聚类数据成为同质群组，从而最小化簇方差的加权和。
- 分离数据，以最大化簇间平方欧几里得距离。

7.2.2 k 均值优化问题的复杂性和可计算性

只要数据维数 $d > 1$，并且簇的数量 $k > 1$ 时，寻找一个 k 均值成本函数的最小值就是 NP 难（NP-hard）问题。当 $k = 1$ 时，已经证明可以在线性时间（计算群组的均值）计算出最优解（质心）。当 $d = 1$ 时，可以使用动态规划来计算最优的 k 均值解：使用 $O(nk)$ 内存，我们可以在时间 $O(n^2 k)$ 内求解 n 个标量值的 k 均值（本章结尾练习题进一步讨论细节）。

定理 4（k 均值复杂度）当 $k > 1$ 和 $d > 1$ 时，找到最小化 k 均值成本函数的划分是 NP 难问题。当 $d = 1$ 时，可以使用动态规划求解精确的 k 均值，并使用 $O(nk)$ 内存和 $O(n^2 k)$ 时间。

快速回顾一下，P 类问题是可以在多项式时间内求解的一类决策问题（即回答是/否的问题），NP 类问题是可以在多项式时间内验证求解的一类问题（例如，3-SAT[⊖]）。NP 完全（NP-complete）类问题是可以使用多项式时间将一个问题归约为一个 NP 类问题进行求解的一类问题：即 $X \propto_{polynomtal} Y, \forall Y \in NP$。NP 难类问题也是一类问题，但

⊖ 3-SAT 问题在于回答一个带有 3 个字符的 n 个子句的布尔公式是否可以满足。3-SAT 是一个著名的 NP 完全问题（库克定理，1971 年），是理论计算机科学的一个基石。

不一定属于 NP 类问题，只要满足 $\exists Y \in$ NP 完全 $\infty_{\text{polynomial}} X$ 即可。

由于 k 均值问题在理论上是 NP 难的，我们需要寻求有效的启发式方法来得到一个近似成本函数。我们将启发式方法分为两类：

（1）全局启发式（global heuristics）方法，该方法不依赖于初始化。

（2）局部启发式（local heuristics）方法，该方法可以从一个解决方案（一个划分）开始迭代，并使用"主元规则"迭代地改进此划分。

当然，我们需要用全局启发式方法来对局部启发式方法进行初始化。这就产生许多可以在实际应用中获得良好的 k 均值聚类的策略！寻找新颖的 k 均值启发式方法在其出现 50 年后仍然是一个活跃的研究课题！

7.3   Lloyd 批量 k 均值局部启发式方法

现在介绍著名的 Lloyd 启发式方法（1957 年），它将给定的初始化通过以下两步进行迭代，直到收敛：

- **将点分配给簇**。对于所有 $x_i \in X$，令 $l_i = \arg\min_l \| x_i - c_l \|^2$，并且将 k 个簇定义为 $G_j = \{x_i : l_i = j\}$，其中 $n_j = |G_j|$，表示 X 中的元素落入第 j 个簇的数量。
- **更新中心**。对于所有的 $j \in \{1, \cdots, k\}$，更新中心直到获得它们的簇质心：$c_j = \frac{1}{n_j} \sum_{x \in G} x$（或加权数据集的重心 $c_j = \frac{1}{\sum_{x \in G_j} w(x)} \sum_{x \in G_j} w(x) x$）。

图 7-4 演示了 Lloyd 算法的若干次迭代过程

定理 5   Lloyd 的 k 均值启发式方法在有限次迭代之后单调收敛到局部最小值，其上界为 $\begin{bmatrix} n \\ k \end{bmatrix}$。

证明   令 $G_1^{(t)}, \cdots, G_k^{(t)}$ 表示在第 t 次迭代处 X 的划分，成本为 $e_k(X, C_l)$。令 $G(C_t) = \bigcup_{j=1}^{k} G_i^{(t)}$，表示由 k 个中心 C_t 引入的簇。在 $t+1$ 次迭代中，由于将点分配给具有最小平方欧几里得距离的簇，所以可以得到：

$$e_k(X; G^{(t+1)}) \leqslant e_k(X, G(C_t))$$

现在回想一下，k 均值成本函数等于簇内方差的加权和：$e_k(X; G^{(t+1)}) = \sum_{j=1}^{k} v(G_j^{(t+1)}, c_j)$。当将簇中心更新为它们的质心（即，使这些群组的平方欧几里得距离达到最小的点）时，对于每个群组则有 $v(G_j^{(t+1)}, c(G_j^{(t+1)}) \leqslant v(G_j^{(t+1)}, c_j)$。因此，我们得到：

$$e_k(X; C_{t+1}) \leqslant e_k(G^{(t+1)}; C_t) \leqslant e_k(X; C_t)$$

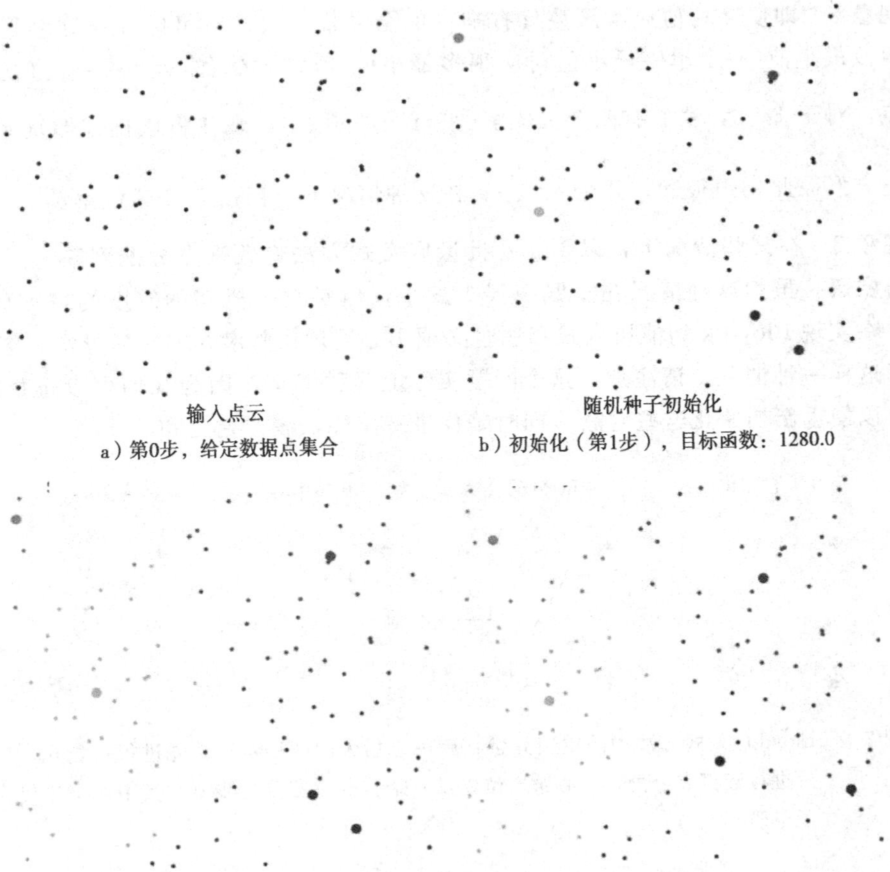

输入点云	随机种子初始化
a）第0步，给定数据点集合	b）初始化（第1步），目标函数：1280.0
将点分配给簇	新的中心=质心
c）第2步，目标函数：1280.0	d）第4步，目标函数：131.51

图 7-4 Lloyd k 均值算法示意图：a)输入数据集；b)簇中心的随机初始化；c)将数据点分配给簇；d)中心重定位，直到算法收敛到成本函数的局部最小值

由于 $e_k(X; C) \geqslant 0$，并且不能在 $O\left(\begin{bmatrix} n \\ k \end{bmatrix}\right)$ 个潜在划分中重复两次相同的划分$^{\ominus}$，所以必须在有限次迭代之后收敛到局部最小值。

现在我们来介绍一下 k 均值聚类的一些值得注意的现象。

现象 1 虽然 Lloyd 启发式方法在实践中表现非常出色，但已经发现，即使在平面 $d=2$ 情况下，最坏结果是我们会得到一个指数级别的迭代次数[1-2]。在 1D 中，Lloyd 的 k 均值需要 $\Omega(n)$ 次迭代直到收敛[2]。但是回想一下，使用动态规划可以在多项式时间内解决 1D 情况。

$\ominus$ 将 n 个元素分成 k 个非空子集的不同划分的数量为第二类 Stirling 数：$\begin{Bmatrix} n \\ k \end{Bmatrix} = \frac{1}{k!} \sum_{j=0}^{k} (-1)^{k-j} \binom{k}{j} j^n$。

现象 2   即使 k 均值成本函数具有唯一的全局最小值，也可以存在许多划分方案来产生该最小值（一个单一最小值对应很多最小值参数）。例如，考虑一个正方形的 4 个顶点，对于 $k=2$，我们有两个最优解（平行边的顶点），现在将该正方形复制 $\frac{n}{4}$ 份，每个正方形彼此相距很远，并令 $k=\frac{n}{4}$。在这种情况下，存在 2^k 个最优聚类。

现象 3   在某些情况下，以 Lloyd 批量启发式方法将数据点分配到簇之后，我们会获得空簇。虽然这种情况在实践中很少发生，但是它的概率随维度的增加而增大。因此，在实现 Lloyd k 均值启发式算法时必须小心处理这些潜在的空簇异常。图 7-5 中给出了这样一种情况。请注意，这个问题实际上是种幸运，因为我们可以选择新的中心点，以便重新初始化这些空簇，同时确保进一步降低簇方差之和。

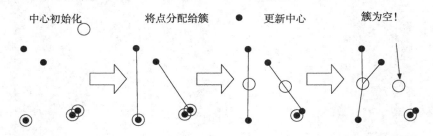

图 7-5   Lloyd 启发式方法中的空簇异常：簇中心用大圆圈表示。首先进行初始化，然后进行数据点分配、中心重定位以及一个新的数据分配步骤。其中一个簇变为了空簇

Lloyd k 均值是一个局部启发式算法，它从给定的初始化开始（由初始的 k 个原型集产生的，或者以能够得到质心原型的给定起始划分产生的），并保证单调收敛到局部最小值。接下来将描述一些初始化方法，即 k 均值的全局启发式方法。

7.4   基于全局启发式的 k 均值初始化方法

7.4.1   基于随机种子的初始化方法

从 X 中随机选择 k 个不同的种子（例如，通过从 $[n]=\{1, \cdots, n\}$ 中均匀地采样 k 个索引）。这样就有 $\binom{n}{k}$ 个不同的组合。然后从种子变量 $C=\{c_1, \cdots, c_k\}$ 中创建群组划分 $G(C)=\{G_1, \cdots, G_k\}$。目前并没有理论可以确保 $e_k(X, G)$ 接近全局最小值 $e_k^*(X, G)=\min_C e_k(X, G)$。因此，为了增加找到一个好的初始化集合的几率，并尽量保证距离 $e_k^*(X, G)$ 不太远，可以初始化 l 次以获得种子集合 $C_1, \cdots, C_l$，保留能够产生最好 k 均值成本的种子。也就是说，保留种子集合 C_l，其中 $l^*=\mathrm{argmin}_l e_k(X; G(C_l))$。

这种方法有时称为 Forgy 初始化方法，该方法在软件包实现中需要重新启动 l 次。

7.4.2 全局 k 均值：最佳贪心初始化

在全局 k 均值中，首先随机选择第一个种子 c_1，然后贪心地选择种子 c_2 至 c_k。令 $C_{\leqslant i} = \{c_1, \cdots, c_i\}$ 表示前 i 个种子的集合。选择 $c_i \in X$ 以最小化 $e_i(X, C_{\leqslant i})$（只有 $n-i+1$ 个可能的选择，这可以通过穷举测试得到）。最后，考虑所有 n 个可能的选择 $c_1 = x_1, \cdots, c_1 = x_n$，然后保留最好的种子集。

7.4.3 k-means++：一种简单的概率保证的初始化方法

现在考虑一种基于概率的初始化方法，能够保证以很高的概率获得一个好的初始化。用 $e_k^*(X) = \min_c e_k(X; C) = e_k(X, C^*)$ 表示 k 均值成本的全局最小值，其中 $C^* = \arg\min_c e_k(X; C)$。k 均值的 $(1+\varepsilon)$ 近似可由一组原型 C 定义，使得：

$$e_k^*(X) \leqslant e_k(X, C) \leqslant (1+\varepsilon) e_k^*(X)$$

换句话说，比值 $\dfrac{e_k(X, C)}{e_k^*(X)}$ 至多为 $1+\varepsilon$。

根据 x_i 到已经选择的种子的平方欧几里得距离来对元素 x_i 进行加权，以此让 k-means++ 的初始化迭代地选择种子。令 $D^2(x, C)$ 表示 x 与 C 中元素的最小平方欧几里得距离：$D^2(x, C) = \min_{c \in C} \| x - c \|^2$。

对于加权集合 X，k-means++ 初始化过程如下：

- 在 X 中均匀、随机地选择 c_1。如果已预先对 X 进行了洗牌，那么设置 $C_{++} = \{c_1\}$。
- 对于 $i = 2$ 至 k

以如下概率选取 $c_i = x \in X$：

$$p(x) = \frac{w(x) D^2(x, C_{++})}{\sum_y w(y) D^2(y, C_{++})}$$

$C_{++} \leftarrow C_{++} \cup \{c_i\}$

定理 6(k-means++[3])   k-means++ 概率初始化能够以很高的概率保证 $\mathbb{E}[e_k(X, C_{++})] \leqslant 8(2 + \ln k) e_k^*(X)$。

也就是说，k-means++ 具有 $\widetilde{O}(\log k)$ 竞争性。符号 $\widetilde{O}(\cdot)$ 强调的是该分析是期望概率。其证明过程可以参考文献[3]。在这里，为了给出证明中使用的特别技巧，我们将在 $k = 1$ 个簇的情况下给出基本证明过程。也就是说，随机选择一个点 $x_0 \in X$。令 c^* 表示 X 的质心。

可得到：

$$\mathbb{E}[e_1(X)] = \frac{1}{|X|} \sum_{x_0 \in X} \sum_{x \in X} \| x - x_0 \|^2$$

对于任何 z，将使用以下方差偏差分解：

$$\sum_{x \in X} \| x - z \|^2 - \sum_{x \in X} \| x - c^* \|^2 = | X | \| c^* - z \|^2$$

因此，可以推导出

$$\mathbb{E}[e_1(X)] = \frac{1}{| X |} \sum_{x_0 \in X} \left(\sum_{x \in X} \| x - c^* \|^2 + | X | \| x_0 - c^* \|^2 \right)$$

$$= 2 \sum_{x \in X} \| x - c^* \|^2 = 2 e_1^*(X)$$

因此，在 $k = 1$ 个簇的情况下，通过在 X 中均匀、随机地选择第一个种子 c_1，可以保证期望值为 2 近似。

7.5 k 均值向量量化中的应用

7.5.1 向量量化

在向量量化(Vector Quantization，VQ)中，给定一个集合 $X = \{x_1, \cdots, x_n\}$，我们试图用词向量 $c_1, \cdots, c_k$ 进行编码。这个词典称为编码本。定义编码和解码功能如下：

- 量化函数 $i(\cdot)$：$x \in \mathbb{R}^d \rightarrow \{1, \cdots, k\}$。
- 解码函数 $c(\cdot)$。

为了对 n 个字符的字母表中 m 个元素构成的信息$(t_1, \cdots, t_m)$进行编码$(t_i \in X)$，通过编码函数 $i(\cdot)$ 将每个 t_i 与其编码 $i(t_i)$ 相关联，相应的编码是由编码书中的 k 个词组成的。例如，可以将图像的 24 位颜色(使用 3 个颜色通道编码，红色为 R，绿色为 G，蓝色为 B)通过向量量化方法量化为 k 个不同的颜色级别(k 均值的 k 原型应用在所有像素颜色上)。因此，与其使用 $24m$ 位对规模为 $m = w \times h$ 个像素的图像进行编码，不如使用尺寸为 k 的调色板(palette)编码(R, G, B)颜色，然后使用 $m \times \log k$ 位(整个图像的内容)对像素颜色进行编码。这样可以节省存储空间，并缩短通过数字通道发送图像的通信时间。

将颜色量化为 k 个字母的字母表所引入的失真误差为 $E = \frac{1}{n} \sum_{i=1}^{n} \| x - c(i(x)) \|^2$，也就是均方误差(Mean Square Error，MSE)。

k 均值聚类允许人们找到可以最小化(局部)MSE 的编码本，即 $e_k(X, C) = v(X) - v(C)$。在这里，方差表示信息的传播，我们力求尽量减少这种信息损失。实际上，可以按以下方式重写 k 均值成本函数：

$$e_k(X, C) = \sum_{i=1}^{n} \min_{j=1}^{k} \| x_i - c_j \|^2 = v(X) - v(C)，其中 C = \{(n_j, c_j)\}_{j=1}^{k}$$

因此，k 均值可以重新解释为 X 的方差与其以 k 个中心 C 进行量化之间差异的最小化。换句话说，量化要求最小化 n 个字母上的离散随机变量的方差与在 k 个字母上的离散随机变量方差之间的差异。方差可以看作信息，我们力求最小化这两个随机变量之间的信息差异。在信息理论(Information Theory, IT)中，这与速率失真理论有关。

7.5.2　Lloyd 的局部最小值和稳定 Voronoi 划分

对于所有 $x_i \in X$，将其与 $\mathbb{N}$ 中的一个标签(label)相关联：

$$l_C(x) = \underset{j \in \{1, \cdots, k\}}{\mathrm{argmin}} \| x - c_j \|^2$$

可以将这个标签功能扩展到整个空间 $\mathbb{X}$，获得一个称为 Voronoi 图的 $\mathbb{X}$ 的划分。这个空间划分如图 7-6 所示。Voronoi 图的一个 Voronoi 单元 V_j 可以定义为

$$V_j = \{ x \in \mathbb{R}^d : \| x - c_j \| \leqslant \| x - c_l \| \ \forall l \in \{1, \cdots, n\} \}$$

在这里需要注意的是，平方欧几里得距离或普通欧几里得距离可以产生相同的 Voronoi 图，Voronoi 图能够将空间分解成邻近单元。事实上，如果在基本距离上应用任何严格单调的函数，Voronoi 单元都不会改变。平方函数就是 $\mathbb{R}_+$ 上单调函数的一个例子。

现在，我们注意到，一旦 Lloyd 的 k 均值启发式方法发生收敛，群组 G_i 就会产生一个 Voronoi 划分，并且这些群组的凸包(co)两两不相交：$\forall i \neq j$，$\mathrm{co}(G_i) \bigcap \mathrm{co}(G_j) = \varnothing$ 其中：

$$\mathrm{co}(X) = \Big\{ x : x \sum_{x_i \in X} \lambda_i x_i, \sum_{i=1}^{n} \lambda_i = 1, \lambda_i \geqslant 0 \Big\}$$

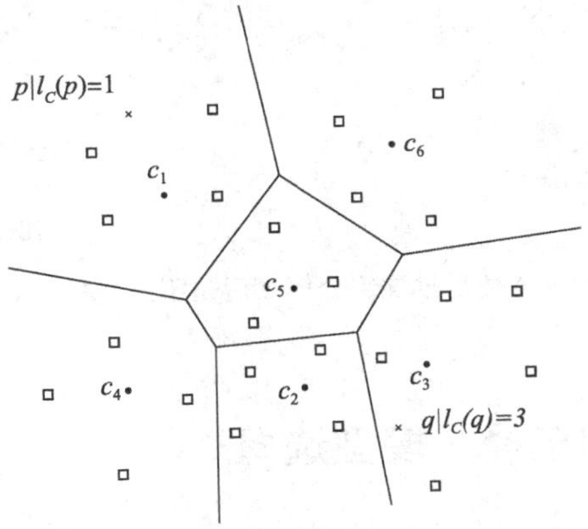

图7-6　若由 k 个中心 C 引入的 Voronoi 图(称为发生器)，以及由 C 引入的 X 的 Voronoi 划分

7.6　k 均值的物理解释：惯性分解

我们用 $X = \{(x_i, w_i)\}_i$ 表示位于位置 x_i 处权重为 w_i 的 n 体质量。在物理学中，惯性的概念是度量物体在给定点移动时的阻力。我们测量点云 X 的总惯性 $I(X)$，为 X 中的点相对于其质心 $c = \sum_{i=1}^{k} w_i x_i$ 的平方欧几里得距离之和：

$$I(X) := \sum_{i=1}^{n} w_i \parallel x_i - c \parallel^2$$

因此，当我们增加点上的质量时，惯性也会增加（即点集围绕其质心转动变得更加困难）。同样，当点远离质心时，其围绕质心旋转也变得越来越困难。因此，k均值可以在物理上重新解释为识别 k 个群组的任务，使得这些群组相对于它们的重心的惯性之和最小。Huygens 公式报告了系统总体惯性与其分解之间的不变量或恒等式，分解是指群组内惯性之和加上群组间惯性：

定理 7（Huygens 公式：惯性分解）　总惯性 $I(X) = \sum_{i=1}^{n} \parallel x_i - \bar{x} \parallel^2$ 等于 $I_{\text{intra}}(G) +$

$I_{\text{inter}}(C)$，其中群组内惯性 $I_{\text{intra}}(G) = \sum_{i=1}^{k} I(G_i) = \sum_{i=1}^{k} \sum_{x_j \in \mathcal{G}_i} w_j \parallel x_j - c_i \parallel^2$，群组间惯性

$I_{\text{inter}}(C) = \sum_{i=1}^{k} W_i \parallel c_i - c \parallel^2$（唯一质心 c），$W_i = \sum_{x \in G_i} w(x)$。

图 7-7 显示了具有相同总惯性的两种惯性分解。由于总惯性是不变的，所以使群组内惯性最小化等价于群组间惯性最大化。

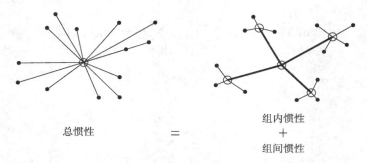

总惯性　　　=　　　组内惯性
　　　　　　　　　　　　+
　　　　　　　　　　　组间惯性

图 7-7　点集质量系统的总惯性通过群组分解之后是不改变的。k均值优化了分解使得群组内惯性最小

7.7　k均值中 k 的选择：模型选择

直到目前为止，我们假定簇的数量 k 是预先确定的。但是在实践中并不是这样，当进行探索性数据分析时，k 也同样需要猜测。找到正确的 k 值是一个重要的问题，这在文献中称为模型选择。对于 k 的任何值，我们可以考虑使用最优 k 均值成本函数 $e_k^*(X)$（可以在实践中根据经验估算，例如使用 Lloyd 启发式方法进行几次初始化）。需要注意的是，$e_k(X)$ 单调递减直到达到 $e_n(X)=0$（在这种情况下，每个点都被简单地分配给它自己的簇）。

7.7.1　基于肘部法则的模型选择

为了正确地选择 k 值，可以使用所谓的肘部法则（elbow method）。这是一个可视

化的过程：首先，我们绘制函数 $(k, e_k(X))$，其中 $k \in [n] = \{1, \cdots, n\}$，并选择 k 来定义拐点：肘部（将前臂与后臂分开）。选择这个 k 值的原因是，对于小的 k 值，簇方差的总和迅速减小，然后从一些值开始，方差的和表示为平稳状态。由于函数 $f(k) = e_k(X)$ 看起来像实际数据集（平稳状态为前臂）的手臂，所以这种可视化检查方法被称为"肘部法"：肘部返回最佳簇数（见图 7-8）。这种方法的一个缺点是它在计算上非常昂贵，有时（取决于数据集）急剧下降和平稳状态之间的拐点不是很明确！

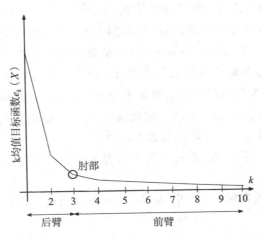

图 7-8　使用肘部法选择 k：肘部定义了将快速下降区域（后臂）与平稳区域（前臂）分开的 k 值

7.7.2　模型选择：用 k 解释方差减少

我们计算由 k 个类别解释的方差比率：

$$R^2(k) = \frac{I_{\text{inter}}(k)}{I_{\text{total}}}$$

我们得到 $0 < R^2(k) \leqslant 1$，然后选择能够使比值 $\dfrac{R^2(k)}{R^2(k+1)}$ 最小化的 k^*：

$$k^* = \arg\min_k \left(\frac{R^2(k)}{R^2(k+1)} \right)$$

我们提出了两种基本的方法来选择正确的 k 值，即簇的数量。在机器学习中，k 表示模型的复杂度，因此 k 的选择问题也称为模型选择问题。目前也存在一些不需要事先知道 k 就可以执行聚类的算法。例如，吸引子传播（Affinity Propagation）算法[4] 就是这样一种比较流行的算法，或 k 均值的快速凸松弛最小化方法[5] 也属于这类算法。

7.8　集群上的并行 k 均值聚类

有许多种方法可以在计算机集群上设计 Lloyd k 均值启发式算法的并行版本：也

就是在一组互连的机器上，这里我们将其视为具有分布式内存的"超级计算机"（每个机器具有一个本地内存）。像往常一样，为了简单起见，我们认为每个计算机都有一个处理核（处理单元），并且将一个节点与每个机器相关联，以便通过一个图来描述通信链路。这些不同的处理器通过使用 MPI（消息传递接口）发送和接收消息来相互通信。发送消息的通信成本分为两个部分：一部分用于初始化通信的延迟，另一部分与消息的长度成比例。发送结构化数据首先需要在发送方节点发送（编码）之前将其序列化为通用的"字符串"，并在接收方节点重新构建该字符串（对字符串进行去序列化以重构结构）。

k 均值聚类问题可以通过属性数量（即数据点云的维数）、数据元素的数量 n 和簇数 k 来表征。我们假设 $k \ll n$（即，$k = o(n)$），所有簇中心需要 $O(dk)$ 的存储空间，这样就可以将所有簇中心存储到每个机器的本地内存中。因为实际上内存（RAM）是固定的（即 $O(1)$），这意味着我们在理论上需要考虑 $k = O(1)k$ 的特殊情况。然而，与 k 相比，元素 n 的数量被认为是非常大的，因此需要在 P 个处理器之间分配整个数据集 X（因为 X 不能完全存储在单个计算机的 RAM 中）。

为了设计一个简单而高效的并行 k 均值启发式算法，我们依赖于以下可组合性/可分解性定理。

定理 8（重心的可组合性） 令 X_1 和 X_2 是两个加权数据集，其各自的总权重 $W_1 > 0$ 且 $W_2 > 0$。我们有：

$$\bar{x}(X_1 \bigcup X_2) = \frac{W_1}{W_1 + W_2}\bar{x}(X_1) + \frac{W_2}{W_1 + W_2}\bar{x}(X_2)$$

其中 $\bar{x}(X_i)$ 表示 X_i 的重心，$i \in \{1, 2\}$。

该性质对于将一个 X 划分上的质心计算分解成 P 个子集 X_1，…，X_p 至关重要，其中 P 是处理器（或集群机器）的数量。算法 5 的伪码中描述了相应的并行算法。

在运行时，每个处理器通过使用函数 `MPI_Comm_size()` 获得集群的总体处理器数量，并通过使用标准 MPI 函数 `MPI_Comm_rank()` 获得在 0 和 $P-1$ 之间进程索引的序号。处理器 P_0（根机器）的任务是初始化 k 个簇原型，并使用原语 `MPI_Bcast`（C，根处理器）将其广播到所有其他处理器。然后我们使用一个 while 结构进行循环操作直到收敛：每个处理器 P_l 计算其数据 X_l 所在群组的标识、与 P_l 对应的 k 个群组的向量的累加和以及每个簇的本地基数。然后，我们使用 MPI 原语 `MPI_Allreduce` 聚合并广播所有这些群组基数。可以在一组二元运算符（例如＋或 min）中选择聚合操作（即关联和交换）。我们将此二元操作指定为 MPI 原语 `MPI_Allreduce` 的参数：这里，`MPI_SUM` 表示累加和操作。由于与机器相关联的部分数据集中的某些簇可能为空，因此我们在计算局部质心时需要考虑到这些情况（参见算法 5 中的 $\max(n_j, 1)$）。

使用 OpenMPI C 语言 API 的完整源代码在语法上与算法 5 中的伪代码略有不同，因为 MPI 原语的参数还要求设置消息的长度，以及要传送的数据的类型等。

在这个 k 均值的分布式实现中，我们通过最优加速比 P 来优化串行代码。

```
/* Distributed k-means clustering in MPI                        */
p = MPI_Comm_size();
r = MPI_Comm_rank();
previousMSE = 0;
/* Mean Square Error, the cost function for the k-means         */
MSE = ∞;
if r = 0 then
    /* Initialize randomly the cluster seeds                    */
    Initialize C = (c₁,...,cₖ);
    MPI_Bcast(C, 0);
end
while MSE ≠ previousMSE do
    previousMSE = MSE;
    MSE' = 0;
    for j = 1 to k do
        m'ⱼ = 0;
        n'ⱼ = 0;
    end
    for i = r(n/p) to (r+1)(n/p) - 1 do
        for j = 1 to k do
            Calculate dᵢ,ⱼ = d²(xᵢ, mⱼ) = ‖xᵢ - mⱼ‖²;
        end
        Find the closest centroid mₗ to xᵢ: l = arg minⱼ dᵢ,ⱼ;
        /* Update stage                                         */
        m'ₗ = m'ₗ + xᵢ;
        n'ₗ = n'ₗ + 1;
        MSE' = MSE' + d²(xᵢ, mₗ);
    end
    /* Aggregate: make use of the composability property of
       centroids                                                */
    for j = 1 to k do
        MPI_Allreduce(n'ⱼ, nⱼ, MPI_SUM);
        MPI_Allreduce(m'ⱼ, mⱼ, MPI_SUM);
        /* To prevent dividing by zero                          */
        nⱼ = max(nⱼ, 1);
        mⱼ = mⱼ/nⱼ;
    end
    /* Update the cost function                                 */
    MPI_Allreduce(MSE', MSE, MPI_SUM);
end
```

算法 5 基于 MPI 的 Lloyd 并行 k 均值启发式算法

7.9 评估聚类划分

为了评估各种聚类技术的性能(如各种 k 均值局部/全局启发式算法),重要的是有真实标注数据集(ground-truth dataset),可以告知每个数据元素是否是真的簇成员。没有这些真实标注数据集,我们只能对聚类方法进行主观或定性评估。虽然在 2 维中,通过人眼可以评估所获得的聚类是否良好,但在维度 $d>3$ 的情况下将变得不可视。

当真实标注数据集(例如,由专家标注的数据集)可用时,我们可以计算各种度量标准,这些度量标准是衡量两个划分相似度的量化值:其中一个划分是源自对真实数据集进行专家标注而来(假定为最佳聚类),另外一个划分是通过自动聚类算法获得的聚类结果。

7.9.1   兰德指数

兰德指数(1971)可以计算两个划分的相似度：令 $G=\biguplus G_i$ 和 $G'=\biguplus G'_i$ 分别为 k 均值启发式算法和真实标注数据集的簇分解结果。

我们比较所有的 $\begin{bmatrix} n \\ 2 \end{bmatrix}$ 个 (x_i, x_j) 的点对，并将那些被发现属于同一簇 (a) 的点对与那些被发现属于不同簇 (b) 的点对进行计数。因此我们得到位于区间 $[0，1]$ 的兰德指数：

$$\mathrm{Rand}(G,G') = \frac{a+b}{\begin{bmatrix} n \\ 2 \end{bmatrix}}$$

其中

- a：$\#\{(i, j): l(x_i)=l(x_j) \wedge l'(x_i)=l'(x_j)\}$。
- b：$\#\{(i, j): l(x_i)\neq l(x_j) \wedge l'(x_i)\neq l'(x_j)\}$。

其中 $l(\cot)$ 和 $l'(\cot)$ 是真实标注数据聚类和自动聚类的两个簇标记函数。

符号：$\mathrm{condition}_1 \wedge \mathrm{condition}_2$ 表示若这个公式结果为真，则两个条件均必须为真（逻辑与运算符）。我们需要指出，兰德指数避免了我们为了使这两个划分相互兼容而重新标记 k 个组；否则实际中这种情况将存在 $k!$ 个需要重新标注的置换，因此在实践中它是不易计算的（因为 $k!$ 随着 k 呈指数级增长）。在实践中经常使用一种更复杂的兰德指数实现，称为调整兰德指数(adjusted Rand index)[6]。

7.9.2   归一化互信息

归一化互信息(NMI)是在信息理论中明确定义的概念。令 $n_{j,j'}=\{x \in G_j \wedge x \in G'_{j'}\}$。那么 NMI 定义如下：

$$\mathrm{NMI}(G,G') = \frac{\sum\limits_j^k \sum\limits_{j'}^{k'} n_{j,j'} \log \dfrac{n \times n_{j,j'}}{n_j n_{j'}}}{\sqrt{\left(\sum\limits_j^k n_j \log \dfrac{n_j}{n}\right)\left(\sum\limits_{j'}^{k'} n'_j \log \dfrac{n'_j}{n}\right)}}$$

NMI 是对信息理论数量的估计：

$$\frac{I(X;Y)}{\sqrt{H(X)H(Y)}}$$

其中 $I(X；Y)$ 表示两个随机变量之间的互信息，$H(\cdot)$ 表示随机变量的信息熵(Shannon entropy)。

7.10   注释和参考

我们描述了通过最小化成本函数来进行数据聚类的方式，其中成本函数是 k 个簇的簇内方差的总和。历史上，k 均值方法是由 Hugo Steinhaus[7]首先引入（通过研究物体的惯性），并且在后来被独立重新发现了很多次（如向量量化、VQ 等）。本章中描述了常用的 k 均值技术。k 均值的完整描述需要参照相关的教材！基于成本函数，可以获得有效的优化算法，并且所获得的聚类方法可以适用于多种数据集。实际上，当人们用公理化方法描述一个好的聚类的特性时，可以发现并不存在任何成本函数来优化和满足这些特性[8]（另见文献[9，10]）。

　　Lloyd 批量启发式方法在文献[11]中首次提出。在实际应用中，Hartigan 的单互换启发式（如 7.12 节所述）越来越受欢迎，因为它比 Lloyd 的方法更有效率并且可以达到更好的局部最小值。k-means ＋＋概率初始化可以追溯到 2007 年。文献[12]中描述了 k 均值确定性初始化方法：在时间 $O(\varepsilon^{-2k^2 d} n \log^k n)$ 中得到一个（1＋ε）近似。在 NP 难问题中，k 均值是非常"容易"近似求解的，因为它有多项式时间近似方案（Polynomial Time Approximation Scheme，PTAS）[13]：也就是说，对于任意 ε＞0，在多项式时间中，可以得到 k 均值成本函数的（1＋ε）近似。

　　文献[14]使用 MPI 在分布式内存并行架构上实现了 k 均值。Lloyd 启发式方法在每个阶段进行簇中点的更新（批量 k 均值）：每个点重新定位之后也可以逐个点进行更新。这正是 7.12 节中提到的 MacQueen 启发式方法[15]。k-Means＋＋本质上是一个串行算法，并且在文献[16]中已经提出了其并行化的方法，称为 k-means ‖。如今，随着大数据集的广泛使用，人们甚至试图对数十亿（k）个簇的大数据集[17]进行聚类。核心集近似技术[18]允许通过将精确成本函数的最小化进行可控近似，从而将规模非常大的数据集减少为

规模比较小的数据集。文献[19]中已经提出了另一种核心集并行构造方法。数据聚类中的另一个热门话题是能够在不同实体之间进行数据聚类，同时保证原数据元素的隐私性。文献[20]提出了使用 Lloyd k 均值启发式方法对垂直划分数据⊖进行隐私保护的数据聚类方法。

　　我们已经强调了 k 均值目标函数的目的是检测球状簇。虽然 k 均值在实践中经常被使用，但它不是（到目前为止）通用的聚类解决方案。例如，图 7-9 显示了通过人类眼脑系统就能够进行聚类的数据集；然而对于这类数据，k 均值方法将不

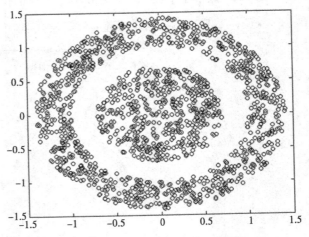

图 7-9　k 均值无法将数据集有效聚类成两个簇的示例。实际上，k 均值仅限于处理那些具有不相交组凸包的 Voronoi 划分。在实际应用中，这种数据集使用核聚类方法进行聚类

⊖　垂直划分意味着每个实体只有一个属性块。

能获得有效的划分。这是因为 k 均值只能获取 Voronoi 划分。这种数据集是可以使用核⊖k 均值[21]来处理的。

7.11   总结

探索性数据分析在于发现数据集中的结构,从而获得这些数据集的知识。聚类是将数据分成同质群组的一组技术,从而允许人们发现数据集中的分类,每种分类具有潜在的语义含义。k 均值聚类要求通过向每个群组分配一个中心来最小化簇内方差的加权和,簇的中心即为聚类的原型,起到对簇进行建模的作用。也就是说,k 均值聚类是一种基于模型的聚类。最小化 k 均值目标函数通常是 NP 难问题,而著名的 Lloyd 启发式方法则是重复以下两个步骤直到收敛:(1)将数据点分配给最近的簇中心;(2)通过将中心(原型)设置为簇质心来更新簇中心。Lloyd 启发式方法确保单调收敛到局部最小值,其特征在于能够由簇中心形成 Voronoi 划分。由于我们无法事先知道簇 k 的数量,需要执行模型选择方法对其进行预估:常用的经验法则是选择能够保证 k 和 $k+1$ 时的簇内方差之和比值最小化的 k 值,这可以在视觉上将其解释为肘部(因此命名为肘部法则),即成本函数 $e_k(\cdot)$ 曲线图中的拐点。Lloyd k 均值算法可以通过使用 MPI 和质心分解特性在分布式内存架构上进行并行化:划分为群组的数据集的质心(或重心)相当于计算多个群组的质心(或多个群组的重心)的重心。

Lloyd k 均值算法的代码 processing

图 7-10 显示了 processing.org 程序的快照。

WWW source code: kmeansLloydProcessing.pde

图 7-10   Lloyd k 均值启发式算法的代码 processing 的快照

⊖   在数学上总是可以通过使用核映射将特征提升到更高的维度来分离数据。

7.12 练习

练习 1(带有非归一化正权重的重心和方差)

- 对于数据集 $X=\{x_1,\cdots,x_n\}$ 的正向量 $w=(w_1,\cdots,w_n)\in\mathbb{R}_+^d$（未归一化为 1），证明当中心

选择重心 $\bar{x}$ 时，相对于中心的平方欧几里得距离加权和 $\sum_{i=1}^n w_i\|x_i-c\|^2$ 最小，重心 $\bar{x}$ 为：

$$\bar{x}=\sum_{i=1}^n \frac{w_i}{W}x_i$$

其中 $W=\sum_{i=1}^n w_i$ 是权重的总和，而非归一化方差可以表示为：

$$v(X,w)=\sum_{i=1}^n w_i\|x_i-\bar{x}\|^2=\sum_{i=1}^n w_i\|x_i\|^2-W\bar{x}^2$$

- 可以观察到该公式相当于在经典(归一化权重)公式中采用标准化权重 $\tilde{w}_i=\frac{w_i}{W}$。
- 当一些权重为负数时会发生什么？我们还能保证最小值的唯一性吗？
- 推导重心的组合性公式：令 $\{X_i\}_{i\in\{1,\cdots,k\}}$ 是具有各自总权重为 W_i 的 k 个加权数据集。证明：

$$\bar{x}(\uplus_{i=1}^k X_i)=\sum_{i=1}^k \frac{W_i}{\sum_{j=1}^k W_j}\bar{x}(X_i)$$

其中 $\bar{x}(X_i)$ 是 X_i 的重心。

练习 2(标量($d=1$)的质量中心) 证明算术平均值(arithmetic mean) $c=\frac{1}{n}\sum_{i=1}^n x_i$ 也是均衡中心，
因为我们有以下性质：

$$\sum_{x_i<c}(c-x_i)=\sum_{x_i\geqslant c}(x_i-c)$$

练习 3(偏差-方差分解) 令 $v(X,z)=\sum_{x\in X}\|x-z\|^2$ 和 $v(X)=v(X,\bar{x})$，其中 $\bar{x}=\frac{1}{n}\sum_i x_i$。

- 证明 $v(X,z)=v(X)+n\|\bar{x}-z\|^2$。推导出质心 $\bar{x}$ 可以最小化 $v(X,z)$。
- 将该分解方法泛化到加权点集 $X=\{(x_i,w_i)\}_i$。
- 将 X 看作离散随机变量，并证明任意随机变量的偏差-方差分解公式。

练习 4(k 中心点(也称为离散 k 均值)) 我们通过约束原型 c_j 属于数据元素 x_i 来最小化 k 均值成本函数。

- 使用偏差-方差分解证明 k 中心点的最佳成本至多是 k 均值的最佳成本的两倍。
- 设计 k 均值的启发式方法，其中原型被约束为属于初始数据集(批量分配)。
- 给出启发式方法的最大迭代次数的上界。

练习 5(簇内距离最小化和簇间距离最大化) 令 $X=\{x_1,\cdots,x_n\}$ 是 n 个元素(或分类属性)的数据集，$D(x_i,x_j)\geqslant 0$ 是任意两个元素 $x_i\in X$ 和 $x_j\in X$ 之间的相异度函数。证明：对于给定的划分(即，将 X 划分为 k 个簇 $C_1,\cdots,C_k$，簇内两两之间的距离 $\sum_{l=1}^k\sum_{x_i\in C_l}\sum_{x_j\in C_l}D(x_i,x_j)$ 的最小化等价于使簇间距离最大化 $\sum_{l=1}^k\sum_{x_i\in C_l}\sum_{x_j\notin C_l}D(x_i,x_j)$。对于分类属性数据集，可以考虑使用 Jaccard 距离 $D(x_i,x_j)=\frac{|x_i\cap x_j|}{x_i\cap x_j}$，并且使用 7.12 节中描述的 k 中心点技术进行聚类。

练习 6(MacQueen 局部 k 均值启发式算法[15]) MacQueen 局部 k 均值启发式方法通过将数据点逐个分配给簇来迭代地更新簇原型，直到收敛：

- 初始化 $c_j = x_j$，其中 $j = 1, \cdots, k$。
- 以循环序列增量式分配数据元素 $x_1, \cdots, x_n$ 直到收敛——分配 x_i 给距离最近的的簇 C 的中心 c_j，并更新该中心，我们从当前中心移除 x_i 并将其分配给新的中心。
- 证明以下中心更新公式：

$$c_{l(x_i)} \leftarrow \frac{n_{l(x_i)} c_{l(x_i)} - x_i}{n_{l(x_i)} - 1}, n_{l(x_i)} \leftarrow n_{l(x_i)} - 1$$

$$l(x_i) = \arg \min_j \| x_i - c_j \|^2$$

$$c_{l(x_i)} \leftarrow \frac{n_{l(x_i)} c_{l(x_i)} + x_i}{n_{l(x_i)} - 1}, n_{l(x_i)} \leftarrow n_{l(x_i)} + 1$$

- 证明该方法获得的局部最小值与 Lloyd 批量 k 均值的局部最小值相匹配。
- MacQueen 启发式算法的复杂度是多少？

练习 7(Hartigan 的 k 均值启发式方法：将一个点从一个簇交换到另一个簇[22]) 我们提出以下迭代 k 均值局部启发式方法：以循环顺序逐个考虑元素 x_i。对于给定的当前隶属于簇 $G_{l(x_i)}$ 的数据点 x_i，当且仅当 k 均值成本函数降低时，我们可以将 x_i 移动到另一个簇 G_l 中，其中 $l(x_i) = \arg \min_{j \in \{1, \cdots, k\}} \| x_i - c_j \|$。

(1)数学符号 $\Delta(x_i, l)$ 表示：当 x_i 从 $G_{l(x_i)}$ 交换到 G_l 时，成本函数的增益。对于 x_i 从源簇 Gs 交换至目标簇 G_t，证明以下公式：

$$\Delta(x_i; s \rightarrow t) = \frac{n_t}{n_t + 1} \| c_t - x_i \|^2 - \frac{n_s}{n_s - 1} \| c_s - x_i \|^2$$

(2)证明 Hartigan 的局部最小值是 Lloyd 局部最小值的子集。

(3)用伪代码给出 Hartigan k 均值局部启发式算法。这个算法的复杂度是多少？

(4)需要注意的是，该启发式算法在任何时候都可以保证簇非空(这与 Lloyd 启发式的行为不同，它可以处理空簇异常)。

练习 8(水平与垂直分离的 k 均值并行聚类[20]) 考虑使用 P 个机器的集群对具有 d 个属性的 n 个数据进行聚类。假设 $d \gg n$，根据机器之间分布式特征(因此每个机器存储一部分数据)提出了 k 均值算法的并行实现。请比较垂直分离的 k 均值实现和水平分离的并行 k 均值实现(当数据元素在机器间进行划分和分布时)。

练习 9($**$ k 均值聚类与 Bregman 散度[23]) k 均值成本函数可以推广到 Bregman 散度，形式如下：$e_k(X, G) = \sum_{i=1}^{n} \min_{j \in \{1, \cdots, k\}} D_F(x_i, c_j)$。Bregman 散度定义为严格凸和可微的生成器 $F(x)$，形式如下：

$$D_F(x, y) = F(x) - F(y) - (x - y)^\top \nabla F(y)$$

其中 $\nabla F(y) = \left(\frac{\mathrm{d}}{\mathrm{d} y^1} F(y), \cdots, \frac{\mathrm{d}}{\mathrm{d} y^d} F(y) \right)$ 表示梯度算子(偏导数向量)。

(1)证明平方欧几里得距离是 Bregman 散度，而普通欧几里得距离不是。

(2)证明 $\min_c \sum_{i=1}^{n} w_i D_F(x_i, c)$ 的结果是重心 $\bar{x} = \sum_{i=1}^{n} w_i x_i$。(事实上，可以证明确保重心能够得到最小值的唯一的失真测度是 Bregman 散度。)

(3)给出相应的 Bregman 批量 k 均值和 Bregman Hartigan k 均值启发式算法。

(4)证明重心的可组合性仍然适用于 Bregman 散度。

练习 10（ ＊ k 模式[24]） 为了对类别属性的数据（即非数值数据）进行聚类，可以使用任意两个 d 维属性向量 x 和 y 之间的汉明距离（Hamming distance）：$D_H(x, y) = \sum_{j=1}^d 1_{x^j \neq y^j}$ 其中当且仅当 $a \neq b$ 时 $1_{a \neq b} = 1$，反之则为零。汉明距离是一种满足三角不等式的度量。用 $t_{l,m}$ 表示一个元素的第 l 维的第 m 个类别。

（1）证明 $m^j = t_{j,m^*}$ 和 $m^* = \arg \max_m \#\{x_i^j = t_{j,m}\}$ 的模式 $m = (m^1, \cdots, m^d)$ 可以最大化 $\sum_{i=1}^n w_i D_H(x_i, m)$，其中 $\#\{\cdot\}$ 表示数据集的基数。也就是说，对于每个维度，我们选择模式的主导类别。

（2）通过给出反例，证明重心可能不是唯一的。

（3）设计一个源自 k 均值启发式的 k 模式聚类启发式算法，并展示了如何使用它来对文本文档的集合进行聚类。

（4）展示如何将 k 均值和 k 模式组合起来对混合属性向量（某些维度为数值属性，其他维度为类别属性）进行聚类。

练习 11（用于舆论动力学的 Hegselmann-Krause 模型[25]） 考虑 n 个个体 $p_1, \cdots, p_n$ 组成的集合，集合中每个个体是 d 维空间 $\mathbb{R}^d$ 上的点。在给定的迭代中，当每个个体和所有个体的质心之间的距离小于规定阈值 r（例如，半径 $r = 1$；因此也包括其自身）时更新该个体的位置，重复进行这一过程直到收敛（个体位置不再改变）。收敛过程中，至多有 $k \leqslant n$ 个不同的个体（不同意见）。请用 MPI 实现这个算法。算法的复杂度是多少？这个算法与 Lloyd k 均值算法有何不同？

练习 12（ ＊＊ 任意凸距离的重心）令 $D(\cdot, \cdot)$ 表示一个严格凸和二阶可微的距离函数（不一定对称，也不一定满足三角不等式）。加权点云 $X = \{(x_i, w_i)\}_i$ 的重心 $\bar{x}$ 定义为 $\bar{x} = \arg \min_c \sum_{i=1}^n w_i D(x_i, c)$。

- 证明这个重心是唯一的。
- 为梯度 $\nabla_c (\sum_{i=1}^n w_i D(x_i, c))$ 的归零提供几何解释：重心是抵消向量场 $V(x) = \sum_{i=1}^n w_i \nabla_x D(x_i, x)$ 的唯一点。

练习 13（ ＊＊ 基于动态规划的一维 k 均值[26]） 虽然 k 均值是 NP 难问题，但在一维情况下，可以使用动态规划得到多项式时间算法。首先，在 $O(n \log n)$ 时间内以递增顺序对 $X = \{x_1, \cdots, x_n\}$ 的 n 个标量进行排序。因此，我们可以假设 $x_1 \leqslant \cdots \leqslant x_n$。

- 找出 $k - 1$ 个簇的最优聚类与 k 个簇的最优聚类之间的关系。这里令 $X_{i,j} = \{x_i, \cdots, x_j\}$ 表示标量 $x_i, \cdots, x_j$ 的子集。使用项 $e_{k-1}(X_{1, j-1})$ 和 $e_1(X_{j, n})$ 写出最优聚类 $e_k(X_{1, n})$ 的数学递归方程。
- 展示如何使用回溯方法从动态规划表中找到最佳划分。算法的复杂度是多少？
- 通过将 n 个标量预处理为三个累加和 $\sum_{l=1}^j w_l$、$\sum_{l=1}^j w_l x_l$ 和 $\sum_{l=1}^j w_l x_l^2$，显示如何在恒定时间内计算 $v(X_{i,j}) = \sum_{l=1}^j w_l \| x_l - \bar{x}_{i,j} \|$，其中 $\bar{x}_{i,j} = \frac{1}{\sum_{l=i}^j w_l} \sum_{l=i}^j w_l x_l$。设计出一维情况下，可以在 $O(n^2 k)$ 时间内精确计算出最优的 k 均值划分的方法。

参考文献

1. Vattani, A.: k-means requires exponentially many iterations even in the plane. Discret. Comput. Geom. **45**(4), 596–616 (2011)

2. Har-Peled, S., Sadri, B.: How fast is the k-means method? Algorithmica **41**(3), 185–202 (2005)
3. Arthur, D., Vassilvitskii, S.: k-means++: The advantages of careful seeding. In: Proceedings of the Eighteenth Annual ACM-SIAM Symposium on Discrete Algorithms, pp. 1027–1035. Society for Industrial and Applied Mathematics, USA (2007)
4. Frey, B.J., Dueck, D.: Clustering by passing messages between data points. Science **315**, 972–976 (2007)
5. Lashkari, D., Golland, P.: Convex clustering with exemplar-based models. In: Advances in Neural Information Processing Systems, pp. 825–832 (2007)
6. Hubert, L., Arabie, P.: Comparing partitions. J. classif. **2**(1), 193–218 (1985)
7. Steinhaus, H.: Sur la division des corps matériels en parties. Bull. Acad. Polon. Sci. Cl. **III**(4), 801–804 (1956)
8. Kleinberg, J.: An impossibility theorem for clustering. In: Becker, S., Thrun, S., Obermayer, K. (eds.) Advances in Neural Information Processing Systems, pp. 446–453. MIT Press, USA (2002)
9. Zadeh, R., Ben-David, S.: A uniqueness theorem for clustering. In: Bilmes, J., Ng, A.Y. (eds) Uncertainty in Artificial Intelligence (UAI), pp. 639–646. Association for Uncertainty in Artificial Intelligence (AUAI) Press, USA (2009)
10. Carlsson, G., Mémoli, F.: Characterization, stability and convergence of hierarchical clustering methods. J. Mach. Learn. Res. (JMLR) **11**, 1425–1470 (2010)
11. Lloyd, S.P.: Least squares quantization in PCM. IEEE Trans. Inf. Theory, IT-28(2):129–137, Mar (1982). First appeared as a technical report in 1957
12. Matousek, J.: On approximate geometric k-clustering. Discret. Comput. Geom. **24**(1), 61–84 (2000)
13. Awasthi, P., Blum, A., Sheffet, O.: Stability yields a PTAS for k-median and k-means clustering. In: FOCS, pp. 309–318. IEEE Computer Society, USA (2010)
14. Dhillon, I.S., Modha, D.S.: A data-clustering algorithm on distributed memory multiprocessors. In: Revised Papers from Large-Scale Parallel Data Mining, Workshop on Large-Scale Parallel KDD Systems, SIGKDD, pp. 245–260, Springer, London (2000)
15. James, B.: MacQueen. Some methods of classification and analysis of multivariate observations. In: Le Cam, L.M., Neyman, J. (eds.) Proceedings of the Fifth Berkeley Symposium on Mathematical Statistics and Probability. University of California Press, Berkeley (1967)
16. Bahmani, B., Moseley, B., Vattani, A., Kumar, R., Vassilvitskii, S.: Scalable k-means+. In: Proceedings of the VLDB Endowment **5**(7) (2012)
17. Babenko, A., Lempitsky, V.S.: Improving bilayer product quantization for billion-scale approximate nearest neighbors in high dimensions. CoRR, abs/1404.1831, 2014
18. Feldman, D., Schmidt, M., Sohler, C.: Turning big data into tiny data: Constant-size coresets for k-means, PCA and projective clustering. In: Symposium on Discrete Algorithms (SODA), pp. 1434–1453 (2013)
19. Balcan, M-F., Ehrlich, S., Liang, Y.: Distributed k-means and k-median clustering on general topologies. In: Advances in Neural Information Processing Systems, pp. 1995–2003 (2013)
20. Vaidya, J., Clifton, C.: Privacy-preserving k-means clustering over vertically partitioned data. In: Proceedings of the Ninth ACM SIGKDD International Conference on Knowledge Discovery and Data Mining, pp. 206–215, ACM, New York (2003)
21. Dhillon, I.S., Guan, Y., Kulis, B.: Kernel k-means: spectral clustering and normalized cuts. In: Proceedings of the Tenth ACM SIGKDD International Conference on Knowledge Discovery and Data Mining, KDD '04, pp. 551–556, ACM, New York (2004)
22. Telgarsky, M., Vattani, A.: Hartigan's method: k-means clustering without Voronoi. In: International Conference on Artificial Intelligence and Statistics, pp. 820–827 (2010)
23. Banerjee, A., Merugu, S., Inderjit S.D., Joydeep G.: Clustering with Bregman divergences. J. Mach. Learn. Res. **6**, 1705–1749 (2005)
24. Huang, Z.: Extensions to the k-means algorithm for clustering large data sets with categorical values. Data Min. Knowl. Discov. **2**(3), 283–304 (1998)
25. Hegselmann, R., Krause, U.: Opinion dynamics and bounded confidence models, analysis, and simulation. J. Artif. Soc. Soc. Simul. (JASSS), **5**(3) (2002)
26. Nielsen, F., Nock, R.: Optimal interval clustering: Application to Bregman clustering and statistical mixture learning. IEEE Signal Process. Lett. **21**(10), 1289–1292 (2014)

第 8 章

层 次 聚 类

8.1 凝聚式与分裂式层次聚类及其树状图表示

层次聚类是另一种对数据进行探索性分析的技术。这是一种无监督的技术。在第 7 章中，我们已经详细描述了一种聚类技术，该技术通过最小化 k 均值目标函数（即簇内方差的加权和）将数据集 $X=\{x_1, \cdots, x_n\}$ 划分成多个分组（称为簇）的集合 $X=\sqcup_{i=1}^k G_i$：这是一种平面聚类技术，能够获取给定数据集的非分层的划分结构。为了与这种平面聚类技术形成对比，本章讨论另一种广泛使用的聚类技术：层次聚类（hierarchical clustering）。

层次聚类技术需要构建一个二叉合并树，从存储在叶子中的数据元素（可以理解为单点集）开始，将"最接近"的子集（存储在节点中）进行两两合并，直至到达树中包含 X 的所有元素的根节点。我们用 $\triangle (X_i, X_j)$ 表示 X 中两个子集之间的距离，称为连接距离（linkage distance）。该技术也称为凝聚式层次聚类（Agglomerative Hierarchical Clustering，AHC），因为我们从存储单个元素（x_i）的叶子节点出发，迭代式地合并数据集的子集，直至到达树的根节点。

其中表示这种二叉合并树的图形称为树状图（dendrogram），该词来源于希腊语中的 dendron 和 gramma，分别表示树（tree）和绘制（draw）。绘制树状图，我们首先需要在高度 $h(X')=|X'|$ 处绘制包含子集 $X'\subseteq X$ 的内部节点 $s(X')$，其中 $|\cdot|$ 表示 X' 的基数，也就是该集合中元素的个数。然后在节点 $s(X')$ 与其两个兄弟节点 $s(X_1)$ 和 $s(X_2)$ 之间绘制边，其中 $X'=X_1\bigcup X_2$（且 $X_1\bigcap X_2=\varnothing$）。图 8-1 描述了绘制树状图的过程。目前存在多种方法来实现层次聚类技术中层次结构的可视化。例如，我们可以使用一种基于嵌套凸体的特殊的文氏图（Venn Diagram）（如图 8-2 所示）来实现结构的可视化。

图 8-3 展示了一个树状图的例子，该树状图是利用凝聚式层次聚类技术对免费、多平台 R 语言⊖（GNU 通用公共许可证）提供的数据集进行计算得到的。生成该图的 R 语言代码如下：

⊖ 可以通过 http://www.r-project.org/来下载和安装 R 语言。

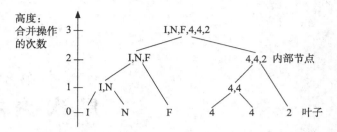

图 8-1　通过使用高度函数在平面上嵌入节点来绘制树状图

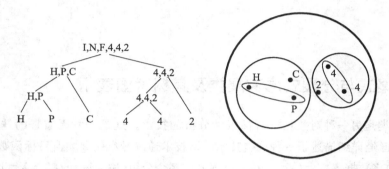

图 8-2　树状图的几种可视化形式：树状图（左）及其等效的由嵌套椭圆和圆盘组成的文氏图（右）

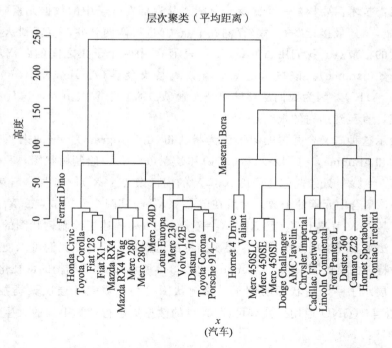

图 8-3　汽车数据集的树状图示例：数据元素存储在二叉合并树的叶子节点中

```
d <- dist(as.matrix(mtcars))    # find distance matrix
hc <- hclust(d,method="average" )
plot(hc, xlab="x", ylab="height", main="Hierarchical clustering (average
    distance)", sub="(cars)")
```

我们选择欧几里得距离 $D(x_i, x_j) = \| x_i - x_j \|$ 作为 X 中任意两个元素之间的基本距离，其中最小距离作为用于定义子集间距离的连接距离，即 $\Delta(X_i, X_j) = \min_{x \in X_i, y \in X_j} D(x, y)$。下面是一个数据集的摘录，描述了和汽车相关的数据集的一些特征：

	mpg	cyl	disp	hp	drat	wt	qsec	vs	am	gear	carb
Mazda RX4	21.0	6	160.0	110	3.90	2.620	16.46	0	1	4	4
Mazda RX4 Wag	21.0	6	160.0	110	3.90	2.875	17.02	0	1	4	4
Datsun 710	22.8	4	108.0	93	3.85	2.320	18.61	1	1	4	1
Hornet 4 Drive	21.4	6	258.0	110	3.08	3.215	19.44	1	0	3	1
Hornet Sportabout	18.7	8	360.0	175	3.15	3.440	17.02	0	0	3	2
Valiant	18.1	6	225.0	105	2.76	3.460	20.22	1	0	3	1
Duster 360	14.3	8	360.0	245	3.21	3.570	15.84	0	0	3	4
Merc 240D	24.4	4	146.7	62	3.69	3.190	20.00	1	0	4	2
Merc 230	22.8	4	140.8	95	3.92	3.150	22.90	1	0	4	2
Merc 280	19.2	6	167.6	123	3.92	3.440	18.30	1	0	4	4
Merc 280C	17.8	6	167.6	123	3.92	3.440	18.90	1	0	4	4
Merc 450SE	16.4	8	275.8	180	3.07	4.070	17.40	0	0	3	3
Merc 450SL	17.3	8	275.8	180	3.07	3.730	17.60	0	0	3	3
Merc 450SLC	15.2	8	275.8	180	3.07	3.780	18.00	0	0	3	3
Cadillac Fleetwood	10.4	8	472.0	205	2.93	5.250	17.98	0	0	3	4
Lincoln Continental	10.4	8	460.0	215	3.00	5.424	17.82	0	0	3	4
Chrysler Imperial	14.7	8	440.0	230	3.23	5.345	17.42	0	0	3	4
Fiat 128	32.4	4	78.7	66	4.08	2.200	19.47	1	1	4	1
Honda Civic	30.4	4	75.7	52	4.93	1.615	18.52	1	1	4	2
Toyota Corolla	33.9	4	71.1	65	4.22	1.835	19.90	1	1	4	1
Toyota Corona	21.5	4	120.1	97	3.70	2.465	20.01	1	0	3	1
Dodge Challenger	15.5	8	318.0	150	2.76	3.520	16.87	0	0	3	2
AMC Javelin	15.2	8	304.0	150	3.15	3.435	17.30	0	0	3	2
Camaro Z28	13.3	8	350.0	245	3.73	3.840	15.41	0	0	3	4
Pontiac Firebird	19.2	8	400.0	175	3.08	3.845	17.05	0	0	3	2
Fiat X1-9	27.3	4	79.0	66	4.08	1.935	18.90	1	1	4	1
Porsche 914-2	26.0	4	120.3	91	4.43	2.140	16.70	0	1	5	2
Lotus Europa	30.4	4	95.1	113	3.77	1.513	16.90	1	1	5	2
Ford Pantera L	15.8	8	351.0	264	4.22	3.170	14.50	0	1	5	4
Ferrari Dino	19.7	6	145.0	175	3.62	2.770	15.50	0	1	5	6
Maserati Bora	15.0	8	301.0	335	3.54	3.570	14.60	0	1	5	8
Volvo 142E	21.4	4	121.0	109	4.11	2.780	18.60	1	1	4	2

我们将在后面介绍各种不同的层次聚类技术。值得注意的是，层次聚类和树状图的可视化绘制包含着丰富信息，其中包括对各种不同层次聚类技术的定性和定量评估。

为了与凝聚式层次聚类技术进行对比，我们介绍一下分裂式层次聚类技术（Divisive Hierarchical Clustering，DHC）的过程。该技术首先从包含整个数据集 X 的根节点开始，将根节点分裂成两个子节点，分别包含子集 X_1 和 X_2（其中 X_1 和 X_2 满足 $X = X_1 \bigcup X_2$，$X_1 \bigcap X_2 = \varnothing$），然后递归地执行该过程直到到达存储单个数据元素的叶子节点为止。在本章余下的内容里，我们重点介绍应用最为广泛的凝聚式层次聚类技术（AHC）。

8.2 定义一个好的连接距离的几种策略

用 $D(x_i, x_j)$ 表示数据集 X 中任意两个元素之间的基本距离（例如，欧几里得距离）。为了在层次聚类的每个阶段能够选择距离最近的子集对，我们需要定义任意两个子集之间的子集距离 $\Delta(X_i, X_j)$。当然，如果两个子集都是单点集，即 $X_i = \{x_i\}$，$X_j = \{x_j\}$，那么 $\Delta(X_i, X_j) = D(x_i, x_j)$。这里介绍以下三种常见的连接函数。

（1）单连接（Single Linkage，SL）：

$$\Delta(X_i, X_j) = \min_{x_i \in X_i, x_j \in X_j} D(x_i, x_j)$$

（2）全连接（Complete Linkage，CL），又称为直径法：

$$\Delta(X_i, X_j) = \max_{x_i \in X_i, x_j \in X_j} D(x_i, x_j)$$

（3）组平均连接（Group Avarage Linkage，GAL）：

$$\Delta(X_i, X_j) = \frac{1}{|X_i||X_j|} \sum_{x_i \in X_i} \sum_{x_j \in X_j} D(x_i, x_j)$$

图 8-4 直观地展示了这三种不同的连接函数。

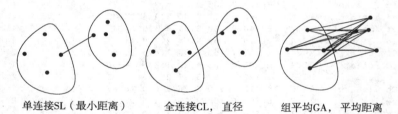

单连接SL（最小距离）　　　全连接CL，直径　　　组平均GA，平均距离

图 8-4　描述了定义子集之间距离的几种常见连接函数：单连接、全连接和组平均连接

还有很多其他的子集距离 Δ，这些距离通常称为连接距离，因为按照字面意思通过这些连接距离可以连接树状图中表示子集的子树。

8.2.1 一个用于凝聚式层次聚类的通用算法

我们在下面总结了通用凝聚式层次聚类（AHC）在指定连接距离 $\Delta(\cdot, \cdot)$（其中 $\Delta(\cdot, \cdot)$ 是用户定义的，并依赖于另一个用户自定义的元素距离）下的基本原理。

$$\boxed{\text{Algorithm } \textbf{AHC}}$$

- 在列表中为每个数据元素 $x_i \in X$ 初始化其单点簇 $G_i = \{x_i\}$。
- While 当列表中至少有两个元素，do：
  - 选择 G_i 和 G_j，使得所有子集对中 $\Delta(G_i, G_j)$ 最小。
  - 将 G_i 和 G_j 进行合并，即 $G_{i,j} = G_i \bigcup G_j$。

  　将 $G_{i,j}$ 加入列表中。

将 G_i 和 G_j 从列表中移除。

- 返回列表中剩余的元组，也就是 $G_{root} = X$ 作为树状图的根节点。

我们从 $n = |X|$ 个叶子节点开始，到包含整个数据集 X 的根节点结束，一共进行了 $n-1$ 次合并操作。这种 AHC 算法的直接实现会产生三次方的时间复杂度 $O(n^3)$。根据连接距离，我们可以对这个简单算法进行优化，获得更好的时间复杂度。

观察 4 需要注意的是，一般来说对于给定的连接距离函数所得到的树状图可能不是唯一的。实际上，可能存在多个"最近"的子集对，但是我们每次迭代只能选择其中一对，并重复执行这一选择过程（这样就打破了对称性，比如说，将这些子集对按字典顺序排序）。换句话说，如果我们对 X 的元素进行置换 σ，然后重新执行 AHC 算法，可以得到另一个不同的树状图。对于数值数据，我们可以通过增加一些比较小的、均匀分布于 $(0, \varepsilon)$ 之间的随机噪声对初始数据集进行轻微扰动，从而绕过这个问题。但是对于分类数据，这个问题仍然存在，因此在处理这类问题时要特别注意。

优化后的单连接 AHC 算法称为 SLINK[1]，其时间复杂度为 $O(n^2)$。但是单连接 AHC 的一个缺点是，在最后生成的树状图中可能会出现链现象，如图 8-5 所示。优化后的全连接（又称为直径连接）AHC 算法称为 CLINK[2]，其时间复杂度为 $O(n^2 \log n)$。全连接 AHC 的一个缺点是它对异常值非常敏感（也就是说，在数据集清理阶段需要尽可能预先删除这些异常的数据）。初步来看，组平均连接 AHC 计算成本更高，但是经过优化后可以获得次立方的时间复杂度。通常情况下，我们在实际应用中推荐组平均连接 AHC 算法，因为该算法不会产生链现象，同时对噪声数据具有更强的抗干扰性。

8.2.2 为元素选择合适的基本距离函数

基本距离函数（base distance function）$D(\cdot, \cdot)$ 对于树状图起着至关重要的作用。该距离函数是一种相异度度量，它可以评估元素 x_i 与 x_j（或任意元素对）之间的相异程度。尽管我们经常使用欧几里得距离，但是也可以选择其他的距离度量$\ominus$，如城市街区距离（city block distance）。城市街区距离也称为曼哈顿距离（Manhattan distance）或 L_1 范数推导距离$\ominus$（L_1-norm induced distance），其计算公式如下：

$$D_1(p, q) = \sum_{j=1}^{d} |p^j - q^j|$$

我们用一系列带上标的符号 $x = (x^1, \cdots, x^j, \cdots, x^d)$ 表示具有 d 个分量的属性向量 x，其中 x^j 表示 d 维向量 x 中相应维度的坐标。

除了使用上文所提到的距离度量，我们也可以使用闵氏距离（Minkowski distance）。闵氏距离是欧几里得距离（$m=2$）和曼哈顿距离（$m=1$）的一般化形式：

$\ominus$ 满足对称性（$D(p, q) = D(q, p)$），不可区分法则（当且仅当 $p=q$ 时，$D(p, q)=0$）和三角不等式（对所有的三元素对，都有 $D(p, q) \leqslant D(p, r) + D(q, r)$）。8.5 节介绍了超度量。

$\ominus$ 一个范数 $\| \cdot \|$ 推导出一个距离 $D(p, q) = \| p - q \|$。

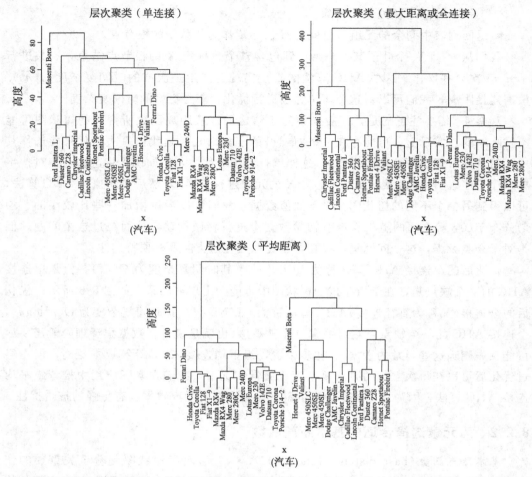

图 8-5   对于三种常用连接函数的层次聚类算法所生成的树状图的比较，这三种连接函数包
括：单连接(上图)、全连接(中图)和组平均连接(下图)

$$D_m(p,q) = \Big(\sum_{j=1}^{d} |p^j - q^j|^m\Big)^{\frac{1}{m}} = \| p - q \|_m, m \geqslant 1$$

当数据维度之间具有不同的比例或具有相关性时，我们最好使用马氏距离$^{\ominus}$(Ma-halanobis distance)：

$$D_\Sigma(p,q) = \sqrt{(p-q)^\top \Sigma^{-1}(p-q)} = D_2(L^\top p, L^\top q)$$

利用 Cholesky 矩阵(矩阵 L 是一个下三角矩阵)对精度矩阵(即协方差矩阵的逆矩阵)进行分解，即 $\Sigma^{-1} = L^\top L$。也就是说，马氏距离 $D_\Sigma(p, q)$ 相当于首先对变量进行仿射变换($x \leftarrow L^\top x$)，然后计算欧几里得距离 $D_2(L^\top p, L^\top q)$。矩阵 Σ 称为协方差矩阵，其

$\ominus$　该距离度量是对称的，同时满足三角不等式。

逆矩阵 Σ^{-1} 称为精度矩阵。我们可以通过下面的公式从数据集样本 x_1，$\cdots$，x_n 中估算协方差矩阵：

$$\sum = \frac{1}{n-1} \sum_{i=1}^{n} (x_i - \overline{x})(x_i - \overline{x})^\top$$

其中 $\overline{x} = \frac{1}{n} \sum_{i=1}^{n} x_i$ 是经验均值，也称为样本均值（sample mean）。

对于分类数据（非数值型），我们通常使用一致距离，例如汉明距离（Hamming distance）：

$$D_H(p,q) = \sum_{j=1}^{d} 1_{[p^j \neq q^j]}$$

其中当且仅当 $a \neq b$ 时，$1_{[a \neq b]} = 1$，否则为 0。也就是说，汉明距离计算的是数据中对应属性不同的次数。汉明距离也是一种距离度量。

通常情况下，我们可以将一个相似度的度量转化成相异度的度量，反之亦然。例如，针对 d 维二进制向量的汉明距离，我们可以定义其相似度度量为 $S_H(p,q) = \frac{d - D_H(p,q)}{d}$（其中 $0 \leqslant S_H(p,q) \leqslant 1$，当 $p = q$ 时相似度最大）。

在众多的应用领域中还有很多其他的距离函数。例如，在集合上定义的杰卡德距离（Jaccard distance）$D_J(A,B) = \frac{|A \bigcap B|}{A \bigcup B}$；用于表示组合结构（如文本或 DNA 序列）之间距离的编辑距离（edit distance）；余弦距离（cosine distance）$D_{\cos}(p,q) = 1 - \frac{p^\top q}{\| p \| \| q \|}$（该距离度量在分析以单词频率直方图表示的语料库文档时是非常有用的）等。

8.3 Ward 合并准则和质心

还可以根据子集的质心来获取子集距离 Δ。该准则允许我们实现方差最小化过程，这就产生了 Ward 连接（Ward linkage）函数。为了将 $X_i (n_i = |X_i|)$ 和 $X_j (n_j = |X_j|)$ 进行合并，我们可以考虑利用下面的 Ward 准则：

$$\Delta(X_i, X_j) = \frac{n_i n_j}{n_i + n_j} \| c(X_i) - c(X_j) \|^2$$

其中 $c(X')$ 表示子集 $X' \subseteq X$ 的质心：$c(X') = \frac{1}{|X'|} \sum_{x \in X'} x$（也可以考虑使用加权点）。可以观察到，由子集距离 Δ 推导出的两个元素之间的距离只是平方欧几里得距离的一半，即 $\Delta(\langle x_i \rangle, \langle x_j \rangle) = D(x_i, x_j) = \frac{1}{2} \| x_i - x_j \|^2$。图 8-6 显示了从组平均 AHC 和 Ward AHC（最小方差）获得的两个树状图之间的差异。

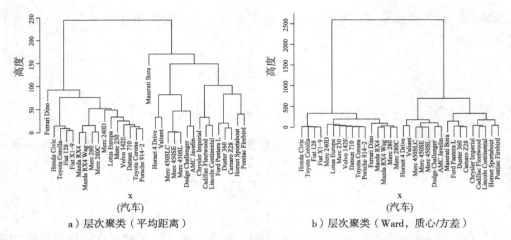

a）层次聚类（平均距离）   b）层次聚类（Ward，质心/方差）

图 8-6   组平均连接获取的树状图（a）与 Ward 连接获取的树状图（b）的比较

注意，我们可以定义两个子集之间的相似度 $S(X_i, X_j) = -\Delta(X_i, X_j)$。当满足性质 $S_1 \geqslant S_2 \geqslant \cdots \geqslant S_l$ 时，树状图中长度为 l 的路径序列的合并过程是单调的。当树状图中从叶子到根节点的路径中存在至少一个逆序对（inversion）（例如 $S_i < S_{i+1}$）时，层次聚类被称为非单调的（non-monotonous）。Ward AHC 是非单调的，因为它可能存在逆序对。而单连接、全连接和组平均连接都能够保证是单调的。

当我们以相似度作为高度函数来绘制合并树的节点（即树状图的节点）时，树状图中的逆序对可以在树状图中通过这种方法注意到：一个水平高度线低于之前一次合并操作的水平高度线，而这种现象又与从叶子到根的路径上节点应该是 y-单调的事实相矛盾。图 8-7 显示了树状图中的一个逆序对。

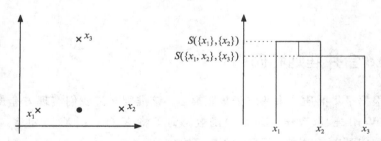

图 8-7   树状图中一个逆序对的例子。该树状图是在三元组组成的小数据集上进行基于 Ward 准则的层次聚类得到的

8.4   从树状图中获取平面划分

从树状图中，我们可以提取出许多不同的平面划分。图 8-8 通过两个恒定高度的切割来说明这一概念，这些切割就代表了对数据集的划分。需要注意的是，树状图上的切割路径通常不需要处于恒定高度（参见 8.8 节）。

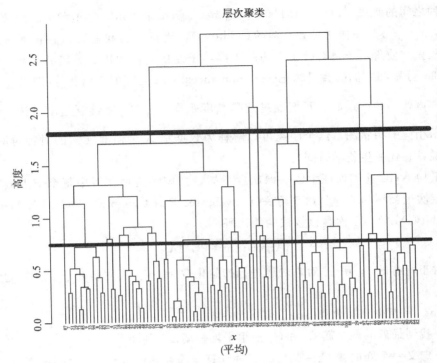

图 8-8 从树状图中获取平面划分。这里选择按照高度对树状图进行切割。在给定的高
度下，可以获得一个平面聚类（即对整个数据集的一个划分）。切割路径不需要
在恒定高度，因此从树状图中可以获得很多的平面划分。该图显示了恒定高度
下两个不同的切割，其高度分别为 $h=0.75$ 和 $h=1.8$

8.5 超度量距离和进化树

如果一个距离函数 $D(\cdot, \cdot)$ 满足以下三个公理，则称其为一个度量（metric）。

- 不可区分定律（Law of indiscernibility）：当且仅当 $x=y$ 时，$D(x, y) \geqslant 0$ 成立。
- 对称性（Symmetry）：$D(x, y) = D(y, x)$。
- 三角不等式（Triangular inequality）：$D(x, y) \leqslant D(x, z) + D(z, y)$。

欧几里得距离和汉明距离都属于度量距离。平方欧几里得距离不属于度量距离，
虽然它满足对称性和不可区分性，但当我们取欧几里得距离的平方时，它就不再满足
三角不等式（然而，回想一下，平方欧几里得距离可以用来定义平面聚类中 k 均值的势
函数，以获得聚类质心和方差最小的簇）。不可区分性定律可以进一步分为两个子公
理：非负性定律 $D(p, q) \geqslant 0$，以及自反性定律 $D(p, q) = 0 \Leftrightarrow p = q$。

层次聚类和称为超度量（ultra-metrics）的一类距离紧密相关。一个距离如果是度量
距离，同时满足 $D(x, y) \leqslant \max_{z}(D(x, z), D(z, y))$，则该距离称为超度量。

现在我们来解释一下超度量和层次聚类的关系。在进化理论中，物种随着时间演

化，物种之间的距离可以由进化树(phylogenetic tree)来表示。这里我们将距离简写为 $D_{i,j} = D(x_i, y_j)$。一棵树是可叠加的(additive)，当且仅当我们可以在树的每条边设置附加权重，使得对于每对叶子之间的距离等于连接它们的边的距离的总和。当两个叶子 i 和 j 分别和它们的共同祖先(common ancestor)k 之间的距离相等(即 $D_{i,k} = D_{j,k}$)时，则称该树是超度量的。我们通过选择高度距离为 $\frac{1}{2}D_{i,j}$ 来绘制超度量树，以便可视化显示相应的树状图。这个距离可以解释为数据集 X 中所有元素的时钟时间(对于物种来说，它代表生物学时间)。

组平均 AHC 能够保证生成一棵超度量树。我们将这种在树中每个节点嵌入相应高度的层次聚类称为非加权组平均法(Unweighted Pair-Group Method with Arithmetic means，UPGMA)。下面是该算法的伪代码。

$\boxed{\text{Algorithm } \textbf{UPGMA}}$：

- 对于所有的 i，用 x_i 对它的簇进行初始化 $G_i = \{x_i\}$，并将叶子节点的高度设置为 0。
- While 至少有两个簇 do：
  - 找到最近的两个簇 C_i 和 C_j 使组平均距离 $\Delta_{i,j}$ 最小。
  - 定义一个新的簇 $C_k = C_i \bigcup C_j$，并计算该簇和其他所有簇 l 之间的距离 $\Delta_{k,l}$。
  - 添加节点 k，作为 C_i 和 C_j 的父节点，并将节点高度设置为 $\frac{1}{2}\Delta(C_i, C_j)$。
  - 将 C_i 和 C_j 从簇列表中移除，重复这一过程，直到列表中只有两个簇为止。
- 为列表中最后两个簇 C_i 和 C_j 设置根节点，其高度为 $\frac{1}{2}\Delta(C_i, C_j)$。

定理 9 当数据集 X 中的元素之间的距离 $D_{i,j} = D(x_i, x_j)$ 构成的距离矩阵 $M = [D_{i,j}]_{i,j}$ 满足超度量的性质，那么存在可以使用 UPGMA 算法构建的唯一的超度量树。

在对物种的进化进行建模时，通常会使用进化树。我们将垂直轴与进化的时间顺序相关联，如图 8-9 所示。UPGMA 允许构建这样一个超度量树。然而，我们需要强调的是数据集通常存在噪声的，距离矩阵通常会因此受损而不再是超度量。另一个缺点是存储两两之间距离的矩阵需要平方级内存空间，因此只能被限制在合理大小的数据集上使用(但不是大数据)。

8.6 注释和参考

目前存在很多层次聚类算法。这里我们引用 SLINK[1]（单连接，1973）、CLINK[2]（全连接，1977）和一篇综述[3]来介绍层次聚类。虽然最小化 k 均值目标函数的平面聚类是 NP 难的（即使在平面中），但是近来(2012)已经证明我们可以从单连接层次聚类中提取最优 k 均值聚类，前提是需要满足某种稳定性条件，参见文献[4]

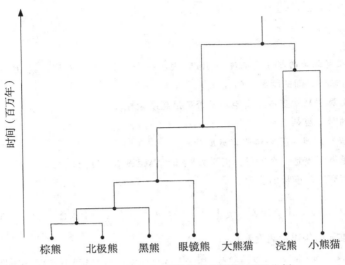

图 8-9 用于显示物种进化的树状图和进化树

（使用动态规划进行平面划分的提取，以找到最佳的非恒定高度的树状图切割）。层次聚类中关于最小化 Ward 方差准则及其相关标准在文献[5-6]得到了充分的研究。不同的层次聚类算法（包括 SLINK、CLINK 和 Ward）可以在通用 Lance-Williams 框架中得到统一，参见文献[7]和 8.8 节。文献[8]研究了层次聚类的唯一性和单调性。尽管这种层次聚类算法比平面聚类（如 k 均值）更难并行化，但文献[9]研究出了一种高效的并行算法。文献[10]系统解释了分裂式层次聚类技术，该技术主要强调了模块化概念。距离是许多算法的核心：我们推荐阅读《Encyclopedia of Distances》[11]对主要的距离做一个系统性的回顾。

8.7 总结

凝聚式层次聚类与基于划分的聚类不同，因为它构建了一个二叉合并树，该树从包含数据元素的叶子节点开始，到包含完整数据集的根节点结束。将这些节点嵌入到平面上树的图形化表示称为树状图。为了实现层次聚类算法，必须选择一个连接函数（单连接、平均连接、全连接、Ward 连接等），连接函数定义了任意两个子集之间的距离（并依赖于子集内部元素之间的基本距离）。当且仅当相似度随着从任何叶子到根的路径减小时，层次聚类是单调的，否则存在至少一个逆序对。单连接、全连接和平均连接标准保证了单调性质，但常用的 Ward 标准并不能保证这一点。从树状图中，可以提取出许多与平面聚类的输出相对应的数据集划分。用于模拟物种进化的进化树是超度量树。当任何两个元素之间的基本距离是超度量时，基于平均连接函数的层次聚类能够保证构建出的树是超度量树。

8.8 练习

练习 1（检查距离矩阵的超度量性质）   用 M 表示一个 $n \times n$ 维的方阵，其中方阵中索引 (i, j) 存储着元素 x_i 和元素 x_j 之间的距离 $D(x_i, x_j)$。

- 请设计一个算法来检查该距离矩阵是否满足超度量性质。
- 你的算法的时间复杂度是多少？

练习 2（欧几里得距离度量和汉明距离度量）

- 证明欧几里得距离是一个度量，但平方欧几里得距离不是度量。
- 证明汉明距离满足度量的公理。
- 证明距离 $D(p, q) = \left(\sum_{j=1}^{d} |p^j - q^j|^m \right)^{\frac{1}{m}}, 0 < m < 0$ 不是一个度量（当 $m \geqslant 1$ 时，回想一下，这是 m 范数推导的闵氏距离度量）

练习 3（平面聚类与层次聚类的结合）   用 $X = \{x_1, \cdots, x_n\}$ 表示有 n 个元素的数据集，每个元素具有 d 个属性。

- 给出一种算法，它可以对数据进行层次聚类，并获取最多 l 个元素的划分（对于较大的 l，它会产生过聚类（over-clustering）），并使用 k 均值算法对该划分中所有分组的质心进行处理。你认为什么样的应用会使用这种策略？
- 你的算法的复杂度是多少？说明一下该算法相对于只使用层次聚类或只使用基于划分的聚类的优点？

练习 4（Lance 和 Williams 的层次聚类[7]）

- 对于不相交的组 C_i、C_j 和 C_k，使用下列符号来表示层次聚类算法：$D_{ij} = \Delta(C_i, C_j)$，$D_{(ij)k} = \Delta(C_i \cup C_j, C_k)$。
- 一个层次聚类属于 Lance-Williams 系列，当且仅当它可以被规范地表示为：

$$D_{(ij)k} = \alpha_i D_{ik} + \alpha_j D_{jk} + \beta D_{ij} + \gamma |D_{ik} - D_{jk}|$$

其中参数 α_i、α_j、β 和 γ 取决于簇的大小。证明对不相交的组 C_i、C_j 和 C_k，Ward 最小方差准则（$D(x_i, x_j) = \|x_i - x_j\|^2$）得到下列的公式：

$$D(C_i \cup C_j, C_k) = \frac{n_i + n_k}{n_i + n_j + n_k} D(C_i, C_k)$$

$$+ \frac{n_j + n_k}{n_i + n_j + n_k} D(C_j, C_k) - \frac{n_k}{n_i + n_j + n_k} D(C_i, C_j)$$

- 证明 Ward 算法是 Lance-Williams 通用层次聚类的一个特例，具有以下参数：

$$\alpha_i = \frac{n_i + n_k}{n_i + n_j + n_k}, \beta = \frac{-n_k}{n_i + n_j + n_k}, \gamma = 0$$

- 证明 Lance-Williams 算法统一了单连接、全连接和组平均连接。

练习 5（针对任意凸距离函数的基于质心的层次聚类）   对于一个凸距离 $D(\cdot, \cdot)$，我们将 X 的质心定义为 $\min_c \sum_{x \in X} D(x, c)$ 的唯一最小值。证明发生在 Ward 准则中的逆序对现象，在欧几里得距离或曼哈顿距离（两种凸距离的例子）中不会发生。

练习 6（∗从层次聚类中获取最优的 k 均值平面划分[4]）   给定一个树状图，我们可以提取出许多不同的划分：

- 可以从树状图中获取多少个不同的划分？
- 对于一个子集 X'，我们用 $c(X')$ 和 $v(X')$ 分别表示 X' 的质心和方差，其中 $v(X') = \frac{1}{|X'|} \sum_{x \in X'} x^\top x - (c(X')^\top c(X'))^2$。给出一个动态规划算法，用于从树状图中获取最优的 k 均值平面聚类。你的算法的时间复杂度是多少？

练习 7（＊文本和球面 k 均值之间的余弦距离） 令 p 和 q 是具有 d 个属性的两个向量，余弦距离计算公式为：$D(p, q) = \cos(\theta_{p,q}) = 1 - \frac{p^\top q}{\|p\| \|q\|}$。余弦距离是一个角度距离，并不考虑向量的大小。对于文本文档的集合，我们通过词频/计数向量 $f(t)$（给出一个词典）对文本 t 进行建模。

- 证明余弦距离是一个度量。
- 设计一种能够对文本文档进行聚类的凝聚式层次聚类算法。
- 根据余弦距离将 k 均值平面聚类推广到基于划分的聚类算法。我们将属性向量作为位于单位球体上的点集，并且证明球面质心是将欧几里得质心投影到单位球面上（当所有的点都被封闭在同一半球时）。如何定义以原点为中心的单位球体上两个对称点的球面质心。

练习 8（＊基于 Bregman 散度的层次聚类[12]） Bregman 散度是一种非度量距离，根据严格凸和可微函数发生器 $F(x)$ 定义如下：

$$D_F(x, y) = F(x) - F(y) - (x, y)^\top \nabla F(y)$$

其中 $\nabla F(y) = \left(\frac{\mathrm{d}}{\mathrm{d}y^1} F(y), \cdots, \frac{\mathrm{d}}{\mathrm{d}y^d} F(y) \right)$ 表示梯度向量。

- 证明对于 $F(x) = x^\top x$，Bregman 散度和平方欧几里得距离等价。
- 证明 Bregman 散度不可能是一个度量，而平方马氏距离是一种对称 Bregman 散度。
- Bregman 散度的 Ward 准则可以一般化为：

$$\Delta(X_i, X_j) = |X_i| \times D_F(c(X_i), c(X_i \cup X_j)) + |X_j| \times D_F(c(X_j), c(X_i \cup X_j))$$

其中 $c(X_l)$ 是集合 X_l 的中心。证明对于 $F(x) = \frac{1}{2} x^\top x$，我们可以得到通常的 Ward 准则。

- 给出一个 Bregman 层次聚类算法。会出现逆序对现象吗？

练习 9（＊＊单连接层次聚类和最小生成树[13]） 给出一个简单的单连接层次聚类的实现。你的简单算法的时间复杂度是多少？给定一个平面点集 $X = \{x_1, \cdots, x_n\}$，欧几里得最小生成树（Minimum Spanning Tree，MST）是一种树，其节点与 X 中的所有数据点绑定，并且树中所有边长度之和最小。证明 MST 是 Delaunay 三角剖分（Voronoi 图的双重结构）的子图。证明可以根据欧几里得最小生成树中的边信息推导出单连接树状图的结构。另外，为单连接层次聚类设计一种具有平方时间复杂度的算法。

参考文献

1. Sibson, R.: SLINK: An optimally efficient algorithm for the single-link cluster method. Comput. J. **16**(1), 30–34 (1973)
2. Defays, D.: An efficient algorithm for a complete link method. Comput. J **20**(4), 364–366 (1977)
3. Murtagh, F.: A survey of recent advances in hierarchical clustering algorithms. Comput. J. **26**(4), 354–359 (1983)
4. Awasthi, P., Blum, A., Sheffet, Or.: Center-based clustering under perturbation stability. Inf. Process. Lett. **112**(1–2), 49–54 (2012)
5. Ward, J.H.: Hierarchical grouping to optimize an objective function. J. Am. Stat. Assoc.

58(301), 236–244 (1963)

6. Murtagh, F., Legendre, P.: Ward's hierarchical agglomerative clustering method: Which algorithms implement Ward's criterion? J. Classif. **31**(3), 274–295 (2014)

7. Lance, G.N., Williams, W.T., A general theory of classificatory sorting strategies. Comput. J. **10**(3), 271–277 (1967)

8. Byron J. T. Morgan., Andrew P.G. Ray.: Non-uniqueness and inversions in cluster analysis. Appl. Stat. pp. 117–134 (1995)

9. Olson, C.F.: Parallel algorithms for hierarchical clustering. Parallel Comput. **21**(8), 1313–1325 (1995)

10. Mark E.J. Newman.: Modularity and community structure in networks. In: Proceedings of the National Academy of Sciences (PNAS), 103(23):8577–8582 (2006)

11. Deza, M.M., Deza, E.: Encyclopedia of Distances. Springer, Berlin (2014). Third Edition

12. Telgarsky, M., Dasgupta, S.: Agglomerative Bregman clustering. In International Conference on Machine Learning (ICML). icml.cc / Omnipress (2012)

13. Gower, J.C., Ross, G.J.S.: Minimum spanning trees and single linkage cluster analysis. Appl. Stat. pp. 54–64 (1969)

## 第 9 章

有监督学习：k-NN 规则分类的理论和实践

9.1 有监督学习

在有监督学习中，我们给出了一个带有标签的训练集 $Z=\{(x_i, y_i)\}_i$，其中 $y \in \pm 1$（正确标注的数据），任务是基于该训练集学习一个分类器，以便我们可以对新的未被标记的测试集 $Q=\{x_i'\}_i$ 进行分类。在本章中，我们将学习一种非常简单的、但是被证明可以对数据进行有效分类的算法：k 最近邻规则，或简称 k-NN 规则。当训练集数据只有两种类别时，我们处理的是二元分类（binary classification）问题，否则为多元分类（multi-class classification）问题。统计学习假定训练集和测试集是独立、同一采样得到的，并都满足任意但固定的未知分布。

9.2 最近邻分类：NN 规则

最近邻分类规则为元素 x 分配一个标签作为类别 $l(x) \in \{-1, +1\}$，其中 $l(x)$ 是训练集中最近标记点 $\mathrm{NN}(x)$ 的标签，即 $l(x)=l(\mathrm{NN}_Z(x))$。也就是说，对于 $e=\arg\min_{i=1}^{n} D(x, x_i)$，我们有 $l(x)=y_e$，其中 $D(\cdot, \cdot)$ 是一个适当的距离函数（通常选取欧几里得距离）。需要注意的是，当存在多个点产生相同的最小距离时，我们任选其中一个点。例如，我们可以在训练集 Z 上使用字典顺序，并在最近邻关系的情况下给出 Z 中的最低索引点。因此，"最近邻"的概念是根据任意两个元素之间的距离函数 $D(\cdot, \cdot)$ 来定义的。例如，我们在前面的章节中介绍的欧几里得距离 $D(p,q)=\sqrt{\sum_{j=1}^{d}(p^j-q^j)^2}$，或针对数值属性的闵氏距离的泛化形式 $D_l(p,q)=\left(\sum_{j=1}^{d}|p^j-q^j|^l\right)^{\frac{1}{l}}$（当 $l \geq 1$ 时该距离为度量）（见图 9-1），或针对分类属性（一致距离）的汉明距离 $D_H(p, q)=\sum_{j=1}^{d}(1-\delta_{p^j}(q^j))=\sum_{j=1}^{d}1_{[p^j \neq q^j]}$。我们用 $\delta_x(y)=1$ 表示 Dirac 函数，当且仅当 $y=x$ 时等于 1，否则为 0。

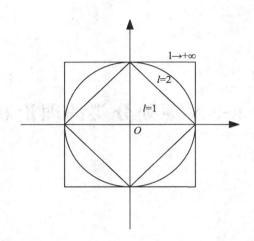

图 9-1　不同 l 取值($l \geqslant 1$)下的 Minkowski 球($\{x \in \mathbb{R}^d \mid D_l(O, x) \leqslant 1\}$),其中 $D_l(p, q) =$

$(\sum\limits_{j=1}^{d} \mid p^j - q^j \mid^l)^{\frac{1}{l}} = \parallel p - q \parallel_l$。当 $l = 2$ 时,我们得到平凡的欧几里得球。当

$l = 1$ 时,我们获得曼哈顿球(正方形),当 $l \to +\infty$ 时,我们也会得到一个与曼哈顿球相差 $45°$ 的正方形

我们通过 X 中 t 个最近邻(NN)查询的应答,对测试集中 $t = |Q|$ 个新的未标记的观察进行分类。尽可能快地应答这些查询是至关重要的,至少能够在次线性时间内完成,这样我们就能打败那种直接扫描 X 中所有数据点的简单算法。存在许多种数据结构来应答这些 NN 查询,但是随着数据维度 d 的增加,这些方法很难(可证明)以显著的优势打败简单算法。这种现象称为维数灾难(curse of dimensionality)。历史上,维数灾难是由 Bellman 首先提出来的,他是动态规划的创始人。

9.2.1　最近邻查询中欧几里得距离计算的优化方法

我们经常选择欧几里得距离作为基本距离,并且可以在实践中对 NN 查询进行优化。我们首先观察到,一个距离或这个距离的单调递增函数(如平方函数)不会根据查询点 q 改变点的相对顺序。也就是说,我们可以得出 $l = \arg\min_{i=1}^{n} D(q, x_i) = \arg\min_{i=1}^{n} D^2(q, x_i)$。这是一个非常有用的观察,因为平方欧几里得距离在数学上更容易处理。实际上,计算两个 d 维属性向量之间的平方欧几里得距离相当于进行 d 次减法、d 次平方操作以及 $d - 1$ 次求和。也就是说共进行 $3d - 1$ 次基本的算术运算。我们也能够将平方欧几里得距离(或其他基于范数的推导距离)解释为 $D^2(q, x_i) = \langle q - x_i, q - x_i \rangle$,其中$\langle x, y \rangle = x^\top x$ 是标量积(scalar product)(从技术上来说,欧几里得空间也可以解释为由点积构成的 Hilbert 空间)。计算两个 d 维向量的标量积需要 $2d - 1$ 次操作。现在,如果对于训练集 Z 中的点,在 $(2d - 1)n$ 时间内对平方范数 $\mathrm{norm}^2(p) = \langle p, p \rangle = \sum\limits_{j=1}^{d} (p^j)^2$ 的计算进行预处理,其中 $|Z| = n$,则可以计算

$D^2(p, q)$ 为 $D^2(p, q) = \text{norm}^2(p) + \text{norm}^2(q) - 2\langle p, q \rangle$：也就是说，相当于对测试集 $Q(|Q| = t)$ 的每次查询进行了 t 次标量积运算。为了对 t 个未标记的数据进行分类，简单的方法需要 $(3d-1)nt$，而通过在 $(2d-1)(n+t)$ 内计算 $(n+t)$ 个范数进行预处理的方法所需要的总时间为 $(2d-1)(n+t) + t(2+2d-1)$。因此，对于 $t \ll n \ll d$，获得的加速比为 $\frac{3dnt}{4dt} = 0.75n$。在实践中可以使用现代 PC 中的图形处理单元（GPU），从而加快标量积的计算。

9.2.2　最近邻（NN）规则和 Voronoi 图

对于一个给定的训练集 Z，其中 Z 包含 $n = |Z|$ 个 d 维数值型数据元素，根据最近邻标签函数（其中 argmin 是常数）可以将空间 $\mathbb{R}^d$ 划分为 n 个等价类。这些正好是将空间分解成邻近单元的 Voronoi 单元（Voronoi cell）。我们已经在第 7 章中介绍了 Voronoi 图。让我们快速回想一下，空间 $\mathbb{R}^d$ 上有限集合 $X = \{p_1, \cdots, p_n\}$ 的 Voronoi 图（称为 Voronoi 生成器），能够将空间分成 Voronoi 单元，也就是邻近单元。一个 Voronoi 单元 $V(x_i)$ 定义为空间 $\mathbb{R}^d$ 上点的一个集合，集合中的点满足到 x_i 的距离比到其他生成元 $x_j(i \neq j)$ 的距离更近。也就是说，$V(x_i) = \{x \in \mathbb{R}^d \mid \|x - x_i\| \leqslant \|x - x_j\| \ \forall j \neq i\}$。图 9-2 描述了一个平面 Voronoi 图（可以观察到其中有无界的单元）。

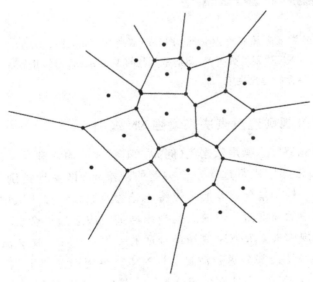

图 9-2　将空间分割成邻近单元的平面 Voronoi 图的示例

这里，我们只考虑 Voronoi 图的双色生成元（两个类别'−1'和'＋1'，或红色/蓝色）。因此双色 Voronoi 图将空间分割成两种颜色的单元，并且不同颜色之间的界限表示 NN 分类器的决策边界。图 9-3 说明了这些几何特征。需要注意的是，在实践中由于指数组合的复杂度，很难对高维度的 Voronoi 图进行计算。然而，支持不同颜色单元的双色 Voronoi 图的切面精确地定义了决策边界。因此，由于等分线（即与两个生成器等距的点的轨迹）是超平面，NN 规则具有分段线性决策边界。

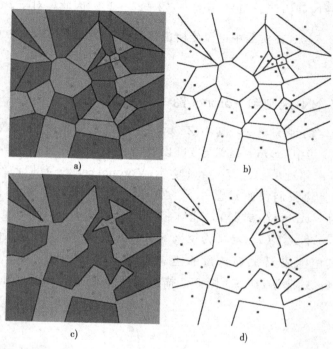

图 9-3   k-NN 分类规则和双色 Voronoi 图：a）双色 Voronoi 图；b）Voronoi 双色切面；
c）利用 1-NN 规则的分类器（类别是单色的 Voronoi 单元的并集）；d）定义为两个
类别交界面的边界决策

9.2.3   利用 k-NN 规则通过表决来增强 NN 规则

为了使分类器能够容忍噪声数据集（例如，不精确的输入和异常值），我们可以通过在 X 的前 k 个最近邻中进行选择来分类新的观察 q，即主导类别。对于二元分类，为了避免出现票数一样的情况，我们可以将 k 选为奇数值。在实践中，增加 k 可以使分类器容忍数据集中的异常值，但缺点是当 k 增加时决策边界会变得更模糊。目前存在许多技术或经验规则来为 k-NN 选择最合适的 k 值。例如，交叉验证的方法使用部分训练集进行训练，其余部分进行测试。k-NN 表决规则推广了 NN 规则（通过选择 $k=1$，NN 相当于 1-NN）。当处理多元分类时，其规则在于选择 k-NN 中的主导类别。从技术上来讲，空间 $\mathbb{R}^d$ 能够被分解成多个基本单元，称为 k 阶 Voronoi 单元（见 9.9节），其中在每个单元中，k 最近邻点没有发生变化。k 阶 Voronoi 图是一种仿射图，并且 k-NN 的决策边界也是分段线性的。

9.3　分类器性能评估

我们描述了基于 k-NN 规则的一系列分段线性分类器，这些分类器使用标签函数 $l_k(x)$ 对观察值进行分类。对于训练集 Z 的一个实例 x，该标签函数能够返回 x 的 k 个最近邻所属类别中占大多数的类别。为了选择最好的分类器，我们需要对分类器的性能进行评估。

9.3.1　误判错误率

对于具有 t 个未标记数据的测试集 Q，其误判率（misclassification rate）或错误率（error rate）的简单定义如下：

$$\tau_{\text{Error}} = \frac{\text{误判数}}{t} = 1 - \frac{\text{正确归类数}}{t} = \tau_{\text{misclassification}}$$

当在测试集甚至训练集中类别标签比例不平衡时，该指标是有问题的。例如，当我们将电子邮件分类成垃圾邮件 C_{spam} 和非垃圾邮件（好的电子邮件）C_{ham} 时，得到的垃圾邮件通常比正常邮件少得多。因此，如果我们试图最大限度地减少误判率，那么将所有邮件都识别为非垃圾邮件就足够了，这样还能够达到很好的错误率！这就突出了需要考虑类别的相对比例的问题。

9.3.2　混淆矩阵与真/假及阳性/阴性

假设 x 的正确分类为 C_j，将 x 分类为 C_i（预测类别）的概率为 $m_{i,j}$，那么混淆矩阵（confusion matrix）即为 $M = [m_{i,j}]_{i,j}$：

$$M = [m_{i,j}]_{i,j},\ m_{i,j} = \tau_{(x\text{预测为}c_i \mid x \in C_j)}$$

对于二元分类（即两个类别），使用下面的 2×2 阵列表示四种情况：

真（True）	预测是正确的
假（False）	预测是错误的
阳性（Positive）	预测标签是类别 C_{+1}
阴性（Negative）	预测标签是类别 C_{-1}

预测标签

		C_{+1}	C_{-1}
真实标签	C_{+1}	真阳性（TP）	假阴性（FN）
	C_{-1}	假阳性（FP）	真阴性（TN）

混淆矩阵的对角线表示所有类别的成功率。误判数据可以是假阳性（FP）或假阴性（FN）：

- 假阳性(FP)是数据 x 被错误分类为 C_{+1}(阳性类别),但其真实分类为 C_{-1}(阴性类别)。在这种情况下,"阳性"表示"+1"。
- 类似地,假阴性(FN)是数据 x 被错误分类为 C_{-1}(阴性类别),但其真实分类为 C_{+1}(阳性类别)。在这种情况下,"阴性"表示"-1"。

假阳性也称为第一类误差(type I error),假阴性称为第二类误差(type II error)。类似地,我们也定义了真阴性(TN)和真阳性(TP)。因此,错误率可以表示为:

$$\tau_{\text{error}} = \frac{\text{FP} + \text{FN}}{\text{TP} + \text{TN} + \text{FP} + \text{FN}} = 1 - \frac{\text{TP} + \text{TN}}{\text{TP} + \text{TN} + \text{FP} + \text{FN}}$$

其中 $\text{TP} + \text{TN} + \text{FP} + \text{FN} = t = |Q|$,$t$ 为待分类查询的数量。

9.4   准确率、召回率和 F 值

我们将准确率(precision)定义为真阳性在阳性分类(TP 和 FP)中所占的比率:

$$\tau_{\text{Precision}} = \frac{\text{TP}}{\text{TP} + \text{FP}}$$

可以很容易地看出 $0 \leqslant \tau_{\text{Precision}} \leqslant 1$。准确率表示分类器所判别的所有阳性样本中被正确分类的样本所占的比率。

召回率(recall rate)是分类为+1(TP 和 FN)的数据中被准确分类为+1(TP)所占的比率:

$$\tau_{\text{recall}} = \frac{\text{TP}}{\text{TP} + \text{FN}}$$

F 值是为了给假阳性和假阴性一样多的权重而构造出来的比率。它定义为调和平均值⊖的形式,在实践中经常被使用:

$$\tau_{\text{F-score}} = \frac{2 \times \tau_{\text{Precision}} \times \tau_{\text{Recall}}}{\tau_{\text{Precision}} + \tau_{\text{Recall}}}$$

在实践中,我们选择产生最佳 F 值的分类器。例如,对于 k 的几个奇数值,可以使用 F 值来评估 k-NN 分类规则,并最终选择产生最佳 F 值的最佳 k 值。

9.5   统计机器学习和贝叶斯最小误差界

如今,在大数据时代,假设训练集 Z 和测试集 Q 都可以通过统计分布(来自具有概率密度的生成模型)进行建模是很合理的。这样分类器的性能就可以通过数学方法进行研究。我们假设 $X(Z = (X, Y))$ 和 Q 是两个数据集,称为观察(observation),它们是独立同分布(iid)的样本,来自随机变量 X、Y 和 Z。我们用 $X \sim_{\text{iid}} D$ 表示 X 按照概

⊖   调和平均数定义为 $h(x, y) = \dfrac{1}{\dfrac{1}{2}\dfrac{1}{x} + \dfrac{1}{2}\dfrac{1}{y}} = \dfrac{2xy}{x + y}$,通常用来平均比例数量。

率分布 D（比如高斯分布）进行抽样。一个一元分布在空间 $\mathbb{R}$ 表示为一条实线。另外，在空间 $\mathbb{R}^d$ 中存在多元分布。我们可以将 X 解释为 $n \times d$ 维的随机向量。让我们回想一下，当且仅当 $\Pr(X_1 = x_1,\ X_2 = x_2) = \Pr(X_1 = x_1) \times \Pr(X_2 = x_2)$ 时，两个随机变量 X_1 和 X_2 是相互独立的。统计模型将 X 视为一个统计混合（statistical mixture）。统计混合的密度在数学上可以表示为：$m(x) = w_1 p_1(x) + w_2 p_2(x)$，其中 w_1 和 w_2 分别为类别 C_1 和 C_2 的先验概率且满足 $w_1 = 1 - w_2$；$p_1(x) = \Pr(X_1 \mid Y_1 = C_1)$ 和 $p_2(x) = \Pr(X_2 \mid Y_2 = C_2)$ 是条件概率。我们寻求一个在大样本限制下具有良好性能的分类器：即当 $n \to +\infty$ 时，分类器能够渐近收敛。

9.5.1　非参数概率密度估计

假设独立同分布观察集 $X = \{x_1, \cdots, x_n\}$ 是从一个固定但未知的密度 $p(x)$ 中抽样得到，我们需要对其满足的分布进行建模。对于 $p(x \mid \theta)$（属于参数向量为 θ 的分布）相当于估计该分布的参数 θ（见图 9-4）。例如，对于高斯分布 $p(x \mid \theta = (\mu, \sigma^2))$，我们使用最大似然估计（Maximum Likelihood Estimator，MLE）来估计均值和（无偏）方差，其中均值为 $\hat{\mu} = \frac{1}{n} \sum_{i=1}^{n} x_i$，方差 $v = \sigma^2$ 为 $\hat{\sigma}^2 = \frac{1}{n-1} \sum_{i=1}^{n} (x_i - \hat{\mu})^2$。当分布无法由固定维度的参数确定时，我们称该分布为非参数分布。参数分布通常（但不一定）为单峰$^\ominus$，这些模型对复杂的多峰密度（multimodal density）建模缺少灵活性。非参数密度建模（non-parametric density modeling）方法更加灵活，因为它允许对任何平滑密度进行建模，其中包括多峰平滑分布。我们对于非参数统计建模提出一个关键定理。

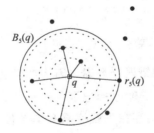

图 9-4　$k = 5$ 时 k-NN 查询示意图。其中覆盖 k-NN 的球的半径为 $r_k(q)$。利用球的半径可以局部估计 X 所满足的基本分布，即 $p(x) \approx \dfrac{k}{nV(B_k(x))} \propto \dfrac{k}{nr_k(x)^d}$

定理 10　气球估计器（balloon estimator）能够获得空间 $\mathbb{R}^d$ 上平滑密度 $p(x)$ 的近

$\ominus$　密度函数模式在有效区间内有局部最大值。

似解，即 $p(x) \approx \dfrac{k}{nV(B)}$，其中 k 为球 B 中样本集 X 的样本数量，$V(B)$ 为球 B 的体积。

证明   令 P_R 表示一个样本 x 落在区域 R 中的概率：$P_R = \displaystyle\int_{x \in R} p(x)\mathrm{d}x$。因此，$n$ 个样本中的 k 个样本落在区域 R 中的概率通过二项式定理计算如下：

$$P_R^{(k)} = \begin{bmatrix} n \\ k \end{bmatrix} P_R^k \left(1 - P_R\right)^{n-k}$$

其中 k 的期望为 $\mathbb{E}[k] = nP_R$。因此，P_R 的最大似然估计 $\hat{P}_R$ 为 $\dfrac{k}{n}$。假设密度函数是连续的，并且区域 R 足够小使得 $p(x)$ 可以在 R 中视为常数。那么，我们有：

$$\int_{x \in R} p(x)\mathrm{d}x \approx p(x)V_R$$

其中 $V_R = \displaystyle\int_{x \in R} \mathrm{d}x$ 为该区域体积。因此密度估计为 $p(x) \approx \dfrac{k}{nV}$。

可以用两种方法来应用该气球估计器。

- 第一，固定球 B 的半径（以及其体积 $V(B)$），并且计算在给定位置 x 上落入球 B 中点的数量，该方法扩展了一维直方图法（用于计算平滑单变量密度的近似值）。
- 第二，固定 k 的值，然后寻找以 X 为中心的正好包含 k 个点的最小球。这种方法称为 k-NN 的非参数估计。需要注意的是，对于 k 的每个不同的取值，我们都会得到一个不同的气球估计器。

令 $r_k(x)$ 表示覆盖球 $B_k(x)$ 的半径。体积 $V_k(x)$ 与 $r_k(x)^d$ 成正比，其中的常数因子只取决于维度大小：$V_k(x) = c_d r_k(x)^d \propto r_k(x)^d$。

9.5.2   误差概率和贝叶斯误差

任何分类器必然会有非零的错误分类率，因为两种类别的分布 $X_{\pm 1}$ 都受限于一个事实：我们永远不能 100% 确定正确地标记了一个样本，误判错误始终存在着！在贝叶斯决策理论中（即假设每种类别存在先验概率和类条件概率），误差概率（probability of error）表示分类器的最小误差：

$$P_e = \mathrm{Pr}(\text{error}) = \int p(x)\mathrm{Pr}(\text{error} \mid x)\mathrm{d}x$$

其中

$$\mathrm{Pr}(\text{error} \mid x) = \begin{cases} \mathrm{Pr}(C_{+1} \mid x), & \text{实际类别为 } C_{-1} \\ \mathrm{Pr}(C_{-1} \mid x), & \text{实际类别为 } C_{+1} \end{cases}$$

贝叶斯误差（Bayesian error）通过考虑每个潜在分类场景的代价矩阵（cost metrix）$[c_{i,j}]_{i,j}$ 对误差概率进行了扩展：矩阵系数 $c_{i,j}$ 表示在已知一个新观察值属于类别 C_i 的情况下，将 x 分类为 C_j 的代价。贝叶斯误差使期望风险最小化，并且对于所有的 $i \neq j$，$c_{i,i} = 0$（表示当正确分类时没有惩罚）和 $c_{i,j} = 1$（表示误分类的单位惩罚代价），最后得到的结果和误差概率 P_e 是一致的。

回想一下贝叶斯基本恒等式（也称为贝叶斯法则或贝叶斯定理）：

$$\Pr(C_i \mid x) = \frac{\Pr(x \mid C_i)\Pr(C_i)}{\Pr(x)}$$

这可以很容易地用概率的链式法则（chain rule property）来表示：

$$\Pr(A \wedge B) = \Pr(A)\Pr(B \mid A) = \Pr(B)\Pr(A \mid B) \Rightarrow \Pr(B \mid A) = \frac{\Pr(B)\Pr(A \mid B)}{\Pr(A)}$$

贝叶斯分类中最小化误差概率的最优规则是最大后验概率（简称 MAP）规则：我们将 x 归为类别 C_i，当且仅当：

$$\Pr(C_i \mid x) \geqslant \Pr(C_j \mid x)$$

换句话说，我们选择能够使后验概率最大化的类别。通过使用贝叶斯恒等式并消去公分母 $\Pr(x)$，可以得到：

$$w_i \Pr(x \mid C_i) \geqslant w_j \Pr(x \mid C_j), \forall j = i$$

这相当于将 x 分类为类别 C_i。

由于不知道条件概率 $\Pr(x \mid C_i)$ 和先验概率，我们需要利用实际的观察值对它们进行估计。我们可以通过使用最近邻结构的气球估计器来对这些分布进行非参数估计。不失一般性，我们考虑两种类别 $C_{\pm 1}$ 的情况。首先，从观察值的各个类别的频率中计算先验概率：

$$\Pr(C_{\pm 1}) = w_{\pm 1} = \frac{n_{\pm 1}}{n}$$

然后计算类条件概率如下：

$$\Pr(x \mid C_{\pm 1}) = \frac{k_{\pm 1}}{n_{\pm 1} V_k}$$

其中 V_k 是覆盖了 x 的 k 个最近邻的球的体积。

类似地，可以使用 k-NN 来估计非条件密度（两个分布的混合分布）：

$$m(x) \approx \frac{k}{n V_k(x)}$$

我们用 MAP 贝叶斯法则推导出后验概率：

$$\Pr(C_{\pm 1} \mid x) = \frac{\Pr(x \mid C_{\pm 1})\Pr(C_{\pm 1})}{\Pr(x)} = \frac{\frac{k_{\pm 1}}{n_{\pm 1} V_k}\frac{n_{\pm 1}}{n}}{\frac{k}{n V_k}} = \frac{k_{\pm 1}}{k}$$

至此，我们已经证明了 k-NN 分类中的表决规则是合理的！现在，我们将量化 k-NN 分类器和最小误差概率 P_e 的相对性能。

9.5.3 k-NN 规则的误差概率

当训练集的规模和测试集的规模变得足够大，并渐近趋向于无穷(t，$n \to +\infty$)时，k-NN 规则的误差概率 P_e(k-NN)最差为最小误差概率 P_e(已知类别的先验概率 $w_{\pm 1}$ 和类条件概率 $p_{\pm 1}(x)$，由 MAP 方法得到)的两倍：

$$\boxed{P_e \leqslant \tau_{\text{error}}(\text{NN}) \leqslant 2P_e}$$

对于多类别的情况($m \geqslant 2$ 种类别)和 NN 规则，可以进一步证明以下上界：

$$P_e \leqslant \tau_{\text{error}}(\text{NN}) \leqslant P_e\left(2 - \frac{m}{m-1}P_e\right)$$

定理 11 当我们利用 k-NN 气球估计器对类概率进行非参数估计时，可以通过乘法误差因子在 2 以内的 k-NN 表决规则对最佳贝叶斯 MAP 进行近似。

需要注意的是，当维度很大时，实际上我们需要大量的样本来获得该理论界限。这也就是之前提到的维数灾难现象，它说明了在高维空间中，问题变得更加难以解决！

9.6 在计算机集群上实现最近邻查询

假设现有分布式内存的 P 个计算单元(UC 或处理元件 PE)。为了对一个新的查询 q 进行分类，我们将使用 k-NN 查询的可分解属性(decomposable property)：也就是说，我们将 $X = \bigcup_{l=1}^{p} X_l$ 任意分割成成对的不相交的群组，并得到：

$$\text{NN}_k(x, X) = \text{NN}_k(x, \bigcup_{l=1}^{p} \text{NN}_k(x, X_l))$$

在 P 个处理器上，我们将 X 分割成 P 个大小为 $\frac{n}{P}$ 的群组(水平划分$^{\ominus}$)，并在每个处理器上局部地应答相应的查询$\text{NN}_k(x, X_i)$。最后，主处理器(master processor)接收从属进程的 kP 个元素，并对这些元素组成的集合执行一次 k-NN 查询。这样我们加速了时间复杂度为 $O(dnk)$ 的朴素串行算法($P=1$)，并获得时间复杂度为 $O\left(dn\frac{k}{P}\right) + O(dk(kP))$ 的并行查询算法。当 $kP \leqslant \frac{n}{P}$ (即 $P \leqslant \sqrt{\frac{n}{k}}$)时，我们获得最优线性加速，时间复杂度为 $O(P)$。

9.7 注释和参考

关于统计机器学习和 k-NN 规则的更多细节，我们推荐参考教材[1]。k-NN 规则的性能首先在文献[2]中进行了研究。k-NN 查询已经得到了深入的研究，但是实际应

$\ominus$ 对于非常大的维度，我们可以考虑利用垂直分割，即将分布式内存上数据的维度进行分块。

用中(尤其是在高维度下)仍然存在关于计算几何(computational geometry)的难题[3]。在实践中，图形处理单元(GPU)内置点积计算部件，非常适用于进行快速 k-NN 查询[4]。对于一个算法，当使用输入规模和输出规模能够分析其复杂度时，则称该算法是输出敏感的。目前已经提出了一种输出敏感型算法，用于计算平面中点的两个类别之间的决策域，参见文献[5]。可以将精确的 k−NN 查询转化为查找常数因子 $1+\varepsilon$ 内的 ε-NN 的问题。使用 k-NN 规则分类的主要优点是易于编程，可以直接并行化，并且它可以保证渐近地达到贝叶斯最小误分类误差的性能界限。在实践中，必须为 k-NN 规则选择正确的 k 值：对于较大的 k 值，决策边界变得更平滑，并且产生更有效的非参数估计条件概率，但是需要花费更多的时间来响应查询，同时非参数估计的局部性变差，降低了并行化效果！

　　实验证明基于大数据集的分类满足回报率下降定律(law of diminishing returns)：即训练集的规模越大，性能的相对提高就越小。图 9-5 是这种现象的示意图。这是因为在实践中这种独立同分布地对标记数据进行抽样的假设是不成立的。贝叶斯误差提供了统计机器学习中的任何分类器性能的下界。用闭合公式来明确地计算贝叶斯误差或统计模型的误差概率是非常困难的。因此退而求其次，可以用闭合公式来寻找贝叶斯误差的上界[6]。

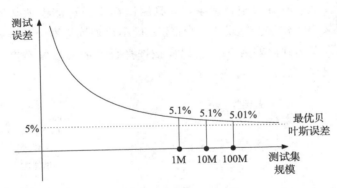

图 9-5　实验证明基于大数据集的分类满足回报率下降定律：训练集的规模越大，性能的相对提高就越小。这是因为在实践中这种独立同分布地对标记数据进行抽样的假设是不成立的。贝叶斯误差提供了统计机器学习中的任何分类器性能的下界

　　k-NN 规则有很多的扩展形式。例如，可以通过加权平均表决法[7]来调整 k 个邻居间的表决规则。通过研究高维度双色 Voronoi 图，我们能够证明高维度下 k-NN 边界是分段线性的。但是在实践中，高维度 Voronoi 图的计算是非常困难的，因为其计算时间复杂度为 $O(n^{\lceil \frac{d}{2} \rceil})$(当 $d=3$ 时为平方复杂度)，其中 $\lceil x \rceil$ 是向上取整函数(返回大于或等于 x 的最小整数)。

　　让我们回想一下，与最优 MAP 贝叶斯规则相比，k-NN 分类规则渐近地保证了大小为 2 的误差因子，但是该分类器需要在存储器中存储所有的训练集。这对于大规模

数据集来说是无法接受的。另一种著名的分类技术是支持向量机（Support Vector Machine，SVM），该技术仅存储 $d+1$ 个 d 维数据点，用于构建线性可分双色点集。当类别不是线性可分时，可以使用所谓的核函数（kernel trick）将特征嵌入更高维空间，使其在该空间中变成可分的[1]。

最后，我们来讨论一下模型的复杂度、模型学习的偏差和方差以及预测误差。在第 5 章中我们介绍了线性回归，来促进数据科学中线性代数的使用。这里我们将基于回归的分类和 k−NN 分类进行对比。

- 回归模型：线性回归模型的模型复杂度为 $d+1$，表示用以拟合超平面的系数的个数。回归学习模型具有较低的方差（对于输入扰动而言，这意味着模型具有稳定性），但是偏差很高（这意味着和真实的分类差距较大）。
- k-NN 模型：k-NN 分类器的模型复杂度为 $d \times n$，该复杂度非常大，主要取决于训练集的输入规模 n。k-NN 分类器的特点是具有较低的偏差，因为它能很好地拟合分类边界；但它的方差较高，因为训练集的单点扰动可以显著影响 k−NN 分类器的决策边界。

图 9-6 说明了学习模型偏差/方差的特征根据其模型复杂度的变化。在实践中，必须选择具有适当模型复杂度的学习模型。模型复杂度越高，训练样本的预测误差越低。然而，在某种程度上，存在过拟合现象，并且测试样本的预测误差会增大而不是持续下降。因为我们关心泛化误差的最小化（而不是最小化训练样本上的误差，在训练样本上 k-NN 分类器可以达到误差为 0），所以应该选择合适的模型复杂度，以便最小化测试样本上的预测误差（见图 9-6）。

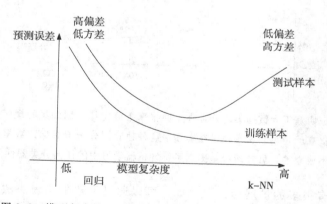

图 9-6　模型复杂度、学习模型的偏差和方差，以及预测误差

9.8　总结

k-NN 分类规则通过选择训练集中 q 的 k 个最近邻的主要类别来标记测试集中新的观察值分类查询 q。可以通过计算 F 值对分类器的性能进行评估，其中 F 值是准确率和召回率的调和平均值。这样就产生了一个统一的质量值，考虑了对观察值进行分类时可

能发生的四种不同的情况(真/假—阳性/阴性)。在统计机器学习中，分类器性能永远不可能超过最佳贝叶斯误差(或误差概率)，1-NN 能够保证渐近获得值为 2 的误差因子。因为最近邻查询是可分解的查询，这意味着 $NN_k(q, X_1 \bigcup X_2) = NN_k(NN_k(q, X_1), NN_k(q, X_2))$，这样就能够比较容易地在诸如计算机集群的分布式内存架构上并行化 k-NN 分类规则。k-NN 规则的一个缺点是需要存储所有训练集以便对新的观察值进行分类。

用于显示最近邻分类规则的代码

图 9-7 显示了 `processing.org` 程序的一个快照。

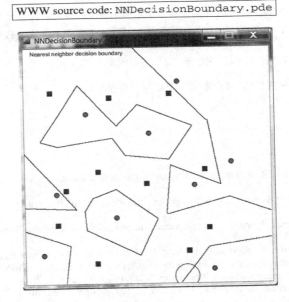

图 9-7　用于显示最近邻决策边界的 `processing` 程序的快照

9.9　练习

练习 1(精简最近邻分类器的边界决策)　证明当训练集的元素具有相同类别的相邻 Voronoi 单元(称为自然邻居(natural neighbor))时，可以安全地移除该样本，而不需要改变 NN 分类规则的边界决策。如何精简 k-NN 规则的训练集？

练习 2($*$条件高斯定律的误差概率)　我们考虑先验概率 $w_1 = w_2 = \dfrac{1}{2}$，以及单变量高斯分布 $X_1 \sim N(\mu_1, \sigma_1)$ 和 $X_2 \sim N(\mu_2, \sigma_2)$ 的条件概率。回想一下正态分布的概率密度为 $p(x; \mu, \sigma) = \dfrac{1}{\sigma\sqrt{2\pi}} \exp\left(-\dfrac{(x-\mu)^2}{2\sigma^2}\right)$。

- 当 $\sigma_1 = \sigma_2$ 时，精确计算误差概率 P_e。
- 当 $\sigma_1 \neq \sigma_2$ 时，利用标准正态累积分布函数 $\Phi(\cdot)$ 计算 P_e。

- 因为利用闭合公式来计算 P_e 是非常困难的，所以将 $\min(a, b) = \dfrac{a+b - \mid b-a \mid}{2}$ 利用数学方法转化为不等式 $\min(a, b) \leqslant a^\alpha b^{1-\alpha}$，$\forall \alpha \in (0, 1)(a, b > 0)$，从而推导出高斯分布中的 P_e 的上界公式。

练习 3（** k-NN 规则和 k 阶维诺图[8]） 现有一个有限点集 $X = \{x_1, \cdots, x_n\}$。由前 k 个最近邻引发的空间 $\mathbb{R}^d$ 的分解会生成多面体单元。我们将 k 阶 Voronoi 图定义为由所有 X 的子集 $\binom{n}{k} X_i \subset 2^X$ 引发的空间分解，距离函数为：$D(X_i, x) = \min_{x' \in X_i} D(x', x)$。也就是说，$k$ 阶维诺图是由 $V_k(X_i) = \{x \mid D(X_i, x) \leqslant D(X_j, x), \forall i \neq j\}$（对于所有的 l，都有 $\mid X_l \mid = k$）定义的非空单元 $V_k(X_i)$ 的集合。如何简化 k-NN 分类规则的边界决策？

练习 4（** k-NN 分类规则敏感度与坐标轴数量级的关系） 基于最近邻分类规则的分类器的性能对于坐标轴的标度是非常敏感的，因为它可能显著改变欧几里得距离。在实践中，必须找到一个和属性相关的良好的加权规则（特征加权）来校准"欧几里得距离"：$D_w(p, q) = \sqrt{\sum_{j=1}^{d} w_j (p^j - q^j)^2}$。研究不同的属性重写方法并讨论其性能[1]（参考马氏距离与对角精度矩阵）。

参考文献

1. Hastie, T., Tibshirani, R., Friedman, R.: Elements of Statistical Learning Theory. Springer, New York (2002)
2. Cover, T.M., Hart, P.E.: Nearest neighbor pattern classification. IEEE Trans. Inf. Theory **13**(1), 21–27 (1967)
3. Arya, S.: An optimal algorithm for approximate nearest neighbor searching fixed dimensions. J. ACM **45**(6), 891–923 (1998)
4. Garcia, V., Debreuve, E., Nielsen, F., Barlaud, M.: k-nearest neighbor search: Fast GPU-based implementations and application to high-dimensional feature matching. In: Proceedings of the International Conference on Image Processing (ICIP), pp. 3757–3760 (2010)
5. Bremner, D., Demaine, E., Erickson, J., Iacono, J., Langerman, S., Morin, P., Toussaint, G.: Output-sensitive algorithms for computing nearest-neighbour decision boundaries. Discret. Comput. Geom. **33**(4), 593–604 (2005)
6. Nielsen, F.: Generalized Bhattacharyya and Chernoff upper bounds on Bayes error using quasi-arithmetic means. Pattern Recognit. Lett. **42**, 25–34 (2014)
7. Piro, P., Nock, R., Nielsen, F., Barlaud, M.: Leveraging k-NN for generic classification boosting. Neurocomputing **80**, 3–9 (2012)
8. Lee, D.-T.: On k-nearest neighbor voronoi diagrams in the plane. IEEE Trans. Comput. **C–31**(6), 478–487 (1982)

基于核心集的高维快速近似优化和快速降维

10.1　大规模数据集的近似优化

人们通常对大规模数据集上的优化问题感兴趣。对于这类问题，通常不是计算精确的最优解（或者当出现多个最优解时，选择其中一个最优解），而是在更短的时间内寻找一个可靠的近似解（guaranteed approximation）。例如，考虑 k 均值聚类问题：我们试图最小化 k 均值成本函数（也就是簇方差加权和，见第 7 章）。在一些稳定性假设下指出最优聚类的扰动是非常有意义的，这样代价函数（而不是常规 k 均值目标函数）最小化的近似解最终会得到一个很好（可能不是最优）的聚类结果。

当维度增加时，近似优化更具吸引力，因为这些问题通常会变得更难以解决。这种现象称为维数灾难（由 Bellman 率先提出，他是动态规划范式的创始人）。实际上，当将维度 d 作为分析资源复杂度问题的参数时，我们通常会获得以指数形式依赖于 d 的算法，因此在实践中无法适当地对维度进行缩放。

10.1.1　高维度的必要性示例

在实践中，通常需要对内部的高维度进行操作，即使原始输入数据是低维的也是如此。这里，我们用在大尺寸目标图像中找到尺寸为 $s \times s$ 的源图像块（source image patch）作为示例。为了简单起见，只考虑每个像素点存储一个灰度值（灰度通道）的强度图像。我们通过堆叠图像块中像素点的强度值（比如，按照扫描行顺序）将图像块表示为维度 $d = s^2$ 的向量。这样我们就对图像块进行了向量化（或线性化）。对于在（大）目标图像中维度为 $n = w \times h$ 的给定位置的图像块，处理方法是相同的，其中 w 和 h 分别表示图像的宽和高。因此，我们可以将大图像诠释为维度为 $d = s^2$ 的 n 个点组成的"云"，这是目标图像的所有 $s \times s$ 的图像块组成的集合。对于位于图像边界的像素点，我们考虑固定强度值。因此对于给定的图像块查询，找到目标图像中最佳块位置（即，使平方误差之和（Sum of Squared Error，SSE）最小）相当于在维度为 $d = s^2$ 的高维度空间中查找最近邻。

10. 1. 2 高维度上的一些距离现象

对于很高的维度，我们会发现一些反直觉的现象（幸运的是，它们在数学上能够得到很好的解释）。例如，维度 d 上半径为 r 的球的体积 $V_d(r)$ 的计算公式如下：

$$V_d(r) = \frac{\pi^{d/2}}{\Gamma\left(\dfrac{d}{2}+1\right)}r^d$$

其中 Γ 表示欧拉函数，它是阶乘函数的推广：$\Gamma(t) = \int_0^\infty x^{t-1}e^{-x}\mathrm{d}x$（当 $k \geq 2$ 且 $k \in \mathbb{N}$ 时，有 $\Gamma(k)=(k-1)!$）。因此随着维度 d 的增加（$d \to \infty$），单位半径的球的体积趋向于 0。以原点为中心的单位球与以原点为中心的边长为 2 的立方体的 $2d$ 个面相接。因此，随着维度的增加，球覆盖的包含它的立方体⊖的体积的比例越来越少。这对 Monte-Carlo 拒绝抽样法（也就是用我们在第一部分中估算 π 的方法来估算单位球的体积）有着显著的影响，这可能需要更多（指数级）的同维度的样本。

10. 1. 3 核心集：从大数据集到小数据集

我们发现对于优化问题，有时会存在一些小规模的子集（有时甚至独立于维度 d 和输入规模 n），这些子集称为核心集（core-set），其中的最佳优化方案是基于核心集为整个数据集提供一个可靠近似解。有趣的是，k 均值也是这种情况。因此核心集能够将大规模数据集转化为小数据集[1]。因此它是处理大数据的一项重要技术！

10. 2 核心集的定义

现在让我们精确地定义用于快速近似优化的核心集。对于数据集 $X = \{x_1, \cdots, x_n\}$ 上的优化问题，用数学方式表示如下：

$$\min_{\theta \in \Theta} f(\theta \mid x_1, \cdots, x_n)$$

其中 θ 表示用于优化的模型参数（例如，k 均值中的 k 个原型），Θ 表示可接受参数空间。最小成本 c^* 的最优解 θ^*（或者当存在多个最优解时的其中一个最优解）可以通过如下方式获得：

$$\theta^* = \mathrm{sol}(\theta \mid X) = \mathrm{argmin}_{\theta \in \Theta} f(\theta \mid x_1, \cdots, x_n)$$

$$c^* = \mathrm{cost}(\theta \mid X) = \min_{\theta \in \Theta} f(\theta \mid x_1, \cdots, x_n)$$

我们不是在整个数据集 X 上求解这个优化问题，而是找到一个核心集的子集 $C \subseteq X$，这样我们得到如下不等式：

⊖ 当 $d > 3$ 时，通常称为超立方体。

$$\text{cost}(\theta \mid X) \leqslant \text{cost}(\theta \mid C) \leqslant (1+\varepsilon)\text{cost}(\theta \mid X)$$

此外，我们希望有 $|C| \ll |X|$（即与 X 的规模相比，C 的规模可以忽略不计，也就是 $|C| = o(|X|)$）。也就是说，C 的基数和 X 的相比应该非常小，理想情况是 $|C|$ 仅依赖于 $\varepsilon > 0$（而不依赖 $n = |X|$，也不依赖 x_i 的环绕空间的维度 d）。

10.3　最小闭包球的核心集

最小闭包球（Smallest Enclosing Ball[⊖]，SEB）要求找到一个完全覆盖 X 的半径最小的球 $B = \text{Ball}(c, r)$。我们将这个优化问题建模如下：

$$c^* = \arg\min_{c \in \mathbb{R}^d} \max_{i=1}^{n} \| c - x_i \|$$

最小闭包球被证明总是独一无二的，其中心（称为外心）可由 c^* 表示。需要注意的是，除了最小化半径，我们可以等效地选择体积（半径的幂函数），或定义和包含运算符 $\sqsubset$ 相关的"最小值"。图 10-1 是平面点集上最小闭包球的示例。

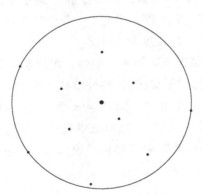

图 10-1　平面点集上最小闭包球的一个示例。对于一般的点集，最多有三个点位于圆的边界上（维度为 d 时至多有 $d+1$ 个）

用 $c(X)$ 表示 X 的最小闭包球的中心，$\text{SEB}(X) = \text{Ball}(c(X), r(X))$，$r(X)$ 为球的半径。对于任意的 $\varepsilon > 0$，ε 核心集是 X 的一个子集 $C \subseteq X$，且满足：

$$X \subseteq \text{Ball}(c(C), (1+\varepsilon)r(C))$$

也就是说，通过使用相似因子 $1+\varepsilon$ 来放大最小闭包球，同时保持中心不变，我们就能完全覆盖 X。图 10-2 显示了最小闭包球的一个核心集示例。文献[2,3]已经证明了对于最小闭包球存在最优规模为 $\left\lceil \dfrac{1}{\varepsilon} \right\rceil$ 的核心集，该最优规模与维度 d 以及原始输入规模 n 无关！

⊖　在一些文献中也称为 minimum enclosing ball 或 minimum covering ball。

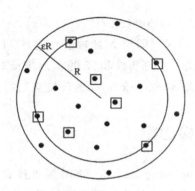

图 10-2   核心集示例：核心集 C 由图中正方形包围的点表示。通过因子 $1+\epsilon$ 放大最
小闭包球 SEB(C)，我们能够完全覆盖 X：$X \subseteq$ Ball($c(C)$，$(1+\epsilon)r(C)$)

在实践中，核心集在高维度场景中有着广泛的应用，即使当 $d \gg n$ 时也是如此。也就是说，当数据元素的数量远小于数据的维度时，这些数据能够被包含在整个空间的一个合适的子空间中（用外维度（extrinsic dimension）表示环绕空间 $\mathbb{R}^d$ 的维度）。内维度（intrinsic dimension）是包含所有数据的子空间的最小维度。例如，考虑空间 $\mathbb{R}^5$ 中的 3 个点：外维度为 5，当三个点作为非退化三角形的顶点时，内维度为 2（平面）；当三个点共线时（退化三角形），内维度为 1（直线）。

我们注意到在 $d \gg n$ 的情况下，不失一般性，可以通过数学方法获得普通位置的点所在的维度为 $d'=n-1$ 的仿射子空间（即将外维度降低到内维度）。当且仅当维度为 k 的仿射子空间中不存在 $k+1$ 个点时，则认为 n 个点处于普通位置（general position）（例如，3 个共线点不处于普通位置）。然而准确地计算该仿射子空间需要计算行列式，这不仅耗时而且实际的数值计算非常不稳定，因为当我们进行乘法操作时会造成数值精度的损失[⊖]。

10.4   一个用来近似最小闭包球的简单迭代启发式方法

下面我们介绍一个 $(1+\epsilon)$ 近似启发式算法，能够使用 $\left\lceil \frac{1}{\epsilon^2} \right\rceil$ 次迭代来计算最小闭包球的近似解。例如，要获得 1% 的近似解，我们需要执行 10 000 次迭代。伪代码如下：

APPROXMINIBALL(X，$\epsilon > 0$)：

- 初始化中心 $c_1 \in X = \{x_1$，$\cdots$，$x_n\}$（也可以选择其他任意的点作为中心 c_1 或质心，实际上我们需要这个初始点位于 X 的凸包内）。

- 当 $i=2$，$\cdots$，$\left\lceil \frac{1}{\epsilon^2} \right\rceil$ 时，对当前中心进行迭代更新如下：

⊖   为了绕开数值精度问题，我们不能使用通常的 IEEE 754 浮点标准，而是使用一种多精度函数库，如 GNU mpf 多精度浮点软件包。

$$c_i \leftarrow c_{i-1} + \frac{f_{i-1} - c_{i-1}}{i}$$

其中 f_i 表示 X 中相对于当前外心 c_i 的最远点：

$$f_i = p_s, s = \text{argmax}_{j=1}^n \parallel c_i - x_j \parallel$$

- 返回 $\text{Ball}(c_{\lceil \frac{1}{\epsilon^2} \rceil}, \max_i \parallel x_i - c_{\lceil \frac{1}{\epsilon^2} \rceil} \parallel)$。

该算法[一]那看起来像梯度下降法，总时间成本为 $O\left(\frac{dn}{\epsilon^2}\right)$。另外，该（贪心）启发式算法还能构建一个核心集：$f_1, \cdots, f_l$，其中 $l = \lceil \frac{1}{\epsilon^2} \rceil$。图 10-3 显示了算法数次迭代之后的结构，以及相应的核心集。该算法所产生的核心集的规模为 $\lceil \frac{1}{\epsilon^2} \rceil$，但不是最优的，因为我们已经知道对于最小闭包球存在最优的核心集，其最优规模为 $\lceil \frac{1}{\epsilon} \rceil$。

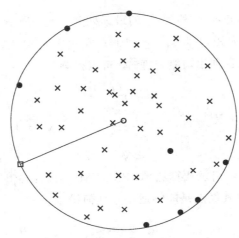

图 10-3　可视化核心集启发式算法，该算法用于近似一个点集的最小闭包球：圆点显示当前的外心，正方形表示距离当前外心最远的点，填充圆盘的点组成的集合即为核心集

10.4.1　收敛性证明

定理 12　最小闭包球 $\text{Ball}(c^*, r^*)$ 的外心 c^* 是由算法 APPROXMINIBALL 近似得到的，其中 c^* 与算法在第 i 次迭代后产生的中心满足：$\parallel c_i - c^* \parallel \leqslant \frac{r^*}{\sqrt{i}}$。

该定理保证我们得到一个 $\left(1 + \frac{1}{\sqrt{i}}\right)$ 近似。实际上，对于所有 $x \in X$，利用欧几里得距离的三角不等式，我们可以得到：

[一]　参见在线演示 http://kenclarkson.org/sga/t/t.xml。

$$\| x - c_i \| \leqslant \| x - c^* \| + \| c^* - c_i \| \leqslant r^* + \frac{r^*}{\sqrt{i}} = \left(1 + \frac{1}{\sqrt{i}}\right)r^*$$

下面简要介绍该定理的技术证明。我们采用归纳法：对于 $i = 1$，有 $\| c_1 - c^* \| \leqslant r^*$。在第 i 阶段，分为以下两种情况：

- $c_i = c^*$ 时，我们最多移动 $\frac{r^*}{i+1} \leqslant \frac{r^*}{\sqrt{i+1}}$，最终得到 $\| c^* - c_{i+1} \| \leqslant \frac{r^*}{i+1}$。

- $c_i \neq c^*$ 时，我们考虑线段 $[c^* c_i]$ 的正交超平面，它包含 c^*。我们用 H^+ 表示不包含 c_i 的由 H 界定的半空间，用 H^- 表示其他互补的半空间（见图 10-4）。最远点 f 必然包含在 $X \cap H^+$。这里又分为两种新的情况。

  - $c_{i+1} \in H^+$：当 $c_i = c^*$ 时，距离 $\| c_{i+1} - c^* \|$ 是最大的，因此 $\| c_{i+1} - c^* \| \leqslant \frac{r^*}{i+1} \leqslant \frac{r^*}{\sqrt{i+1}}$。

  - $c_{i+1} \in H^-$：通过将 c_i 移到 c^* 的最远处并在离 H^- 最近的球面上选取 f，我们必然能够增大距离 $\| c_{i+1} - c^* \|$。在这种情况下，线段 $[c^* c_{i+1}]$ 与线段 $[c_i f]$ 正交，并且利用勾股定理[$\ominus$]，可以得到：

$$\| c_{i+1} - c^* \| = \frac{\dfrac{(r^*)^2}{\sqrt{i}}}{r^* \sqrt{1 + \dfrac{1}{i}}} = \frac{r^*}{\sqrt{i+1}}$$

为了保证 1% 的精度，启发式算法 APPROXMINIBALL 需要执行 10 000 次迭代。因此这是比较耗时的，但其优点是能够适用于任何维度。

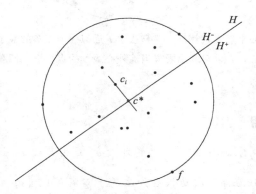

图 10-4　证明过程中所使用的符号

10.4.2　小闭包球和用于 SVM 的边缘线性分离器

最小闭包球的计算可以在数学上抽象为二次规划（Quadratic Programming，QP）问题，即在给定一组线性约束（每个点有一个约束条件）下，来最小化平方半径，参见文献[4]。我们已经在第 9 章介绍了用于分类的 k 最近邻规则（有监督学习）。另一种比较流行的有监督学习技术为支持向量机（Support Vector Machine，SVM）。SVM 利用使间隔（margin）最大化的分离超平面（separating hyperplane）来区分两种点（标记为 +1 的点和标记为 -1 的点），其中间隔定义为一个点到 SVM 分离超平面的最小距离。可以证明寻找具有最佳间隔的分离超平面等价于计算一个最小封闭球[4]。球的核心集可以用来定义 SVM 中一个良好的分离超平面。这种技术产生了所谓的核心向量机[4]（Core Vector Machine，CVM），它是机器学习中比较流行的技术。

10.5　k 均值的核心集

我们在第 7 章介绍了当 $d > 1$ 且 $k > 1$ 时，通过最小化 k 均值目标函数来对数据进行聚类是 NP 难的。我们可以将集合 C 中关于 k 个原型中心的 k 均值写为 $l_C(X) = \sum_{x \in X} D^2(x, C)$，其中 $D^2(x, C)$ 表示 x 与 C 中的 k 个原型中心之间的最小平方欧几里得距离。

我们说 S 是 X 的一个 (k, ϵ) 核心集当且仅当

$$\forall C = (c_1, \cdots, c_k), (1 - \epsilon) l_C(P) \leqslant l_C(S) \leqslant (1 + \epsilon) l_C(P)$$

在一维中，存在规模为 $O\left(\frac{k^2}{\epsilon^2}\right)$ 的 (k, ϵ) 核心集，并且在高维度中，可以证明存在规模为 $O(k^3/\epsilon^{d+1})$ 的核心集[5]。因此，我们可以在大规模数据集上进行 k 均值聚类，因为核心集的规模和输入规模 n 无关。

10.6　基于随机投影矩阵的快速降维

10.6.1　维数灾难

维数灾难是由 Bellman（著名动态规划技术的发明者）首次提出。Bellman 注意到算法的效率取决于数据的维度，也就是向量中属性的个数。例如，计算两个维度为 d 的向量之间的距离（相异度）或相似度所需的时间为 $\Omega(d)$。依赖于分区数据结构的算法通常有一个和维度 d 相关的指数级的时间复杂度，它隐藏在大 O 表示的符号 $O_d(1)$ 中。此外，在高维度中可视化数据集结构是极其困难的。如今，高维度数据集的使用是非常常见的（例如，基因数据的维度 $d = 1000$），并且有时候外维度远大于数据量 n：$d \gg n$。

在高维度下有很多反直觉的事实:

- 例如，随着维度的增加，与单位立方体内切的单位直径球的体积趋向于 0。实际上，对于半径 $r = \frac{1}{2}$ 的球，其体积 V_d 的计算公式如下:

$$V_d = \frac{\pi^{\frac{d}{2}}}{\Gamma\left(\frac{d}{2} + 1\right)} r^d, \ r = \frac{1}{2}$$

  其中 $\Gamma(t) = \int_0^\infty x^{t-1} e^{-x} \mathrm{d}x$ 是阶乘函数的扩展形式。对于 $n \in \mathbb{N}$，有 $\Gamma(n) = (n-1)!$。

- 空间 $\mathbb{R}^d$ 中边长为 l 的规则网格(regular grid)有 l^d 个基本超立方体，其数量随着维度 d 呈指数级增长($l^d = e^{d\log l}$)，而一个自适应细分在非常大的维度上是不可扩展的。

- Monte-Carlo 随机积分($\int \approx \sum$) 在高维度上是无效的(在计算高维度积分时有太多的拒绝样本)。

- 如文献[6]所强调的那样，"……到最近数据点的距离与到最远数据点的距离逐渐接近……"。

10.6.2　高维度任务的两个示例

首先看一下在 n 个图像集合中查找近重复图像(near duplicate image)的任务。按照扫描行的顺序堆叠所有像素颜色的三元组，将维度 $w \times h$ 的 RGB 彩色图像 $I[y][x]$ 转化成维度 $\mathbb{R}^{3wh}$ 的向量 $v(I)$。这个过程称为图像向量化(image vectorization)。然后选择离差平方和(Sum of Squared Difference, SSD)作为两个图像 I_1 和 I_2 的距离:

$$\mathrm{SSD}(I_1, I_2) = \sum_{i=1}^h \sum_{j=1}^w (I_1[i][j] - I_2[i][j])^2 = \| v(I_1) - v(I_2) \|^2$$

对于数据库中的一个图像，如果与其最相近的图像(最近邻查询，NN)之间的距离很小，那么该图像即为近重复图像。也就是说，对于一个指定值 ϵ，当满足 $\mathrm{SSD}(I, \mathrm{NN}(I)) \leqslant \epsilon$ 时，则图像 I 有近重复图像。解决 NN 查询的一种简单算法所需的时间为 $O(dn)$，其代价非常高的。因此，由近重复图像问题提出了如何在亚线性时间 $o(d)$ 内高效地计算高维度最近邻。

对于第二种示例，我们选择海量图像的聚类问题。在该示例中我们使用 MNIST 数据集[⊖]，该数据集包含 $n = 60\,000$ 个美国邮政编码手写数字(从数字'0'到数字'9')，每个数字被存储为 28×28 灰度图像。MNIST 数据库的图像向量化会产生一个具有适

⊖　可免费在线获取，具体参见 https://en.wikipedia.org/wiki/MNIST_database。

当维度的点云，其维度为 $d=28^2=784$。理想情况下，我们希望获得 10 个簇，每个簇中所有的数字都是相同的。但是利用 k 均值聚类技术实现该数据集的聚类太慢了。这就需要一种不同的方法：如何在保留数据库元素两两之间距离的同时进行有效的降维？

10.6.3　线性降维

考虑空间 $\mathbb{R}^d$ 上由 n 个向量组成的数据集 X。可以认为 X 是 $n\times d$ 的矩阵，其中矩阵的每一行存储一个数据点（行向量约定）。首先我们可以想到两种降维技术：

- 选择需要保留的维度，删除其他不重要的维度，也就是进行特征选择（feature selection）。
- 将维度进行重新组合并形成新的维度，同时尽可能多地保留距离信息。

线性降维（linear dimension reduction）指的是将每个输入向量 x 通过一个线性映射 （linear mapping）A：$\mathbb{R}^d \rightarrow \mathbb{R}^k$ 转化为另一个向量 $y=y(x) \in \mathbb{R}^k (k<d)$，矩阵形式表示如下：

$$y = x \times A, Y = X \times A$$

A 是一个规模为 $d\times k$ 的矩阵（x 和 y 都是行向量）。我们寻找一个矩阵 A，用来保存数据集 X 中两两元素之间的距离（准等距嵌入）：

$$\forall x, x' \in X, \| y - y' \|^2 = \| xA - x'A \|^2 \approx \| x - x' \|^2$$

一旦找到 A，我们就能得到 X 的更紧凑的表示形式：$X\times A$。如何有效地找到这样一个矩阵变换 A？

10.6.4　Johnson-Lindenstrauss 定理

Johnson-Lindenstrauss 定理[7]在降维方面取得了突破性进展。

定理 10.1（Johnson-Lindenstrauss 定理[7]）X 表示 $\mathbb{R}^d$ 上具有 n 个点的集合，$\epsilon \in (0, 1)$。存在一个线性变换 A：$\mathbb{R}^d \rightarrow \mathbb{R}^k$，其中 $k=O\left(\frac{1}{\epsilon^2}\log n\right)$，满足：

$$\boxed{\forall x, x' \in X, (1-\epsilon) \| x - x' \|^2 \leqslant \| xA - x'A \|^2 \leqslant (1+\epsilon) \| x - x' \|^2}$$

Johnson-Lindenstrauss 定理指出，在数学角度上存在一个低失真嵌入（low distortion embedding），而且得到维度 $k=O\left(\frac{1}{\epsilon^2}\log n\right)$ 的拟等价点集，其维度与外维度 d 无关。

10.6.5　随机投影矩阵

存在一种简单的方法来找到一个良好的线性变换 A：利用如下方法随机生成其系数。

- 独立同分布地随机生成矩阵 A' 的系数，其中每一个系数服从标准正态分布：
$$A' = [a_{i,j}], a_{i,j} \sim N(0,1)$$

一个标准正态随机变量 $x \sim N(0, 1)$ 是通过两个独立同分布均匀分布 U_1 和 U_2 通过 Box-Muller 变换得到：

$$x = \sqrt{-2\log U_1} \cos(2\pi U_2)$$

- 然后调整随机矩阵的比例：

$$A = \frac{k}{d} A'$$

我们利用该方法来解决高维度图像聚类问题：利用这种易实现的降维技术，可以很容易地将包含 n 个彩色图像的数据集进行聚类，其中图像的维度从 300×300（$\mathbb{R}^{300 \times 300 \times 3} = \mathbb{R}^{270\,000}$）降为 $k = 532$（$\mathbb{R}^{532}$），同时能够达到相似的聚类效果。这样我们取得了一个很高的加速比，因为 Lloyd 的 k 均值启发式算法在维度 d 下最初需要 $O(sdkn)$ 时间（其中 s 表示迭代次数），经过降维处理之后仅需要 $O_\epsilon(skn \log n)$ 时间。需要注意的是，在准相似降维数据集上调用 k 均值之前，需要花费 $O_\epsilon(nd \log n)$ 的时间来计算数据投影。

我们跳过用于解释结构合理性的理论背景，着重介绍 Johnson-Lindenstrauss 理论中的一些最新研究成果。第一，当使用线性变换时维度 $k = \Omega(\epsilon^{-2} \log n)$ 是最优的[8]。第二，通过掷骰子获得的具有随机理性权重[9]的随机投影矩阵效果会更好。例如，选择

$$a_{i,j} = \begin{cases} 1, & \text{概率为 } \dfrac{1}{6} \\ 0, & \text{概率为 } \dfrac{2}{3} \\ -1, & \text{概率为 } \dfrac{1}{6} \end{cases}$$

第三，利用稀疏随机矩阵：只要有 $O\left(\dfrac{1}{\epsilon}\right)$ 非零系数即可[10]。

10.7　注释和参考

对于最小闭包球存在规模为 $\left\lceil \dfrac{1}{\epsilon} \right\rceil$ 的核心集[2]，且核心集规模只和 ϵ 有关，与输入数据规模 n 以及环绕空间维度 d 无关，这是一个相当惊人的研究成果。这个发现允许我们根据核心集框架重新审视许多经典的优化问题。可以通过计算最小闭包球来找到最佳的分离超平面，从而最大化支持向量机的边距（从技术上讲，最小闭包球是核心向量机中的对偶问题[4]）。在聚类问题中已经对核心集进行了研究[5]，如 k 均值或其他目标函数聚类。这就为大规模数据集的聚类打开了方便之门。核心集的基本原理[1]是将大规模数据集转化为小规模的核心集，并引入了近似因子 ϵ。我们推荐阅读文献[11]，以了解数据挖掘和大数据面临的一些挑战，其中也包括对核心集的讨论。目前有很多关于线性降维和非线性降维的技术，其中非线性降维有时也称为流形学习（manifold learning），它是非线性降维的一种特殊情况。

10.8　总结

解决一大类优化问题的关键在于优化数据集上的参数化函数。核心集是完整数据集的一个子集，基于核心集的优化结果能够产生一个可靠近似解。存在用于计算最小闭包球的规模为 $\left\lceil \frac{1}{\epsilon} \right\rceil$ 的核心集，核心集规模和输入规模 n 以及外维度 d 无关。规模为 $O(k^3/\epsilon^{d+1})$ 的核心集用于计算 k 均值成本函数的近似解，并且能够保证 $(1+\epsilon)$ 近似。这些核心集的规模都与输入规模 n 无关，只依赖于近似因子 $1+\epsilon$。因此，利用核心集能够将大规模数据集上的问题转化为小规模数据集问题，从而产生一个有效的范式来处理大数据或数据流。

10.9　练习

练习 1（最小闭包球和最远 Voronoi 图）　证明点集 $X = \{x_1, \cdots, x_n\}$ 上最小闭包球的外心 c^* 必然位于最远 Voronoi 图中。我们通过逆转不等式来定义最远 Voronoi 图的 Voronoi 单元：
$$V_F(x_i) = \{x \mid \|x - x_i\| \leqslant \|x - x_j\|, \forall j \neq i\}$$
因此单元 $V_F(x_i)$ 其实是一组点的集合，其中生成元 x_i 是 X 中的最远点。

练习 2（APPROXMINIBALL 的并行启发式算法）　设计如何在 P 个机器组成的分布式内存集群上利用 MPI 并行实现启发式算法 APPROXMINIBALL。你的算法的复杂度是多少？

参考文献

1. Feldman, D., Schmidt, M., Sohler, C.: Turning big data into tiny data: Constant-size coresets for k-means, PCA and projective clustering. In: Proceedings of the Twenty-Fourth Annual ACM-SIAM Symposium on Discrete Algorithms, pp. 1434–1453. SIAM (2013)
2. Badoiu, M., Clarkson, K.L.: Optimal core-sets for balls. Comput. Geom. **40**(1), 14–22 (2008)
3. Martinetz, T., Mamlouk, A.M., Mota, C.: Fast and easy computation of approximate smallest enclosing balls. In: 19th Brazilian Symposium on Computer Graphics and Image Processing (SIBGRAPI), pp. 163–170, Oct 2006
4. Tsang, IW., Kocsor, A., Kwok, JT.: Simpler core vector machines with enclosing balls. In Proceedings of the 24th International Conference on Machine Learning, pp. 911–918. ACM (2007)
5. Har-Peled, S., Kushal, A.: Smaller coresets for k-median and k-means clustering. Discret. Comput. Geom. **37**(1), 3–19 (2007)
6. Beyer, K., Goldstein, J., Ramakrishnan, R., Shaft, U.: When is "Nearest Neighbor" Meaningful? In: Database Theory (ICDT). Springer, Berlin (1999)
7. Johnson, W., Lindenstrauss, J.: Extensions of Lipschitz mappings into a Hilbert space. In: Conference in modern analysis and probability. Contemporary Mathematics, pp. 189–206. American Mathematical Society, New Haven (1984)
8. Larsen, KG., Nelson, J.: The Johnson–Lindenstrauss lemma is optimal for linear dimensionality reduction. arXiv preprint arXiv:1411.2404, 2014
9. Achlioptas, D.: Database-friendly random projections: Johnson–Lindenstrauss with binary coins. J. comput. Syst. Sci. **66**(4), 671–687 (2003)
10. Kane, D.M., Nelson, J.: Sparser Johnson–Lindenstrauss transforms. J. ACM (JACM) **61**(1), 4 (2014)
11. Fan, W., Bifet, A.: Mining big data: current status, and forecast to the future. ACM SIGKDD Explor. Newsl. **14**(2), 1–5 (2013)

第 11 章

图并行算法

11.1 在大图中寻找(最)稠密子图

11.1.1 问题描述

令 $G=(V，E)$ 表示一个图，其中 $|V|=n$ 个节点(或者顶点)，$|E|=m$ 条边。我们寻找一个子图 $V'\subseteq V$ 使得下列图密度函数能够达到最大值：

$$\rho(V') = \frac{|E(V')|}{|V'|}$$

其中 $E(V')=\{(u，v)\in E \mid (u，v)\in V'\times V'\}$ (即两个节点都应该属于顶点子集)。我们用 $G_{|V'}=(V'，E(V'))$ 表示这个受限制的子图。换言之，子图的密度就是该子图平均的度。对于一个完全图，团 $G=K_n$，因此我们有 $\rho_{\max}=\rho(V)=\frac{n(n-1)}{2n}=\frac{n-1}{2}$，该密度是所有图中最大的密度。

因此，寻找密度为 ρ^* 的最稠密子图(简称 DSG 问题)可以等同于下列优化问题：

$$\rho^* = \max_{V'\subseteq V}\rho(V')$$

需要注意的是，可能存在多个子图具有相同地最优密度(例如几个不相连的极大团)：$\rho^*=\rho(V^*)$。图 11-1 描述一个图和它的最稠密子图。

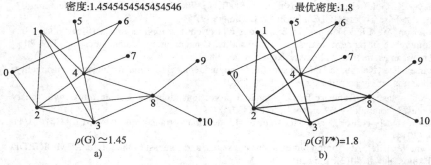

图 11-1 a)一个 11 个节点地图；b)它的最稠密子图(子图 $G_{|V^*}$ 使用粗线绘制)

计算最稠密子图对图分析来说是非常有用的。例如，对社交网络建模后会生成一个大图，通过计算其最稠密子图，我们便可对该社交网络进行分析。该方法同样可以用于解决基于图的社区发现问题或者高效地图压缩问题。如今，基于数据集构建地网络模型无处不在，例如，电信网、科技引文网络、协同合作网络、蛋白质相互作用网络、大众媒体信息网络、金融网络等。

11.1.2 最稠密子图的复杂度和一个简单的贪心启发式算法

在理论上，我们可以使用数学上的线性规划[1]（LP）方法在多项式时间内解决最稠密子图问题。然而，当我们加强约束条件使得 $|V'| = k$ 时（即，限制子图的基数使其有且只有 k 个顶点），该问题便（惊人地）转换成了一个 NP 难问题。

下面，我们展示一个能够保证近似因子为 2 的启发式算法，即，我们提出了一个算法，该算法能够返回一个顶点集的子集 $V'' \subseteq V$，使得 $\rho(G_{|v''}) \geqslant \frac{1}{2}\rho^*$。换言之，子图 $G_{|v''}$ 的平均度在最坏情况下不会小于最稠密子图 $G_{|v^*}$ 平均度的 50%。这个最新的启发式算法是由普林斯顿大学（美国）的 Charikar⊖ 教授在 2000 年提出的，该算法采用迭代的方式进行工作，如下所述：

- 删除度最小的节点及其相连的边（如果有多个节点符合条件，则任意选择一个节点即可），重复此过程直到所有的节点都被删除（因此，我们最后会得到一个空图）。
- 在上述迭代过程中，将密度最大为 ρ 的子图保存下来。

图 11-2 和 11-3 展示了该启发式算法在一个简单图上的迭代过程。

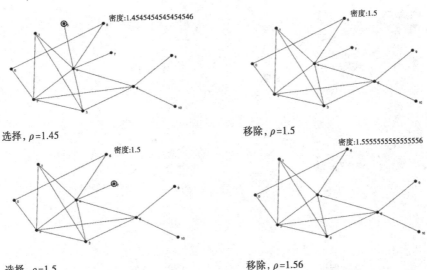

图 11-2　展示了 Charikar 的启发式算法寻找近似比为 2 的最稠密子图的过程：算法的执行过程为从左到右，从上到下。用圆圈包围的顶点表示该顶点在下一个阶段中将被删除。接图 11-3

⊖　http://www.cs.princeton.edu/~moses/。

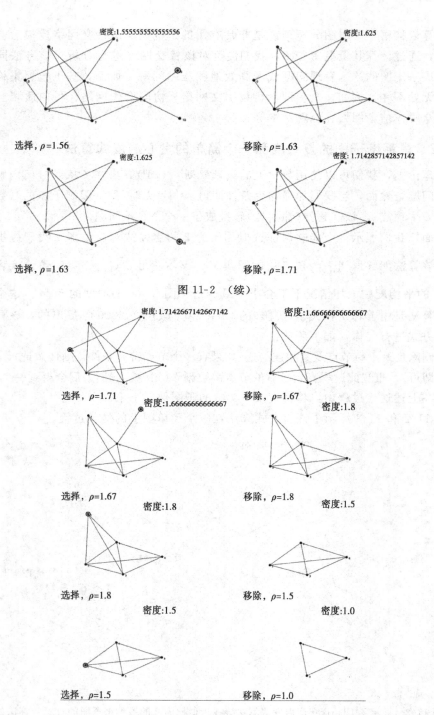

图 11-2 （续）

图 11-3   展示了 Charikar 的启发式算法寻找近似比为 2 的最稠密子图的过程：算法
         的执行过程为从左到右，从上到下。迭代过程中的最大密度 $\rho^* = \dfrac{9}{5} = 1.8$。
         用圆圈包围的顶点表示该顶点在下一个阶段中将被删除（最小度）

一般来讲，一个近似比为 α 的最稠密子图是一个子图 $G|_{v'}$ 且有 $\rho^* \geqslant \frac{1}{\alpha}\rho(V^*)$。现在我们证明这个简单的"选择度最小的顶点，删除，然后重复此过程直到获得一个空图"启发式算法能够保证近似比为 2。令 $\rho^* = \rho(V^*) = \frac{|E(V^*)|}{|V^*|}$ 表示最优密度，其顶点集为 V^*。

Charikar 启发式算法的伪代码如下所示：

```
Data: A non-oriented graph G = (V, E)
S̃ ← V;
S ← V;
while S ≠ ∅ do
    s ← arg min_{s∈S} deg_S(s);
    S ← S\{s};
    if ρ(S) > ρ(S̃) then
    |   S̃ ← S
    end
end
return S̃
```

算法 6 Charikar 提出的贪心启发式算法，该算法能够生成图 $G=(V，E)$ 的最稠密子图的 2 近似图

该算法称为贪心算法是因为它会在每次迭代中使用局部决策来生成近似解。

首先，我们注意到 $\sum_{s \in S}\deg_S(s) = 2|E(S)| = 2|S|\rho(S)$。下面我们证明最大密度 $\rho^* \leqslant d_{\max}$，其中 $d_{\max}$ 表示图 G 所有节点中最大的度。在 $E(V^*)$ 中，最多有 $|V^*| d_{\max}$ 条边（否则，$d_{\max}$ 就不是所有节点中最大的度）。因此我们能够推导出 $E(V^*) \leqslant |V^*| d_{\max}$。进而有：

$$\rho^* = \frac{E(V^*)}{|V^*|} \leqslant d_{\max}$$

现在，我们考虑算法的迭代过程，即每次移除一个顶点，并着重考虑第一次从 V^* 中移除一个节点时的情况（在移除时我们并不知道该节点是否属于 V^*）。那么 V^* 中每个节点的度必须至少等于 ρ^*。否则，我们便能够增加密度 $\rho^* = \frac{E(V^*)}{|V^*|}$。因此我们推断 $E(S) \geqslant \frac{1}{2}\rho^*|V^*|$，且顶点集 S 构成的子图的密度为：

$$\rho(S) = \left|\frac{E(S)}{V(S)}\right| \geqslant \frac{\rho^*|V^*|}{2|V^*|} = \frac{\rho^*}{2}$$

因为选择的是迭代过程中密度最大的子图，所以我们得出结论，该启发式算法能够保证近似比为 2。

在一个真实的 RAM 计算模型上，我们能用多种方式实现该启发式算法。如果通过直接方法实现，则算法的运行时间为二次方复杂度，即 $O(n^2)$。这对于大图来说是不可接受的。为了减少其运行时间，我们可以采用堆数据结构来逐步地选择顶点。堆

是一个抽象数据类型，通常使用完美二叉树（即，除最后一层外，其他层都是满节点）实现，这就满足了存储在内部节点上的键大于或等于存储在其子节点上的键（参见文献[2]）。通过在删除边时更新键值的方式，该算法的总运行时间能够缩减为 $O((n+m) \log n)$。更进一步，通过采用如下的方式，我们能够将算法的运行时间降低到线性时间 $O(|V|+|E|)=O(n+m)$：我们将顶点存储在最多 $n+1$ 个列表中，用 L_i 表示，且每个列表 L_i 只包含度为 i 的所有顶点，$i \in \{0, \cdots, n\}$。在每一次迭代过程中，我们从最小的非空列表中选择一个顶点 s，并将其从列表中删除。然后更新相邻的节点。

定理 13（串行的 DSG 贪心启发式算法） 在线性时间 $O(n+m)$ 内，对于有 $n=|V|$ 个节点和 $m=|E|$ 条边的无向图 $G=(V, E)$，我么可以计算出其最稠密子图的 2 近似图。

乍看之下，我们可能会觉得 Charikar 的启发式算法很难并行化，因为该算法需要顺序地执行 n 次迭代。下面将展示如何通过简单地修改该启发式算法来生成一个直接高效的并行算法。

11.1.3 最稠密子图的并行启发式算法

令 $\epsilon > 0$ 表示一个规定的实数。我们采用如下的方式来修改之前的串行贪心启发式算法：将之前算法的选择和删除度最小顶点步骤替换为删除所有入度小于 $2(1+\epsilon)$ 倍图的平均度 $\bar{d}=\rho(V)$ 的顶点。然后计算剩余图的密度，不断重复上述过程直到图为空。

该并行算法总共有两个阶段，如下所示。

- 阶段 1：计算剩余边数、顶点数和节点度，然后计算平均度 $\bar{d}$。
- 阶段 2：从当前图中删除所有度小于 $2(1+\epsilon)\bar{d}$ 的节点，然后跳转到阶段 1 直到图为空。

```
Data: A graph G = (V, E) and ε > 0
S̃ ← V;
S ← V;
while S ≠ ∅ do
    A(S) ← {s ∈ S | deg_S(s) ≤ 2(1 + ε)ρ(S)};
    S ← S\A(S);
    if ρ(S) > ρ(S̃) then
        S̃ ← S
    end
end
return S̃
```

算法 7 寻找最稠密子图近似解 $\tilde{S}$ 的并行贪心启发式算法

图 11-4 展示了将该并行贪心启发式算法应用到一个简单图上的执行过程。那么该并行启发式算法的性能如何呢？

我们可以证明该算法能够确保 $2(1+\epsilon)$ 的近似比，如下所示：令 S 表示当我们第一次从 $A(S)$ 中选择 V^* 的一个顶点后剩余的图。令 $s=V^* \cap A(S)$ 表示最优解中的一个顶点。因此，我们有 $\rho(V^*) \leqslant \deg_{V^*}(s)$，又因为 $V^* \subseteq S$，所以 $\deg_{V^*}(s) \leqslant \deg_S(s)$。

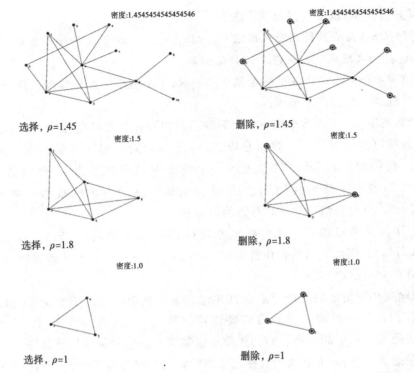

图 11-4　并行(贪心)启发式算法执行过程：我们同时删除所有度小于 $(1+\epsilon)\bar{d}$ 的顶点，其中 $\epsilon>0$ 是一个规定的值，$\bar{d}=\rho(G)$ 表示当前图 G 的平均度。用圆圈包围的顶点表示该顶点在下一个阶段中将被删除

而 s 属于 $A(S)$，所以我们有 $\deg_S(s)\leqslant(2+2\epsilon)\rho(S)$。因此，由传递性可以推导出：

$$\rho(S)\geqslant\frac{\rho(V^*)}{2+2\epsilon}$$

因为是从所有迭代中选择最好的密度，所以有 $\rho(\tilde{S})=\max_S\rho(S)\geqslant\frac{\rho(V^*)}{2+2\epsilon}$。令 $\gamma=2\epsilon$，对 $\forall\gamma>0$，都有 $(2+\gamma)$ 近似比。

现在，分析一下该算法迭代次数的复杂性。我们有：

$$2|E(S)|=\sum_{s\in A(S)}\deg_S(s)+\sum_{s\in S\setminus\{A(S)\}}\deg_S(s)$$

只考虑该公式中的第二个和式则有

$$2|E(S)|>2(1+\epsilon)(|S|-|A(S)|)\rho(S)$$

因为 $\rho(S)=|E(S)|/|S|$，所以可以推导出

$$|A(S)|\geqslant\frac{\epsilon}{1+\epsilon}|S|$$

$$|S\setminus\{A(S)\}|<\frac{1}{1+\epsilon}|S|$$

由此可以总结出，通过在每次迭代过程中删除部分顶点，我们最多需要 $O(\log_{1+\epsilon}n)$

次迭代(即并行步骤)就可以完成该算法。

定理14(DSG贪心并行启发式算法)　对任意$\epsilon > 0$，该贪心并行启发式算法能够保证在$O(\log_{1+\epsilon}n)$次迭代后，获得$2+\epsilon$的近似解。

下面将展示该启发式算法的一个基于MapReduce框架的并行实现。我们需要用如下的方法实现该算法的三个步骤。

(1)计算密度ρ：该步骤很简单，因为我们只需要在给定的阶段中，计算出总边数和总节点数即可。回想一下，数据是以(key；value)对的形式存储在MapReduce中的。因此，我们用("node"；"1")表示一个节点并且用该节点id作为键，同样用("edge"；"1")表示一条边且用该边的id作为键。然后将数据根据不同的中间键("node"或者"edge")分组，并计算每组的累加和。

(2)计算每个节点的度：我们将每条边(u, v)存储为两个(key；value)对——$(u; v)$和$(v; u)$。因此，归约操作首先在$(u; v_1, v_2, \cdots, v_d)$上计算累加和，然后将结果存储在$(u, \deg(u))$对中。

(3)删除度小于给定阈值的节点及其相连的边：我们需要调用两次MapReduce来完成该操作。在第一阶段，我们将需要删除的节点v用$(v; \$)$标记。并将每条边$(u, v)$与键值对$(u; v)$相关联。归约操作会收集与$u$相连的每条边及其符号$\$$(如果该节点是被标记的)。当该节点属于被标记节点时，归约操作返回空，否则归约操作会复制它的输入数据。然后在第二阶段，将每条边(u, v)与键值对$(v; u)$相关联并重复上述过程。因此，经过两次MapReduce后，只有那些两个顶点都没有被标记的边才能保留下来。

在实际中通过实验观察到，即使对于一个有十亿节点的大图，该算法依然能在一打迭代内找到最稠密子图的近似解$G_{|V'}$。该算法非常有用，因为它允许我们通过在剩余的图$G' = G/G_{|V'}$上递归地调用启发式算法来将一个图分割为密集子图。因此，这个启发式算法可以用来在大图上进行社区发现。

11.2　判断(子)图同构

令$G_1 = (V_1, E_1)$，$G_2 = (V_2, E_2)$表示两个图，且每个图有$n_i = |V_i|$个节点和$m_i = |E_i|$条边。我们认为两个图是否一致主要是由图顶点标号的某个排列σ决定的：这个问题被称为图同构(Graph Isomorphism，GI)检测问题。当然，一个必要的条件是$n_1 = n_2 = n$且$m_1 = m_2 = m$。现在我们用$v_1^{(i)}$和$v_2^{(i)}$分别表示V_1和V_2的顶点。图11-5展示了一些同构的图。这些图被绘制在平面上，即它们的组合结构嵌入在平面中，这是当前绘图领域的艺术：完美绘图！

这个图同构问题属于NP类问题，但是它的复杂度还没有(完全)解决。2015年11月，László Babai教授(世界著名的复杂性理论专家)在该问题上获得了重大突破，他

提出了一个时间复杂度为 $2O(\log n)^c$（c 为某个常数）的拟多项式算法。

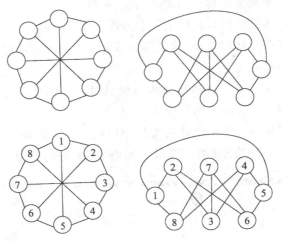

图 11-5 图同构（GI）：没有标号的图（上）及其相应的有标号的图（下）

实际上，当给定一个置换 σ 时，我们可以很容易地在 $O(m)$ 时间内判断这些图是否同构。我们用 $G_1 \cong G_2$ 表示两个图全等。对所有的 $i \in \{1, \cdots, n\}$，将置换 σ 与节点 $v_1^{(i)}$ 和 $v_2^{\sigma(i)}$ 关联。我们观察到置换 σ 是由一些依赖于子图对称性的子置换所定义的。例如，对于完全子图（团），可以等价地选择任意置换。事实上确实如此，我们可以检验一个有 n 个节点的完全图 K_n 与其节点的任意一个置换都是等价的：$K_n \cong K_n^\sigma, \forall \sigma$。

该问题的最大难点在于我们可能需要处理 $n!$ 个置换（见图 11-5）。早在 20 世纪 50 年代，化学领域的科学家们为了判断一个分子（以图的形式表示）是否已经被录入了数据库而深入地研究了该问题。换言之，就是为了判断一个分子的图是否与分子图数据库中的某个图同构。

另一方面，判断是否存在 G 的一个子图 G_1'，使得 G_1' 与 G_2 同构的问题已经被证明是一个 NP 完全问题。子图 $G_1' \subseteq G_1$ 是由顶点集 V_1 的子集 V_1' 构成的，且 V_1' 使得 G_1 的边集为 $E_1 = E_1 \cap (V_1' \times V_1')$（当且仅当 u 和 v 都属于 V_1' 时我们保留边 (u, v)）。

给定一个图 $G = (V, E)$，且 $|V| = n$，$|E| = m$，我们可以以组合的方式用一个二元矩阵来代表该图，称之为邻接矩阵，且满足当且仅当 $M_{i,j} = 1$ 时，边 $(v_i, v_j) \in E$，否则 $M_{i,j} = 0$。对于无向图来说，其邻接矩阵 M 是对称地，有且仅有 $2m$ 个元素为 1。当我们需要判断两个图 G_1 和 G_2 的同构性时，可以考虑使用其相应的邻接矩阵 M_1 和 M_2 来完成，通过判断是否存在邻接矩阵索引的一个排列 σ，使得 $G_1 = G_2^{(\sigma)}$ 且 $G_2^{(\sigma)} = (\sigma(V_2), \sigma(E_2))$。

11.2.1 枚举算法的一般原则

大多数已经被确信能够检测图同构的算法都有相似的执行步骤，如下所述：

- 迭代地增加顶点的部分匹配数。

- 根据某些条件（例如具有相同的度）来选择相关的顶点对。
- 删除那些不能生成完全顶点匹配的路径（剪枝）。
- 当我们到达一条死路时，删除上一个假设，然后回溯。
- 当算法发现了一个解（给出一种置换 σ）或者所有路径都已经被搜索了而没有产生一个解时，算法停止。

这个简单通用算法的时间复杂度在最坏情况时是 $O(n!)$，这是一个超指数$^\ominus$复杂度！该算法同样可以用来检验子图同构性。

注意，一些问题从本质上来说就需要指数时间来完成，例如汉诺塔。然而，图同构问题直到现在还不清楚是否能在多项式时间内解决（见图 11-6）。

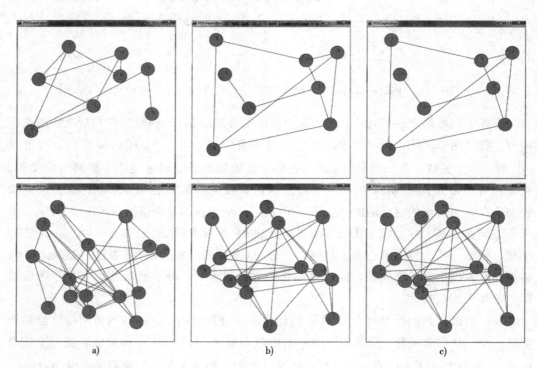

图 11-6　同构图的示例：通过为节点选择任意的坐标$(x，y)$，我们可以画出图的不同的组合结构。上部（$n=8$ 个节点）：a）原图；b）同样的图只是顶点选择了不同的$(x，y)$坐标；c）对顶点标号置换后的图。我们很难直接比较 a）～c）。置换为 $\sigma=(1，4，6，0，3，7，5，2)$；这证明了 a）与 c）是同构的。下部：$n=15$ 个节点时的示例

11.2.2　Ullman 算法：检测子图同构性

Ullman 算法是最早的检测子图同构性算法（1976）之一。该算法基于邻接矩阵。首

$\ominus$　实际上，我们有 $\log n! = O(n \log n)$。

先，我们介绍一下置换矩阵的概念，置换矩阵是一个方阵，每个元素的值为二元值且每一行和每一列中只有一个元素为 1。如下所示：

$$P = \begin{bmatrix} 1 & 0 & 0 & 0 \\ 0 & 0 & 1 & 0 \\ 0 & 0 & 0 & 1 \\ 0 & 1 & 0 & 0 \end{bmatrix}$$

这是一个置换矩阵。这些矩阵与 $(1, \cdots, n)$ 的置换 σ 是一一对应的关系。置换矩阵 P_σ 与 σ 的对应关系为：

$$[P_\sigma]_{i,j} = \begin{cases} 1, & i = \sigma(j) \\ 0, & \text{其他} \end{cases}$$

此外，因为我们有 $P_{\sigma_1} P_{\sigma_2} = P_{\sigma_1 \circ \sigma_2}$，其中 $\sigma_1 \circ \sigma_2$ 为置换 σ_1 和 σ_2 的复合操作，所以置换矩阵的集合构成了一个群组。置换矩阵的一个重要性质是，两个图 G_1 和 G_2 是同构的当且仅当它们的邻接矩阵 M_1 和 M_2 符合下列恒等式：

$$M_2 = P \times M_1 \times P^\top \tag{11.1}$$

其中，$P^\top$ 为矩阵 P 的转置，P 为一个给定的置换矩阵。这个恒等式等价于 $M_2 P = P M_1$。

这样，我们就可以枚举所有的置换矩阵⊖，然后判断其中是否存在至少一个矩阵使得恒等式 (11.1) 成立。

Ullman 算法[3] 采用了深度优先的搜索方法实现了这一过程。如果利用该算法判断规模为 n 的图的同构性时，其复杂度为 $O(n^n n^2)$。在实际中，由于剪枝和回溯技术的应用，我们可以检测有几百个节点的图的同构性。

11.2.3 枚举算法并行化

当利用 P 个处理器并行执行时，在最好情况下，可以将串行执行时间减少到原来的 $1/P$。我们可以采用一种很直接的方式将该算法并行化，即将顶点 $v_1^{(1)}$ 和它的所有顶点 $v_2^{(j)}$ 分配给处理器 P_j，其中 $j \in \{1, \cdots, P = n\}$。这样并行算法的时间复杂度就变为 $O(n^n n^2 / P)$。即当 $P = n$ 时，复杂度为 $O(n^n n)$。当然，在实际中，只有当 $v_1^{(1)}$ 与 $v_2^{(j)}$ 有相同的度时，我们才将其关联在一起。按照这种方法，有些处理器可能会没有任务可做（当我们处理的图不是自我对称的完全图时）。因此，我们选择主从结构来实现该算法，选择一个处理器作为专门的主处理器，剩余的 $P - 1$ 个处理器作为从处理器。主处理器通过向从处理器发送消息来传递指令。当从处理器完成它的计算任务时，搜索到一个不完全置换或者发现了一个完全置换（与图匹配），会将计算结果发送给主处理器。主处理器需要为 $P - 1$ 个从处理器实现一个负载均衡程序。

⊖ 从本质上来说，这个问题与在 $n \times n$ 的棋盘上安全地放置 n 个皇后的问题类似。参见文献[2]。

　　一般来说，多数图同构算法都是相似的：为了在实际中获得一个良好的加速比，这些算法需要在多个处理器中实现负载均衡。这是任务调度问题。

11.3　注释和参考

　　Moses Charikar[1]提出了贪心启发式算法来寻找最稠密子图的近似解。本章描述的并行算法可以用 MapReduce 框架实现。检验有 n 个节点的图的同构性可以在 $2^{O(\sqrt{n\log n})}$ 时间内完成，详细内容请参见文献[4]。在撰写本书时，László Babai⊖教授（世界知名的复杂性理论专家）提出了一个基于成熟的群理论的拟多项式算法，该算法的时间复杂度为 $2O(\log n)^c$，其中 c 为某个常数（注意当 $c=1$ 时，该表达式变为多项式复杂度）。这是理论计算机科学（Theoretical Computer Science，TCS）领域近 30 多年来的一个重大成就。对于平面图（图嵌入在平面内，确保边两两不相交），我们可以在线性时间内检测出图的同构性。树结构的图也属于平面图。基于邻接矩阵（1976）的 Ullman 算法[3]是一个高效的方法。一个更高效的算法（称为 VF2 算法）采用了 C++ 的 Boost⊖ 库实现。对这五个图同构检测算法的对比实验可以在文献[6]中找到。该方法的串行与并行贪心启发式的实现可以在网站 http://processing.org 的书附录网页找到。

11.4　总结

　　利用图可以方便地对数据中的结构进行建模，数据之间的关系便构成了图中的边。如今，当我们进行社交网络分析时，经常需要用到大图数据集（facebook、twitter 等）。在数据科学领域，高效地分析海量图已经成为了趋势。在本章中，我们描述了一个贪心启发式算法，该算法能够找到最稠密子图的近似解。最稠密子图可以代表社区。我们展示了如何将 Charikar 的启发式算法转换成高效的并行算法。接着介绍了在检测两个图是否相同时所面临的基本问题，由它们的节点的重新标号所决定。该问题称为图同构问题。尽管我们能够很容易地判断出一个给定的置换是否会生成一个同构图，但是这个基本问题的复杂性到现在为止还不得而知。我们展示了一个简单的枚举算法，该算法使用了剪枝技术和回溯机制，同时也展示了如何将该算法并行化。但是该并行算法同时也突出了其负载均衡的问题，即如何分割配置空间以便处理器能够获得一个良好的并行时间。

寻找最稠密子图近似解的代码

　　图 11-7 展示了 `processing.org` 程序的一个快照。

⊖　http://people.cs.uchicago.edu/~laci/。

⊜　http://www.boost.org/。

WWW source code: SequentialDenseSubgraph.pde

WWW source code: ParallelDenseSubgraph.pde

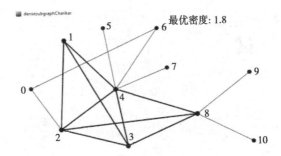

图 11-7　processing 程序执行快照，用来贪心地寻找最稠密子图的近似解

11.5　练习

练习 1（一个加权图的最稠密子图）　令 $G=(V,E,w)$ 表示一个图，其边的权重由正函数 $w(\cdot)$ 确定。请将 Charikar 启发式算法[1] 泛化以便其能够找到最稠密子图的近似解。

练习 2（* 最稠密子图的快速实现）　通过维护顶点列表，每个列表都根据顶点的度排序，如何实现一个线性时间为 $O(n+m)$ 的 Charikar 启发式算法[1]。并且描述一下如何利用 Fibonacci 堆在该算法的每次迭代中快速地找到最小度的顶点。

练习 3（并行化最稠密子图的近似解）　利用 MPI 设计一个并行算法，该算法在每一个阶段要删除一个顶点集的子集。使用并行 Charikar 启发式算法[1] 和分布式内存架构（MPI）实现你的设计。你的实现带来的加速比是多少？

参考文献

1. Charikar, M.: Greedy approximation algorithms for finding dense components in a graph. In: Proceedings of the Third International Workshop on Approximation Algorithms for Combinatorial Optimization, APPROX '00, pp. 84–95. Springer, London (2000)
2. Nielsen, F.: A Concise and Practical Introduction to Programming Algorithms in Java. Undergraduate Topics in Computer Science (UTiCS). Springer, London (2009). http://www.springer.com/computer/programming/book/978-1-84882-338-9
3. Ullmann, J.R.: An algorithm for subgraph isomorphism. J. ACM **23**(1), 31–42 (1976). January
4. Babai, L., Luks, E.M.: Canonical labeling of graphs. In: Proceedings of the Fifteenth Annual ACM Symposium on Theory of Computing, STOC '83, pp. 171–183. ACM, New York (1983)
5. Cordella, L.P., Foggia, P., Sansone, C., Vento, M.: Performance evaluation of the VF graph matching algorithm. In: Proceedings International Conference on Image Analysis and Processing, pp. 1172–1177. IEEE (1999)
6. Foggia, P., Sansone, C., Vento, M.: A performance comparison of five algorithms for graph isomorphism. In: Proceedings of the 3rd IAPR TC-15 Workshop on Graph-based Representations in Pattern Recognition, pp. 188–199 (2001)

笔　　试

注：用时 3 小时。

以下四个习题是相互独立的。完成单个习题所需的时间如下表所示：

习题	％	难度	预估时间（分钟）
1	10	低	30
2	20	普通	30
3	30	普通	45
4	40	高	60

习题 1（加速比和 Amdahl 定律）令 P 表示一个串行程序，其中 75% 的代码可以并行化：

1. 计算当 $P=3$ 个处理器和 $P=4$ 个处理器时的加速比。

2. 阐述当 $P\to+\infty$ 时，渐近加速比和效率是多少。

现在，考虑以下串行程序 $P=P_1；P_2$，该串行程序包括两个连续执行（串行代码）的过程 P_1 和 P_2。假设第一个过程中有 50% 的代码可以被并行化且该过程的串行执行时间为 t_1，第二个过程中有 75% 的代码可以被并行化且串行执行时间为 t_2。此外，第二个过程的串行时间永远是第一个过程的两倍：即 $t_2=2t_1$。

3. 计算当使用 P 个处理器时加速比是多少。

4. 推导出当 $P\to\infty$ 时，渐近加速比是多少。

现在我们考虑一个并行算法，当该算法的输入数据规模为 n 并行度为 P 时，其并行执行时间的复杂度为 $O_{\parallel}\left(\dfrac{n^2}{\sqrt{P}}\right)$。在本文剩余部分，我们假设数据集存储在每个处理器的本地内存中。在实际中，一个集群仅有 $P_0 \ll P$ 个物理机器来运行并行度为 P 的并行程序（mpirun - np P program）（P 是 P_0 的整数倍：$P\ \mathrm{mod}\ P_0=0$）。

5. 通过在拥有 P_0 个机器的物理集群上模拟一个拥有 P 个机器的虚拟集群（即，将一些进程通过时分的方式映射到同一个处理器上），计算在拥有 P_0 个机器的物理集群上用 P 个进程运行该算法的时间复杂度。

答案 1（加速比和 Amdahl 定律）

1. 首先，我们应用 Amdahl 定律 $S(P) = \dfrac{1}{\alpha_{\text{seq}} + \dfrac{1 - \alpha_{\text{seq}}}{P}}$ 且 $\alpha_{\text{seq}} = 1 - \alpha_{\parallel} = \dfrac{1}{4}$。可以

得到 $S(3) = 2$ 和 $S(4) = \dfrac{16}{7} \simeq 2.29$。

2. 渐近加速比是 $S = \dfrac{1}{\alpha_{\text{seq}}} = 4$，且渐近效率是 0。

3. 我们用如下方法（图片中展示了该方法的思路）计算可并行代码在整个代码中所

占比例：$\alpha_{\parallel} = \dfrac{\alpha_{\parallel}^{(1)} t_1 + 2\alpha_{\parallel}^{(2)} t_1}{3t_1} = \dfrac{2}{3}$。因此，我们有 $\alpha_{\text{seq}} = 1 - \alpha_{\parallel} = \dfrac{1}{3}$，通过应用 Amdahl

定律可以得到 $S(P) = \dfrac{1}{\dfrac{1}{3} + \dfrac{2}{3P}} = \dfrac{3}{1 + 2/P}$。

4. 当 $P \to \infty$ 时，渐近加速比是 3。

5. 采用时分的模式，将 $\dfrac{P}{P_0}$ 个逻辑进程映射到每一个物理处理器上。则并行复杂

度为 $O_{\parallel}\left(\dfrac{n^2}{\sqrt{P}} \dfrac{P}{P_0}\right) = O_{\parallel}\left(n^2 \dfrac{\sqrt{P}}{P_0}\right)$。

习题 2（采用 MPI 并行的方式对正态分布进行统计推断）令 $X = \{x_1, \cdots, x_n\} \subset \mathbb{R}$
表示由相互独立同分布的高斯随机变量构成的一个大数据集

$$N(\mu, \sigma^2) : x_1, \cdots, x_n \sim N(\mu, \sigma^2)$$

回想一下，对于均值和方差的无偏最大似然估计（MLE）分别是：

$$\hat{\mu}_n = \frac{1}{n} \sum_{i=1}^{n} x_i \tag{A.1}$$

$$\hat{\sigma}_n^2 = \frac{1}{n-1} \sum_{i=1}^{n} (x_i - \hat{\mu}_n)^2 \tag{A.2}$$

1. 证明 $\hat{\mu}_n$ 和 $\hat{\sigma}_n^2$ 能够通过以下三个量来计算：n、$S_1 = \sum\limits_{x \in X} x$ 和 $S_2 = \sum\limits_{x \in X} x^2$。写出

$\hat{\mu}_n$ 和 $\hat{\sigma}_n^2$ 用 n、S_1 和 S_2 表示的公式（不使用其他任何变量）。

2. 假设在拥有 p 个机器的分布式集群中，有一台计算机（根机器）能够将数据集 X
完全地存储在其本地内存中。结合理想的 MPI 语句 `scatter()` 和 `reduce()`，使用
伪代码编写一个并行算法，使其能够完成以下任务：

- 公平地在所有处理器上共享数据。
- 以分布式的方式，在数据集 X 上计算 $\hat{\mu}_n$ 和 $\hat{\sigma}_n^2$。

答案 2（采用 MPI 并行的方式对正态分布进行统计推断）

1. 令 $S_1 = \sum_{i \leqslant n} x_i$, $S_2 = \sum_{i \leqslant n} x_i^2$。我们有：

$$\hat{\mu}_n = \frac{S_1}{n}$$

$$\hat{\sigma}_n^2 = \frac{1}{n-1} \sum_{i \leqslant n} (x_i - \hat{\mu}_n)^2 = \frac{1}{n-1} \left(S_2 + n\hat{\mu}_n^2 - 2\hat{\mu}_n \sum_{i \leqslant n} x_i \right)$$

$$= \frac{S_2 + \frac{S_1^2}{n} - 2\frac{S_1}{n}S_1}{n-1} = \frac{S_2 + \frac{1}{n}(S_1^2 - 2S_1^2)}{n-1} = \frac{1}{n-1}\left(S_2 - \frac{S_1^2}{n} \right)$$

2. 下列伪代码是并行统计推断正确代码的一个示例：

```
p = number of processes;
r = rank of the current process;
master = rank of the root process;
chunksize = n/p;
lastchunksize = n mod p;
if lastchunksize = 0 then
  | chunksize ← chunksize + 1;
end
m = p × chunksize;
resize X to have m vectors;
pad with zero vectors the last m − n vectors of X;
let Y_r be an array of chunksize vectors;
scatter(X, Y, master);
if r = p − 1 then
  | chunksize = lastchunksize;
end
slaveS1 = 0;
slaveS2 = 0;
for i ≤ chunksize do
  | slaveS1 ← slaveS1 + Y_r[i];
  | slaveS2 ← slaveS2 + Y_r^2[i];
end
reduce(slaveS1, S_1, master, MPI_SUM);
reduce(slaveS2, S_2, master, MPI_SUM);
if r = master then
  | μ̂_n = S_1/n;
  | σ̂_n = (S_2 − S_1^2/n)/(n − 1);
end
```

习题 3（超立方体结构上的拓扑和通信）在本习题中，你可以使用下列函数。

- 布尔运算符 AND、OR、XOR、NOT。
- `bin`：将一个整数映射成它的二进制码。
- `Gray`：将一个整数映射成与它相关的格雷码。
- 2^i, 2 的 i 次方。
- `dec`：将一个二进制的向量映射成相应的整数。
- `leftmost`：返回一个向量中最左边的元素，例如，leftmost(x_4, x_5, x_6, x_7) = x_4。
- `significant`(g)，该函数对任意的 $g \neq 0$ 成立：给出二进制向量 $g = (g_{d-1}, \cdots,$

g_0)中最左边非零元素的索引 i。例如，对于 $g=(0，1，0，1)$ 和 $d=4$，我们有 significant$((0，1，0，1))=d-2=2$。

- rightfill：将一个二进制向量中"右边"（右边定义为从右边开始直到遇到第一个 1）的零变为 1。例如，rightfill$((0，1，0，0))=(0，1，1，1)$。

1. 给出一个不规则拓扑的例子和一个有 4 个顶点度为 3 的规则拓扑的例子。超立方体拓扑是规则的吗？一个超立方体有多少个相邻节点？

2. 给出两个度为 3 的规则拓扑例子：一个例子有 12 个顶点，另一个有 16 个顶点。将你的结论一般化，并将其应用到一类度为 3 顶点数为 $4k(k \geqslant 3)$ 的规则拓扑上。

3. 计算节点 $(0，1，0，1)_2$ 和节点 $(1，1，1，0)_2$ 之间的汉明距离。

4. 在用格雷码标记的超立方体拓扑中，与节点 $(0，1，1，0)_2$ 相邻的节点有哪些？将上述过程一般化，给定一个用格雷码标记的节点 $g=(g_{d-1}，\cdots，g_0)$，构造一个函数 neighbor$_i$：$\{0，1\}^d \rightarrow \{0，1\}^d$，来标记该节点的第 i 个邻居，$i \in \{0，\cdots，d-1\}$。

5. 画一个 2 维正方形，然后用格雷码标记其顶点。现在考虑一个函数 f，该函数将一个二进制向量与一个以整数为边界的区间相关联，如下所示：

$$(0,0) \rightarrow [0,3]$$
$$(0,1) \rightarrow [1,1]$$
$$(1,0) \rightarrow [2,3]$$
$$(1,1) \rightarrow [3,3]$$

现在考虑一个 3 维立方体（$d=3$），然后用格雷码标记其顶点。考虑当 $d=3$ 时下列关于函数 f 的扩展：

$$(0,0,0) \rightarrow [0,7]$$
$$(0,0,1) \rightarrow [1,1]$$
$$(0,1,0) \rightarrow [2,3]$$
$$(0,1,1) \rightarrow [3,3]$$
$$(1,0,0) \rightarrow [4,7]$$
$$(1,0,1) \rightarrow [5,5]$$
$$(1,1,0) \rightarrow [6,7]$$
$$(1,1,1) \rightarrow [7,7]$$

将函数 f 一般化，使其能够应用到 d 维的任意超立方体上。即构造一个关于 d 的函数，该函数将一个二进制向量 $\{0，1\}^d$ 与适当的区间相关联，且该函数要与上述的 2 维和 3 维的例子相符合。注意，该问题有多个答案。

6. 假设在一个拥有 2^d 个节点的 d 维超立方体拓扑中，根进程中存储了整个数组 $x=(x_0，\cdots，x_{p-1})$，其中 $p=2^d$。为该超立方体拓扑（根节点标记为 0）设计一个 scatter 算法（也称为个性化扩散（personalized diffusion）），使得第 i 个进程接收到元素 x_i。你可以使用之前定义的函数 f。

答案 3

1. 一个有 4 个顶点的完全图（团）是一个节点度为 3 的规则图。一个完全二叉树有一个不规则的拓扑结构：它的根和内部节点的度为 2 而它的叶节点的度为 1。d 维的超立方体有一个规则的拓扑结构，其顶点的度为 d（d 个邻居/节点）。

2. 考虑由 k 个星形图$^\ominus$构造的 flower snark 图 J_k：

$$(\langle O_i，A_i，B_i，C_i\rangle，\{\{O_i，A\}，\{O_i，B_i\}，\{O_i，C_i\}\})$$

对于所有的 $i \leqslant k$，用一个简单的环连接 O_1，$\cdots$，O_k，用另一个简单的环连接 A_1，$\cdots$，A_k，用第三个环（是其他环长度的 2 倍）连接 B_i，$\cdots$，B_k，C_1，$\cdots$，C_k。由 J_k 构成的一类图全是度为 3 的规则图。J_3 有 12 个顶点（3 个 4 顶点的星形图），J_4 有 16 个顶点（4 个 4 顶点的星形图）。J_n 有 $4n$ 个度为 3 的顶点，总边数为 $6n$。

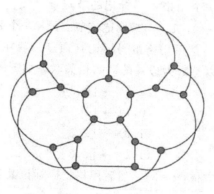

Flower snark J_5（度为3的规则拓扑）

3. 汉明距离是两个二进制向量中不同元素的个数。例如，我们有 $\mathrm{dist}_H((0，1，0，1)，(1，1，1，0))=3$。

4. 当用格雷码标记超立方体的顶点时，所有的相邻顶点对（即边）的汉明距离是 1。因此，$(0，1，1，0)$ 的四个相邻顶点是 $(0，1，1，1)$，$(0，1，0，0)$，$(0，0，1，0)$，$(1，1，1，0)$。当 $g=(g_{d-1}，\cdots，g_0)$ 是一个用格雷码标记的顶点时，计算公式为：

$$\forall i \in \{0,\cdots,d-1\}\ \mathrm{neighbor}_i(g) = g\ \mathrm{XOR}\ \mathrm{bin}(2^i)$$

5. 对所有的二进制向量 τ，公式为：

$$[\mathrm{dec}(\tau),\mathrm{dec}(\mathrm{rightfill}(\tau))]$$

另一个正确的公式利用了 insignificant() 函数提供的最低有效位：

$$[\mathrm{dec}(\tau),\mathrm{dec}(\tau) + 2^{\mathrm{insignificant}(\tau)} - 1]$$

6. 此处展示了在超立方体上 scatter 通信过程的伪代码实现。数据 x_p 存储在进程 p 的局部变量 v 中。

$\ominus$　https://en.wikipedia.org/wiki/Flower_snark。

```
Data: The master node is 0
Result: scatter(d, x, v)
p ← world.rank();
g ← Gray(p);
if p ≠ 0 then
    // g receives data y from neighbor
    i ← significant(g);
    receive(neighborᵢ(g), y);
    // v contains a local copy of xₚ
    v ← leftmost(y);
else
    i ← d;
end
for τ ∈ (neighborᵢ₋ⱼ(g) | 1 ≤ j < i) do
    // send correct chunk of data to neighbor
    send( τ, (xⱼ | dec(τ) ≤ j ≤ dec(rightfill(τ))) );
end
```

另一个伪代码实现是

```
Data: the master node is 0
Result: scatter(d, x, v)
for i ∈ (d, d − 1, ..., 1) do
    if p mod 2ⁱ = 0 then
        τ ← p + 2^{i−1};
        send( τ, (xⱼ | dec(τ) ≤ j ≤ dec(rightfill(τ))) );
    else if p mod 2ⁱ = 2^{i−1} then
        φ ← p − 2^{i−1};
        receive( φ, (xⱼ | dec(φ) ≤ j ≤ dec(rightfill(φ))) );
        v ← x_{dec(φ)};
    end
end
```

习题 4（质心、方差和 k 中心点聚类）对于一个有限点集 $Z \subseteq \mathbb{R}^d$，我们用 $c(Z) \overset{\text{def}}{=} \frac{1}{|Z|} \sum_{z \in Z} z$ 表示 Z 的质心，其中 $|Z|$ 表示集合 Z 的基数。对任意两个 $\mathbb{R}^d$ 中的向量 $x = (x^{(1)}, \cdots, x^{(d)})$ 和 $y = (y^{(1)}, \cdots, y^{(d)})$，我们定义其标量积为 $x \cdot y = \sum_{i=1}^{d} x^{(i)} y^{(i)}$，平方欧几里得范数 $\|x\|^2 = x \cdot x$，由此可以推导出平方欧几里得距离为

$$\|x - y\|^2 \overset{\text{def}}{=} (x - y) \cdot (x - y) = \|x\|^2 - 2x \cdot y + \|y\|^2 \tag{A.3}$$

令 $X, Y \subseteq \mathbb{R}^d$ 为两个非空子集。

1. 证明下列质心分解公式：

$$c(X \bigcup Y) = \frac{|X|}{|X| + |Y|} c(X) + \frac{|Y|}{|X| + |Y|} c(Y)$$

2. 令 $v(Z) \overset{\text{def}}{=} \sum_{z \in Z} \|z - c(Z)\|^2$，证明下列恒等式：

$$v(Z) = \sum_{z \in Z} \|z\|^2 - |Z| \times \|c(Z)\|^2 \tag{A.4}$$

3. 令 $\Delta(X, Y) \overset{\text{def}}{=} v(X \bigcup Y) - v(X) - v(Y)$。证明

$$\Delta(X, Y) = \frac{|X| |Y|}{|X| + |Y|} \|c(X) - c(Y)\|^2$$

4. 对任意一个点 $x \in \mathbb{R}^d$，我们扩展其非正规化方差的概念，如下所示：

$$v(Z,x) \stackrel{\text{def}}{=} \sum_{z \in Z} \| z - x \|^2$$

注意，这个定义对于特殊情况 $x = c(Z)$，产生的方差为：$v(Z) = v(Z, c(Z))$。

(a) 首先，证明：

$$v(Z,x) = v(Z) + |Z| \| c(Z) - x \|^2 \tag{A.5}$$

(b) 然后，利用式 (A.5)，证明：

$$v(Z) \leqslant \min_{x \in Z} v(Z,x) \leqslant 2v(Z)$$

5. 簇 $C \subseteq \mathbb{R}^d$ 的质心定义为 $\arg\min_{x \in C} \sum_{z \in C} \| z - x \|^2$。为了简单但不失一般性，我们在余下内容中假设所有的质心都是唯一计算的。一般而言，这个假设是不成立的。例如，考虑等边三角形的三个顶点。其质心是不唯一的。注意，我们可以将这些点按照字典序进行排序，或者给这些点添加一些随机噪声，这样定义出来的 argmin 的解是唯一的。

对于 Lloyd k 均值启发式方法，将其簇原型中的质心（centroid）替换为中心（medoid），并利用相同的 k 均值目标函数实现最小化，也就是说，所有簇的簇点与原型平方距离之和。

(a) 证明：随机选择 k 个原型进行初始化的 k 中心点算法，能够单调地最小化目标函数。

(b) 收敛前的最大迭代次数的渐近上界是关于数据规模 n 以及簇数量 k 的函数。

(c) 证明 k 中心点目标函数的最优值是 k 均值目标函数最优值的两倍。

答案 4（质心、方差以及 k 中心点聚类）

1. 我们有：

$$\sum_{z \in X \cup Y} \| z \|^2 = \sum_{z \in X} \| z \|^2 + \sum_{z \in Y} \| z \|^2 \tag{A.6}$$

因此

$$c(X \cup Y) = \frac{1}{| X \cup Y |} \sum_{z \in X \cup Y} z$$

$$（利用 X \cap Y = \varnothing）= \frac{1}{| X | + | Y |} \left(\sum_{z \in X} z + \sum_{z \in Y} y \right)$$

$$（再由 c(\cdot) 定义可以得到）= \frac{| X |}{| X | + | Y |} c(X) + \frac{| Y |}{| X | + | Y |} c(Y)$$

2. 我们有：

$$v(Z) = \sum_{z \in Z} \| z - c(Z) \|^2$$

$$（从式 (A.3) 的第 2 部分得到）= \sum_{z \in Z} \| z \|^2 - 2 \sum_{z \in Z} (z \cdot c(Z)) + \sum_{z \in Z} \| c(Z) \|^2$$

$$(\text{将 } z \text{ 独立项提出}) = \sum_{z \in Z} \| z \|^2 - 2 \Big(\sum_{z \in Z} z \Big) \cdot c(Z) + | Z | \, \| c(Z) \|^2$$

$$(\text{根据 } c(\cdot) \text{ 的定义}) = \sum_{z \in Z} \| z \|^2 - 2 | Z | (c(Z) \cdot c(Z)) + | Z | \, \| c(Z) \|^2$$

$$(\text{从式}(A.3) \text{ 的第 1 部分得到}) = \sum_{z \in Z} \| z \|^2 - 2 | Z | \, \| c(Z) \|^2 + | Z | \, \| c(Z) \|^2$$

$$= \sum_{z \in Z} \| z \|^2 - | Z | \, \| c(Z) \|^2$$

3. 对于问题 2，我们有：

$$v(X) = \sum_{z \in X} \| z \|^2 - | X | \, \| c(X) \|^2 \tag{A.7}$$

$$v(Y) = \sum_{z \in Y} \| z \|^2 - | Y | \, \| c(Y) \|^2 \tag{A.8}$$

$$v(X \bigcup Y) = \sum_{z \in X \bigcup Y} \| z \|^2 - | X \bigcup Y | \, \| c(X \bigcup Y) \|^2 \tag{A.9}$$

根据 $\Delta(X, Y)$ 的定义，我们得到：

$$\Delta(X,Y) = v(X \bigcup Y) - v(X) - v(Y)$$

$$(\text{根据式}(A.7) \sim \text{式}(A.9)) = \sum_{z \in X \bigcup Y} \| z \|^2 - | X \bigcup Y | \, \| c(X \bigcup Y) \|^2 +$$

$$- \sum_{z \in X} \| z \|^2 - | X | \, \| c(X) \|^2 - \sum_{z \in Y} \| z \|^2 + | Y | \, \| c(X) \|^2$$

$$(\text{式}(A.6)) = | X | \, \| c(X) \|^2 + | Y | \, \| c(X) \|^2 - | X \bigcup Y | \, \| c(X \bigcup Y) \|^2 (\bigstar)$$

再根据式(A.3)的第 1 部分，得到 $\| c(X \bigcup Y) \|^2 = c(X \bigcup Y) \cdot c(X \bigcup Y)$，我们可以将问题 1 的结果重写为：

$$(| X | + | Y |) c(X \bigcup Y) = | X | c(X) + | Y | c(Y) \tag{A.10}$$

进而可以得到：

$$| X \bigcup Y | \, \| c(X \bigcup Y) \|^2 = (| X | + | Y |) c(X \bigcup Y) \cdot c(X \bigcup Y)$$

$$(\text{根据式}(A.10) \text{ 可得}) = c(X \bigcup Y) \cdot (| X | c(X) + | Y | c(Y))$$

$$(\text{还是根据式}(A.10) \text{ 可得}) = \frac{1}{| X | + | Y |} (| X | c(X) + | Y | c(Y))$$

$$\cdot (| X | c(X) + | Y | c(Y))$$

$$= \frac{| X |^2}{| X | + | Y |} \| c(X) \|^2 + \frac{| Y |^2}{| X | + | Y |} \| c(Y) \|^2$$

$$+ \frac{2 | X \| Y |}{| X | + | Y |} c(X) \cdot c(Y) \tag{A.11}$$

现在我们将式(A.11)带入等式($\bigstar$)的右端第三项，可得：

$$\Delta(X,Y) = (\bigstar) = \Big(| X | - \frac{| X |^2}{| X | + | Y |} \Big) \| c(X) \|^2$$

$$+ \Big(| Y | - \frac{| Y |^2}{| X | + | Y |} \Big) \| c(Y) \|^2$$

$$- \frac{2 \mid X \parallel Y \mid}{\mid X \mid + \mid Y \mid} c(X) \cdot c(Y)$$

$$= \frac{\mid X \parallel Y \mid}{\mid X \mid + \mid Y \mid} (\parallel c(X) \parallel^{2} + \parallel c(Y) \parallel^{2} - 2c(X) \cdot c(Y))$$

（根据式（A.3）可得）$= \dfrac{\mid X \parallel Y \mid}{\mid X \mid + \mid Y \mid} \parallel c(X) - c(Y) \parallel^{2}$

4.（a）式（A.5）的结构和式（A.4）的非常相似。因此，它也适用于问题 2 中给出的证明：

$$v(Z) = \sum_{z \in Z} \parallel z - c(Z) \parallel^{2}$$

（对于所有的 x）$= \displaystyle\sum_{z \in Z} \parallel (z - x) + (c(Z) - x) \parallel^{2}$

（式（A.3））$= \displaystyle\sum_{z \in Z} \parallel z - x \parallel^{2} - 2 \sum_{z \in Z} (z - x) \cdot (c(Z) - x) + \sum_{z \in Z} \parallel c(Z) - x \parallel^{2}$

（根据 $v()$ 的定义）$= v(Z, x) - 2 \left(\displaystyle\sum_{z \in Z} z - \mid Z \mid x \right) \cdot (c(Z) - x) + \mid Z \mid \parallel c(Z) - x \parallel^{2}$

（根据（·）的定义）$= v(Z, x) - 2 \mid Z \mid (c(Z) - x) \cdot (c(Z) - x) + \mid Z \mid \parallel c(Z) - x \parallel^{2}$

（根据式（A.3）可得）$= v(Z, x) - 2 \mid Z \mid \parallel c(Z) - x \parallel^{2} + \mid Z \mid \parallel c(Z) - x \parallel^{2}$

$$= v(Z, x) - \mid Z \mid \parallel c(Z) - x \parallel^{2}$$

因此，我们可以得出：对于所有的 $x \in \mathbb{R}^{d}$，$v(Z, x) = v(Z) + \mid Z \mid \parallel c(Z) - x \parallel^{2}$。

（b）关于下界 $\min_{x \in Z} v(Z, x) \geqslant v(Z)$，我们考虑松弛问题 $\min_{x \in \mathbb{R}^{d}} v(Z, x)$，其中我们扩大了可容许区间，即从 $Z \subset \mathbb{R}^{d}$ 扩大到整个的 $\mathbb{R}^{d}$ 空间。因此 Z 中的最小值 x 必然在 $\mathbb{R}^{d}$ 中。由此得到 $\min_{x \in Z} v(Z, x) \geqslant \min_{x \in \mathbb{R}^{d}} v(Z, x)$。现在我们来计算 $\min_{x \in \mathbb{R}^{d}} v(Z, x)$。因为函数 $v(Z, x)$ 在 $x \in \mathbb{R}^{d}$ 的每个簇中是严格凸函数，我们把导数设为 0：

$$\forall j \leqslant d \; \frac{\partial}{\partial x_{j}} \sum_{z \in Z} \parallel z - x \parallel^{2} = \frac{\partial}{\partial x_{j}} \sum_{z \in Z} (\parallel z \parallel^{2} + \parallel x \parallel^{2} - 2z \cdot x)$$

$$= \sum_{z \in Z} \frac{\partial}{\partial x_{j}} (\parallel x \parallel^{2} - 2z \cdot x)$$

$$= \sum_{z \in Z} (2x_{j} - 2z_{j}) = \mid Z \mid x_{j} - \sum_{z \in Z} z_{j} = 0$$

因此 $\forall j \leqslant d x_{j} = \dfrac{1}{\mid Z \mid} \sum_{z \in Z} z_{j}$ 意味着至少满足 $x = c(Z)$。我们可以得出结论：$\min_{x \in \mathbb{R}^{d}} v(Z, x) = v(Z, c(Z)) = v(Z)$。

关于上界 $\min_{x \in Z} v(Z, x) \leqslant 2v(Z)$，我们可以注意到 $\sum_{z \in Z} v(Z, x)$ 中的每一项都大于最小值。因此可以得到：

$$\sum_{x \in Z} \min_{x \in Z} v(Z, x) \leqslant \sum_{x \in Z} v(Z, x) \Rightarrow$$

$$\min_{x \in Z} v(Z, x) \leqslant \frac{1}{\mid Z \mid} \sum_{x \in Z} v(Z, x) =$$

$$（根据式（A.5））= \frac{1}{|Z|} \sum_{x \in Z} (v(Z) + |Z| \| c(Z) - x \|^2)$$

$$= v(Z) + \frac{|Z|}{|Z|} \sum_{x \in Z} \| c(Z) - x \|^2$$

$$（根据 v(Z) 的定义）= v(Z) + v(Z) = 2v(Z)$$

下面是一个非常简洁地证明上/下界的方法：$\forall x \in \mathbb{R}^d$，$v(Z) = v(Z, x) - |Z| \| c(Z) - x \|^2$；因为最后一项是非负的，所以 $v(Z) \leqslant v(Z, x)$。由此得到 $v(z) \leqslant \min_{x \in Z} v(Z, x)$。上界：对于给定的 x 的值，即 $x = c(Z)$，我们有 $v(Z, x) = v(Z) \leqslant 2v(Z)$；这个界也适用于 $\min_{x \in Z} v(Z, x)$。

5. k 均值目标函数使所有簇 $C \in \mathcal{C}$（$|\mathcal{C}| = k$）平方距离之和最小化：

$$F(\mathcal{C}) = \sum_{C \in \mathcal{C}} \sum_{x \in C} \| x - \rho(C) \|^2 \tag{A.12}$$

其中对于所有的 $C \in \mathcal{C}$，$\rho(C)$ 是簇 C 的一个原型。如果我们选择 $\rho(C) = c(C)$，可以得到普通 k 均值：

$$F'(\mathcal{C}) = \sum_{C \in \mathcal{C}} v(C)$$

当考虑 k 中心点时，我们有：

$$F''(\mathcal{C}) = \sum_{C \in \mathcal{C}} \min_{x \in C} v(C, x)$$

（a）从 k 个原型的给定配置开始，Lloyd 算法的两个阶段（最近中心的分配以及中心的更新）可以减少目标函数。因此，收敛是单调的。

（b）最大迭代次数是有界的，因为 k 均值目标函数是非负的（正数或 0）。由于我们不重复相同的 k 中心点配置，因此至多有 $\begin{bmatrix} n \\ k \end{bmatrix}$ 种选择，则最大迭代次数的界限为 $O\left(\begin{bmatrix} n \\ k \end{bmatrix} \right)$ 或 $O(n^k)$，其中 k 是一个指定的整数常数。或者，我们可以给出第二个界的 Stirling 数，表示将 n 个整数分为 k 个子集的所有划分的数量。

（c）用 $\mathcal{C}'$ 表示普通 k 均值目标函数的最优值（函数 F'），用 $\mathcal{C}''$ 表示 k 中心点目标函数的最优值（函数 F''）。我们可以得到 $F''(\mathcal{C}') \leqslant 2F'(\mathcal{C}')$（见问题 4b），从 $\mathcal{C}'$ 的最优性可以推导出 $F'(\mathcal{C}') \leqslant F'(\mathcal{C}')$。因此 $F''(\mathcal{C}'') \leqslant 2F'(\mathcal{C}')$。

SLURM：集群上的资源管理器和任务调度器

MPI 程序在运行时需要用到 hostfile 配置文件，然而使用 mpirun- host-file config 命令手动编写 hostfile 文件是非常烦琐和乏味的，尤其是对拥有众多机器的大集群。幸运的是，我们可以使用任务调度器来分配任务并规划程序的执行。SLURM[⊖] 是 Simple Linux Utility for Resource Management 的缩写，它是一个为用户管理和共享资源的应用程序。SLURM 为那些将在集群上执行的任务进行调度。暂停的作业(pending job)是一个任务等待队列，一但有可用的资源，队列中的任务就会被执行。SLURM 会管理输入/输出(I/O)、信号量等。

用户通过 shell 命令来提交任务，这些任务根据 FIFO(先进先出)模型来进行调度。另一种向 SLURM 提交任务的方式是通过脚本文件批量地提交任务。

从用户的角度来看，有四个命令非常重要，这些命令都以 's'(代表 'S' LURM)开头，它们分别是

- sinfo：显示系统的一般信息。
- srun：提交或初始化一个任务。
- scancel：发出一个信号或取消一个任务。
- squeue：显示系统中任务的信息，R 表示正在运行，PD 表示阻塞。
- scontrol：管理员工具，设置或修改配置信息。

如果想获取更多信息，我们推荐 SLURM 在线教程[⊜]。

一个常见的情景是将众多机器通过组织和配置划分成多个集群。例如，作者每年向 280 个学生讲授这本书的内容，同时使用了 169 台机器。这些机器被划分成了 4 个集群，其中 3 个集群每个拥有 50 台机器，另外一个集群拥有 19 台机器。一个学生登陆一台机器后，可以使用 sinfo 命令来显示这台机器所属集群的信息：

```
[malte ~]$ sinfo
PARTITION AVAIL   TIMELIMIT   NODES   STATE NODELIST
Test*         up      15:00      19    idle
allemagne,angleterre,autriche,belgique,espagne,
```

⊖　可以通过网址 https://computing.llnl.gov/linux/slurm/ 获取。
⊜　http://slurm.schedmd.com/tutorials.html。

```
finlande,france,groenland,
hollande,hongrie,irlande,islande,lituanie,malte,monaco
,pologne,portugal,roumanie,suede
```

我们可以使用 5 个节点（主机），每个节点最多两个进程来运行 hostname 程序（向控制台输出正在使用的机器的名字），如下所示：

```
[malte ~]$ srun -n 5 --ntasks-per-node=2 hostname
angleterre.polytechnique.fr
autriche.polytechnique.fr
allemagne.polytechnique.fr
allemagne.polytechnique.fr
angleterre.polytechnique.fr
```

我们也可以使用 SLURM 来执行一个 shell 命令 shell.sh，该脚本能够运行一个 MPI 程序 myprog，如下所示：

```
[malte ~]$ cat test.sh
#!/bin/bash
LD_LIBRARY_PATH=$LD_LIBRARY_PATH:/usr/local/openmpi-1.8.3/lib/:
/usr/local/boost-1.56.0/lib/
/usr/local/openmpi-1.8.3/bin/mpirun -np 4 ./myprog

[malte ~]$ srun -p Test -n 25 --label test.sh
09: I am process 1 of 4.
09: I am process 0 of 4.
...
01: I am process 0 of 4.
01: I am process 2 of 4.
05: I am process 2 of 4.
05: I am process 3 of 4.
```

我们在下面的表格中总结了主要的 SLURM 命令：

salloc	资源分配
sbatch	提交"batch"文件
sbcast	向已分配的节点分发文件
scancel	取消正在执行的"batch"文件
scontrol	控制 SLURM 的接口
sdiag	获取状态报告
sinfo	显示该机器所属集群的信息
squeue	显示任务队列
srun	运行一个任务
sstat	显示执行状态
strigger	管理和触发信号
sview	图形化查看集群状态

数据架构：数据科学家的第一本书（原书第2版）

作者：W. H. Inmon 等 译者：黄智濒 等 ISBN：978-7-111-67960-8 定价：89.00元

本书由"数据仓库之父"Inmon 和"Data Vault 之父"Linsteat 联袂撰写，帮助读者从宏观视角了解数据架构的基本概念和原则，是数据科学家、分析师和管理者的必备参考读物。

数据科学概念与实践（原书第2版）

作者：Vijay Kotu等 译者：黄智濒 等 ISBN：978-7-111-66304-1 定价：119.00 元

本书是关于数据科学的"百科指南"，涉及的技术包括探索性数据分析、可视化、决策树、规则归纳、k-NN、朴素贝叶斯分类器、人工神经网络、深度学习、支持向量机、集成模型、随机森林、回归、推荐引擎、关联分析. k-均值、基于密度的聚类、自组织映射、文本挖掘、时间序列预测、异常检测、特征选择等。